高等院校航空航天类专业系列教材

U0159607

# 航空钣金与铆接技术

主　编　张文健　董艇舰　周铁玲
副主编　宫晓凯　刘　健　吕炜帅　任丽娟

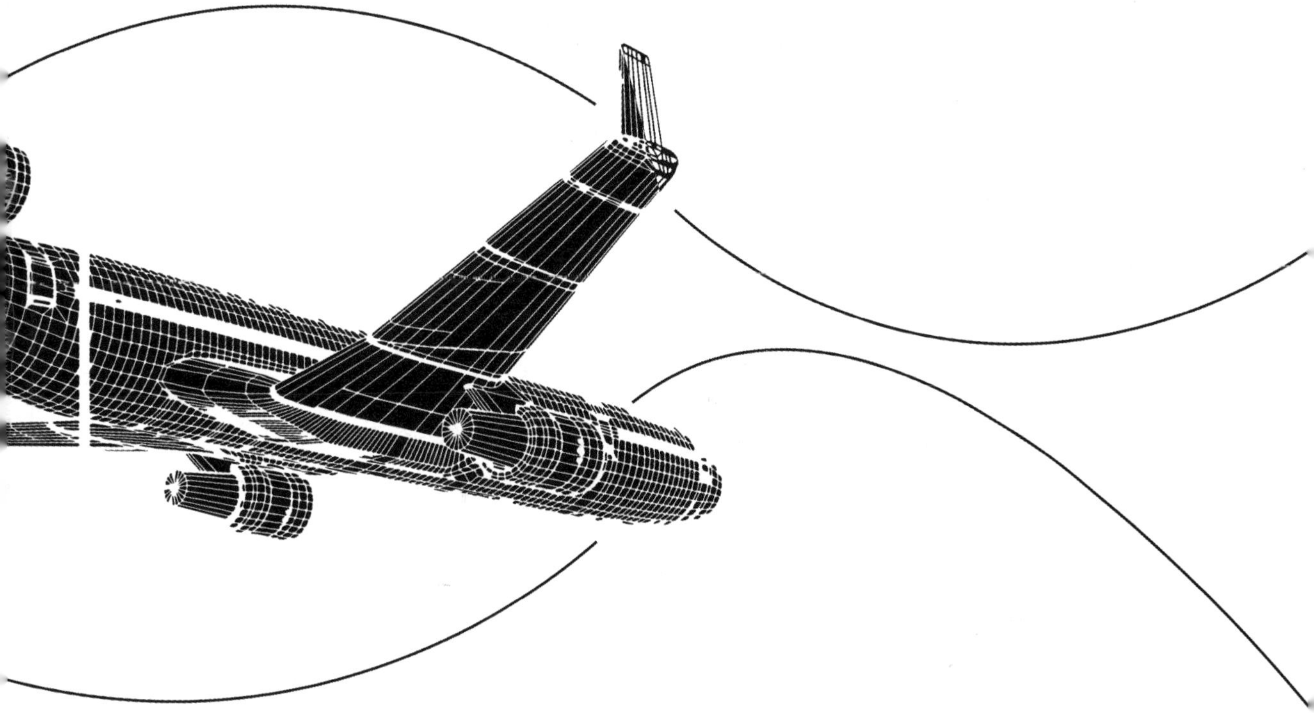

西安电子科技大学出版社

## 内 容 简 介

本书按照项目工程能力和基本技能层次化递阶划分，以项目和任务的模式编排教学内容，同时配套项目训练，以期强化工作能力培养。书中按照实作训练要求，引入了必要的理论知识，突出重点，面向实际。

全书内容包括四大部分：第一部分 ( 项目 1) 为钳工钣金基础训练，突出工具和设备的使用方法和规范；第二部分 ( 项目 2 和项目 3) 为钣金基础，突出航空材料和航空钣金制作；第三部分 ( 项目 4 至项目 7) 延伸到飞机结构维修和铆接的专业训练，突出专业化标准；第四部分 ( 项目 8) 为经典竞赛实例。

本书可用于高等职业院校飞行器数字化制造技术、航空发动机制造技术等航空类专业理实一体化教学、实训教学，也可供航空钣金和铆接领域相关工程技术人员和从业人员学习参考。

**图书在版编目(CIP)数据**

航空钣金与铆接技术 / 张文健，董艇舰，周铁玲主编 . -- 西安：西安电子科技大学出版社，2024.3

ISBN 978 – 7 – 5606 – 7116 – 1

Ⅰ . ①航… Ⅱ . ①张… ②董… ③周… Ⅲ . ①航空器—钣金工②航空器—铆接
Ⅳ . ① V261.2

中国国家版本馆 CIP 数据核字 (2024) 第 003382 号

策　　划　李鹏飞　刘小莉
责任编辑　刘小莉
出版发行　西安电子科技大学出版社 ( 西安市太白南路 2 号 )
电　　话　(029)88202421　88201467　　邮　　编　710071
网　　址　www.xduph.com　　电子邮箱　xdupfxb001@163.com
经　　销　新华书店
印刷单位　陕西天意印务有限责任公司
版　　次　2024 年 3 月第 1 版　2024 年 3 月第 1 次印刷
开　　本　787 毫米 × 1092 毫米　1/16　印　张　12.5
字　　数　291 千字
定　　价　42.00 元

ISBN 978-7-5606-7116-1 /V

**XDUP 7418001-1**

*** 如有印装问题可调换 ***

# 前　言

党的二十大报告中指出，“高质量发展是全面建设社会主义现代化国家的首要任务，实现高质量发展是中国式现代化的本质要求之一。大飞机和民航同为我国战略产业，在全面建设社会主义现代化国家的过程中都发挥着基础性、先导性作用，都承担着中国式现代化先行军的历史使命和时代重任。”本书深入学习贯彻落实党的二十大精神，以立德树人为根本，以产教融合为主线，以促进学生全面发展为目标，顺应时代需求，注重培养学生专业素养、动手能力和创新思维能力。

近年来，我国航空工业一直在被技术封锁的国际环境下艰难前行，中国航空工业需要自力更生，也需要建设一支工匠级的航空制造业大军，这是民族工业的基础，也是中国航空工业发展的希望。

航空钣金与铆接技术是飞机数字化制造技术专业必修的专业技能课程，飞机结构修理也是全国职业院校技能竞赛中的重要竞赛内容。目前，市场上关于航空钣金与铆接技术的教材不多，有的偏重钣金成形理论，有的注重钣金与铆接实训技能，缺乏适合职业院校钣金与铆接技能人才培养的理实一体化教材。本书根据技术技能人才培养规律，按照项目式结构编排内容，将理论知识点与实践教学内容融会贯通，便于学生理解和掌握。

本书参考了职业教育项目驱动的模式，同时引入 EPIP 工程理念，即工程 (Engineering)、实践 (Practice)、创新 (Innovation)、项目 (Project)；突出“八度”特色，即实践案例的真度、技术应用的深度、创新空间的广度、教学资源的厚度、软硬结合的密度、仿真形式的效度、学习过程的乐度、人才培养的适度。

本书的创新特色是融合思政教育，培养学生的爱国主义情怀和工匠精神。本书在项目中增加了许多延伸学习内容，并通过拓展学习和进阶训练，补充了大量知识和基本技能专项训练；同时在每个项目中都提供了项目训练，帮助学生把理论知识直接转化为工作技能，旨在学以致用、贴近实际。

本书共包括钣钳一体化基础、航空材料基础、航空钣金加工、飞机结构普通铆接、飞机结构特殊铆接、飞机结构干涉配合铆接、飞机结构密封铆接、钣金结构经典竞赛实例等 8 个项目，从钳工基础、工具量具和钣钳一体化，到专业钣金和不同层次的铆接，内容延伸到生产实际，突出实训和应用。

本书在编写过程中参考了一些行业内的优秀书籍和资料，在此对相关作者深表谢意。还要感谢所有为本书编写提供帮助和资源的同仁！

限于编者水平，书中疏漏和不妥之处在所难免，欢迎同行和广大师生多提宝贵意见。

编　者

2023 年 12 月

# 目　录

# 项目 1　钣钳一体化基础

以现代飞机为代表的航空制造业一直被少数发达国家控制，西方国家不但垄断和封锁了现代飞机制造技术，还掌控着先进航空制造产业的发展。我国航空工业一直在被技术封锁的国际环境下艰难前行，不但需要自力更生，突破现代科技的瓶颈，更需要建设一支工匠级的航空制造业大军，这是民族工业的基础，也是中国航空工业发展的希望。

飞机制造与维修中，航空钣金基本技能要求操作工熟练准确地使用各种工具、量具和加工设备，对机体结构进行制造与维修。本项目通过一系列典型基础工作任务，让学员得到基本的钣钳技能训练，保障学员掌握钣金制作的基本技能。

项目目标：规范使用常用工量具和钣钳工具，熟练使用加工设备。

评估标准：具有基本安全意识；达到钳工熟练工操作水平；了解工具设备的工作原理并能进行调试和简单维修；可在训练成果的基础上改进或创新设计。

【延伸学习】通过课外网络拓展学习，了解中航工业的发展历史和航空制造业的现状，熟知航空工业先进人物，树立工匠精神，增强爱国主义情怀。

## 任务 1.1　常用量具的使用

钣金制作
量具使用

### 1.1.1　游标卡尺与电子数显卡尺

#### 1. 游标卡尺

游标卡尺是最常用的测量尺，其制式和精度比较多。图 1.1 所示是一种通用型公制游标卡尺，一般精度为 0.02 mm。

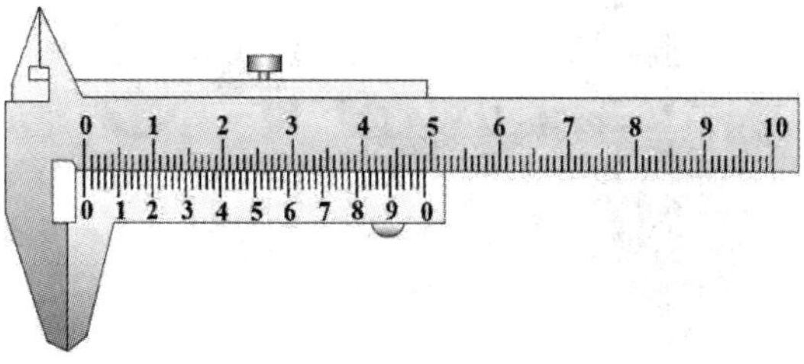


图 1.1　公制游标卡尺

游标卡尺测量结果读数由主尺和副尺两部分之和获得。主尺最小刻度为 1 mm，尺面标记数值为 1 cm；副尺长度为 49 mm，刻有 50 个小格，每小格的长度为 0.98 mm。副尺尺面标记数值为 0.1 mm，5 个小格为一个单元，每小格读数为 0.02 mm，其精度也就是 0.02 mm。测量时首先通过副尺的零刻度线位置确认主尺的读数，如果零刻度线恰好对齐主尺刻度线，则直接读取数值；如果没有对齐主尺刻度线，超出的尺寸则通过副尺的游标刻度线找到和主尺对齐的刻度线，累加计算，附加在主尺尺寸上，按照精度有效数字要求标记，即可完成测量。

由于我国民用飞机大部分是进口欧美的飞机，因此多数使用英制计量。其测量原理与公制相同，但刻度和读数差异较大。下面以英制游标卡尺为例说明其刻度和计量方法。

英制游标卡尺主尺采用十进制标记，主尺每英寸 (in) 分 10 大格，每大格为 0.1 in(1 in = 2.54 cm)；每 1 大格又分成 4 小格，每小格为 0.025 in；副尺长 0.6 in，刻线 25 小格，每小格为 0.024 in，和主尺差 0.001 in，相当于将主尺上每一小格 (0.025 in) 分为 25 份，因此其精度为 0.001 in，其有效数字为小数点后 3 位。测量工件尺寸时，从主尺上读出对应于副尺零刻度线的大格数及最后一个大格后面的小格数，再找到主尺与副尺刻度线对正的副尺读数，二者相加即可得到工件尺寸。如图 1.2 所示为英制游标卡尺刻度、读数方法和测量结果。

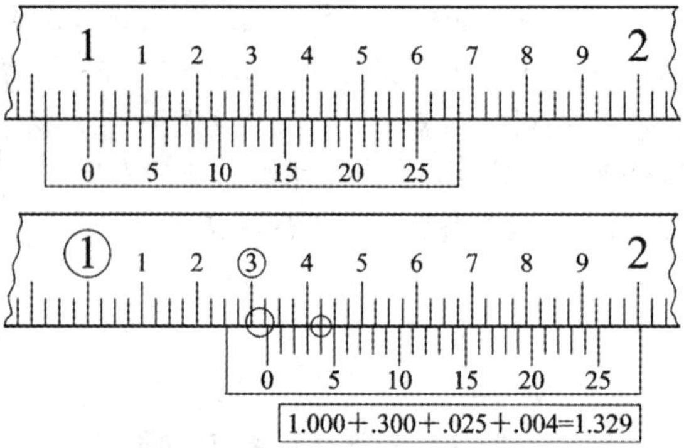


图 1.2　英制游标卡尺刻度、读数方法和测量结果

航空器大多数的紧固件采用英制，并且采用分数制式表示其长度和直径。所以普通游标卡尺测量的数值需要换算为分数制式。一种带英制分数表盘的游标卡尺如图 1.3 所示，使用它可以方便快捷地直接读取需要的数值。

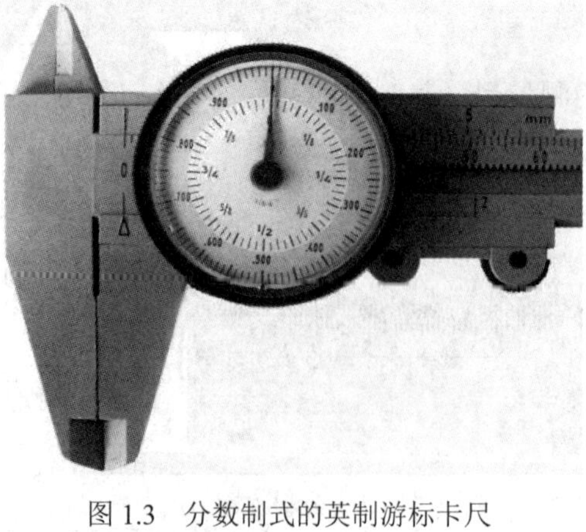

图 1.3　分数制式的英制游标卡尺

英制的分数游标卡尺表盘一周为 1 in，将 1 in 分为 64 等份，每等份代表 1/64 in。读数时将主尺上的整数读数与表盘上的分数读数相加即可。

### 2. 电子数显卡尺

电子数显卡尺是配置了自动读取数值装置的游标卡尺，一般由尺身 ( 固定部分 ) 及带有数字显示器和三个按钮的尺框 ( 滑动部分 ) 组成，如图 1.4 所示。该类卡尺使用方便，尺寸可直接从显示屏上读出，并可通过“in/mm”按钮实现英制与公制两种读数的换算。

图 1.4　电子数显卡尺

测量工件尺寸之前，首先将尺框上的开关按钮按下，接通电路；再将尺框向左滑动到固定卡脚与活动卡脚并拢的端头位置，按下调零按钮调零；然后右移尺框，将被测工件置于固定卡脚和活动卡脚之间 ( 下面的卡脚用于测量外部尺寸，上面的卡脚用于测量孔径 )，当卡脚与工件表面刚好接触又不卡得太紧时，拧紧止动螺钉，从显示屏上直接读出读数，并根据需要选读公制读数或英制读数。

与普通游标卡尺相比，数显卡尺使用方便，功能多，测量数值直观，但不足的是含有电子装置的卡尺要注意保持清洁，避免油、水等液体物质渗入尺框内损坏电子元件；同时由于其灵敏度非常高，测量时手法要稳定，以保证读数准确。

## 1.1.2　千分尺

千分尺又称螺旋测微器，是一种精密测量工具，广泛应用于零件的高精度检测。千分尺根据其功能分为外径千分尺、内径千分尺和深度千分尺。所有千分尺读数方法相同，许多千分尺还兼有数显功能。图 1.5 所示是一种带有数显功能的千分尺。

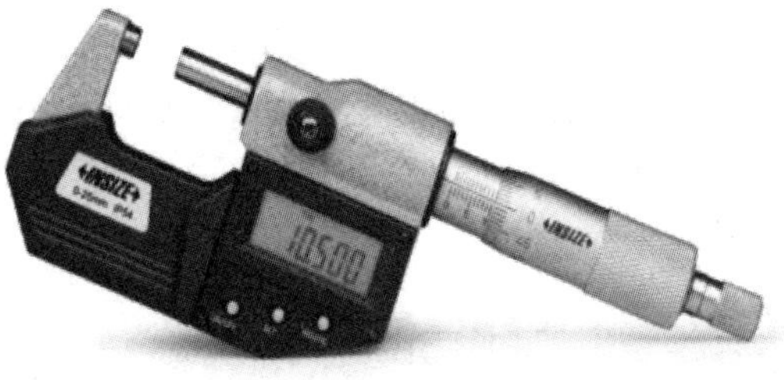

图 1.5　数显千分尺

普通千分尺 ( 以外径千分尺为例 ) 一般由框架和圆筒组合而成，相对游标卡尺的结构，千分尺构造比较复杂。图 1.6 所示是普通千分尺的结构示意图。

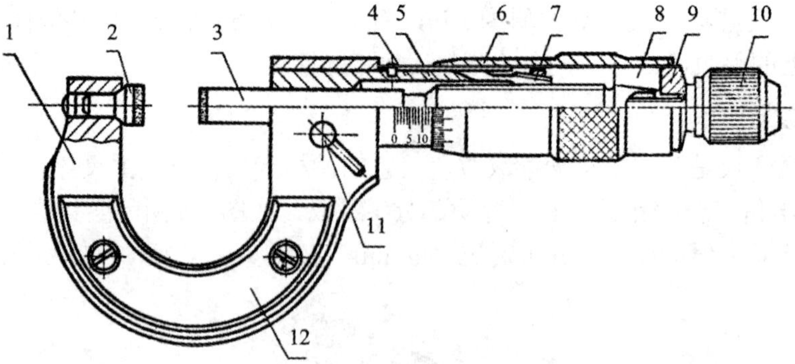


1—尺架；2—固定测砧；3—测微螺杆；4—螺纹轴套；5—固定刻度套筒；6—测微筒；7—调节螺母；8—接头；9—垫片；10—测力装置；11—锁紧螺钉；12—绝热板。

图 1.6　普通千分尺结构示意图

千分尺的可动零件是测微筒和测微螺杆。测微筒和测微螺杆固定在一起，当测微筒在圆筒上转动时，测微螺杆随之转动并向左或向右移动。测微螺杆和固定测砧之间的开度即为被测工件尺寸。千分尺圆筒上的刻度区称为主尺部分，测微螺杆上的刻度区称为副尺部分。

在以毫米为单位的千分尺上，主尺在轴线上下都有刻度线，上下刻度线之间的距离是 0.5 mm，同一方向两刻度线之间的距离是 1 mm。主尺上的数字是毫米数。副尺圆周等分 50 格，其转动一周在主尺上移动 0.5 mm，因此其每小格代表 0.01 mm。副尺上的数字是指第几刻线。读数时应先读主尺的数值，然后数副尺上与轴向线相对处刻线是多少格，副尺刻线读数乘以 0.01 即为副尺读数。将主副尺读数相加即为被测工件尺寸。如图 1.7 所示为公制千分尺刻度示意图，所示的尺寸读数为 7.375 mm。

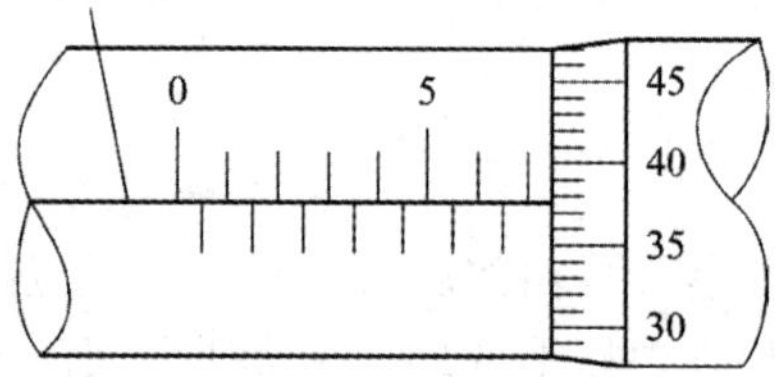


图 1.7　公制千分尺刻度示意图

在以英寸为单位的千分尺上，主尺在轴向线上的数字是 0.1 in，数字线之间被分为 4 小格，每小格为 0.025 in。副尺圆周等分为 25 小格，其转动一圈在主尺上移动一小格 (0.025 in)，副尺每小格为 0.001 in。其数值读取方法与以毫米为单位的千分尺相同，但单位不同。如图 1.8 所示为英制千分尺刻度示意图，所示的尺寸读数为 0.241 in。

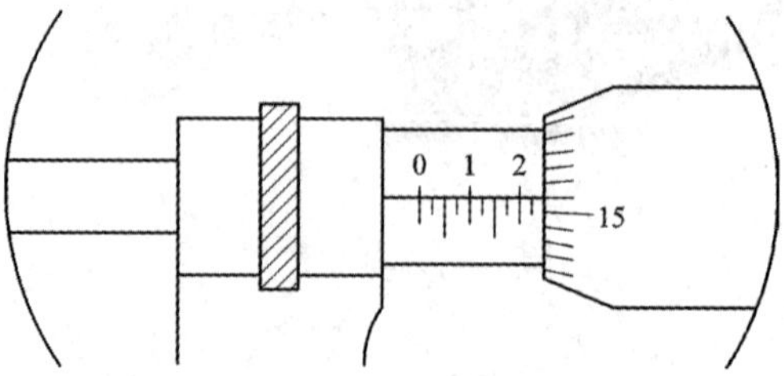


图 1.8　英制千分尺刻度示意图

千分尺的测量过程有别于游标卡尺的对线定副尺刻度。测微套筒连续旋转，副尺的读数常常在刻度之间，一般情况下采用估读方法确定读数。为了更精确地测量和准确估读，有些千分尺上带有游标尺，如图 1.9 所示。

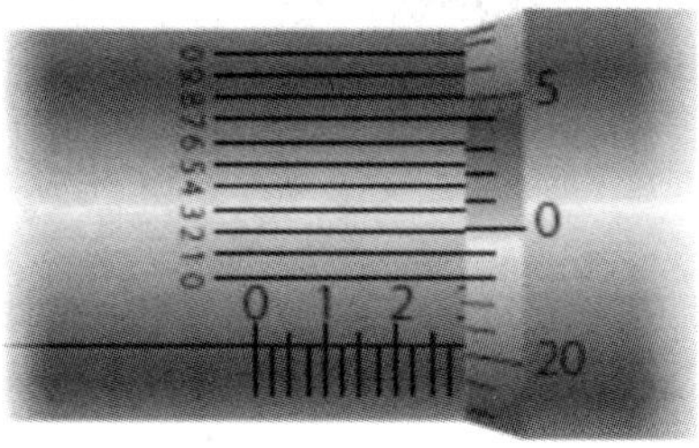

图 1.9 带游标的外径千分尺

带游标尺的千分尺是在主尺轴线上方，靠近测微套筒横向排列 11 条 (0 ～ 10) 水平线构成游标尺。游标尺上 10 小格对应副尺上的 9 小格，即将副尺上一小格 (0.001 in) 再等分 10 份，每一小格为 0.0001 in。读值时应将三部分数据按位相加。图 1.9 所示的尺寸读数应该为 0.2947 in。

上述形式的千分尺只能测量外径，对于内径的测量则需要使用内径千分尺。内径千分尺一般量程很小，用于对较小孔的直径的测量。如图 1.10 所示量程为 10 ～ 12 mm 的带有游标刻度线的内径千分尺，测量精度可达 0.001 mm。

图 1.10 带游标的内径千分尺

千分尺是精密测量工具，使用时必须谨慎，跌落和不规范操作可能造成框架变形，影响精度，甚至造成永久变形而报废。每次使用前应仔细检查 ( 含校验标签 )，严格按使用说明操作，使用完毕要保持清洁，同时要定期校准以保证有效性。

【延伸学习】深入了解千分尺的结构和测量方法，熟知并能够讲解游标卡尺测量原理以及带游标的千分尺的精度确定方法。分析说明如果出现千分尺零线不对正的情况，如何通过补偿方法测量和读数，如何通过维修保证调零。

## 1.1.3 内径卡表和千分表

### 1. 内径卡表

可用于弥补内径千分尺测量范围受限的一类量具是内径卡表。如图 1.11 所示的内径卡表测量范围为 5 ～ 15 mm，表头精度为 0.001 mm。

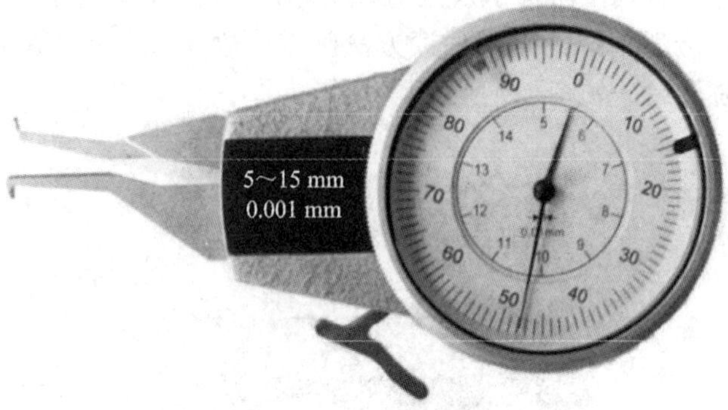


图 1.11　内径卡表

内径卡表主要由可开合的卡钳和千分表头组合而成，卡钳的开合通过特殊机构驱动表头显示开度大小。这种量具灵活多样，使用方便。卡表的卡钳是向外伸出的，开放性的测尖可以设计为各种结构和形状，以完成不同空间角度的小尺寸孔的精确测量，特别是内径千分尺不能触及的环槽、中窄小缝隙以及有深度的内孔的测量。

内径卡表测量的关键部件是千分表，这是一种应用广泛的精密位移测量装置。

**2. 千分表**

千分表及表架安装如图 1.12 所示。表头由表壳、测量杆、表盘以及内部齿轮机构组成。表盘有大指针和小指针。表盘圆周分 100 格，大指针转动一圈 (100 格 ) 为 1 mm，每小格代表 0.01 mm。小指针用于记录大指针转动圈数，大指针转一圈，小指针转一格。对于测量杆行程大且变化快的情况，小指针的辅助计数功能非常重要。

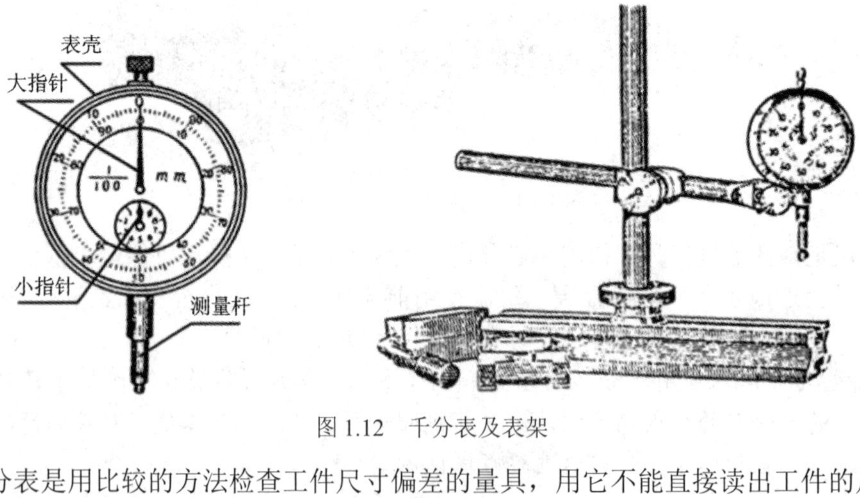


图 1.12　千分表及表架

千分表是用比较的方法检查工件尺寸偏差的量具，用它不能直接读出工件的尺寸，需要借助表架的支撑和固定来完成各种测量。通常千分表可完成各类平行度、圆柱体锥度、圆柱体的椭圆度、内孔的椭圆度和回转体跳动等的测量。

## 1.1.4　孔规

航空维修中许多测量必须在不可见或空间狭窄环境下完成，孔规这种无法直接读数的测量取样工具应运而生。孔规用于对一定深度位置的孔径进行测量。

孔规自身没有刻度，需和千分尺或游标卡尺配合使用。常用的孔规有两种：一种如图 1.13 所示，称为 T 型规，通常规格为 0.5 ～ 5 in，有多种范围选择；另一种称为球型规，如图 1.14 所示，通常所用规格为 0.125 ～ 0.5 in，也有多种范围选择。

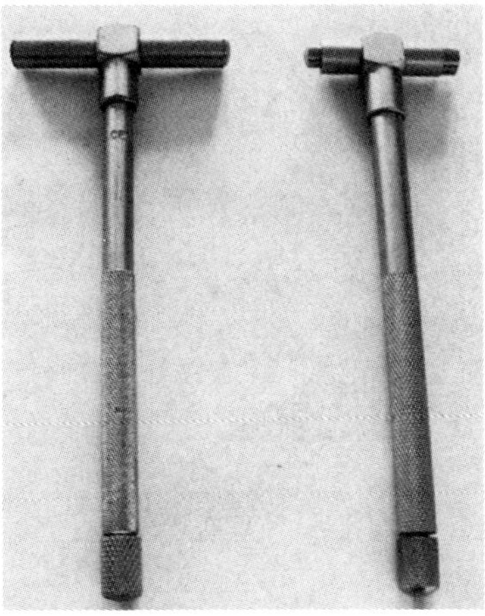

图 1.13　T 型规

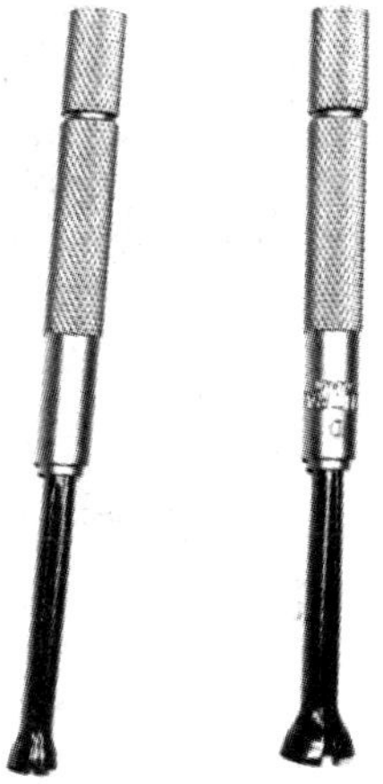

图 1.14　球型规

### 1. T 型规

T 型规外观结构为"T"字型，横杆内装有弹性测杆，垂直手柄杆端处有锁钮。使用时先将弹性测杆收缩到合适位置，用手柄锁钮锁住放入被测孔内，然后松开锁钮使测量杆端面弹出与孔壁接触（保持手柄和孔的轴线平行），旋紧锁钮后拿出孔规，然后用千分尺或游标卡尺测量孔规两个测量杆端的尺寸，即可得出孔的尺寸。用后放松锁钮保存好。

由于 T 型规横杆内装有双侧弹簧，使用时要用手保护弹性测杆，以防松开锁钮时弹性测杆脱出（严禁无保护直接松开锁钮）。

### 2. 球型规

球型规主要用于测量小孔时取样。球型规端头是两个分裂头，通过调节手柄旋钮使分裂头张开和闭合以此获得小孔的直径。球型规的使用方法与 T 型规一样，不同的是球型规没有弹簧装置，一般用后要使规头闭合保存。

【延伸学习】分析 T 型规工作原理，从结构特点说明使用过程中保护措施的必要性（不允许在没有手指保护的情况下松开锁钮）。

## 1.1.5　标准量具

许多标准件、常用件以及定制的尺寸规范不需要使用可调的通用量具，只需使用标准量具快速测量，如系列化紧固件、标准化导线、常用圆角、常规钻头以及铆钉孔等。使用标准量具无需精确测量，只需对应选择验证，这极大地节省了测量时间，而且可以避免测量错误。

### 1. 塞尺（间隙规）

塞尺是测量间隙的量规，如图 1.15 所示。它是一组厚薄不同的不锈钢片，使用时选一片或多片合在一起放入待测间隙中，感到稍有摩擦即为合适，从片上的数字可以得出间隙的大小。

图 1.15　塞尺

### 2. 圆角规

圆角规也称半径规，如图 1.16 所示，是一组有不同半径的序列化标准不锈钢片，用于测量板材及各种加工件的内、外圆角半径。使用时找出适合被测表面的一片，然后读出上面标注的数值，便是被测的半径值。

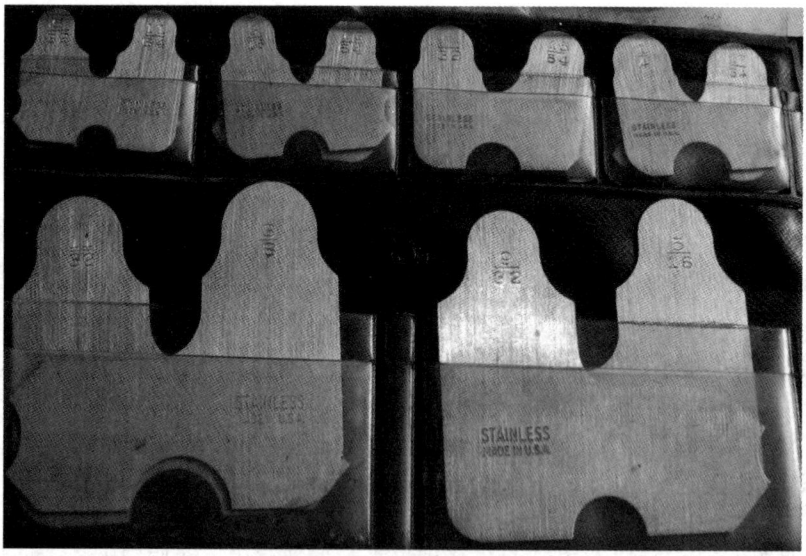


图 1.16　圆角规

### 3. 钻头规

航空制造与装配中钻头使用频繁，钻头种类也繁多，其直径的确定可以使用钻头规。如图 1.17 所示，钻头规是开有不同标准直径孔的板卡，上面标有英制钻头的三种规格：分数型号、字母型号和数字号。分数标有 0.063(l/16) 到 1 in 直径，并有六十四分之几的刻度；

字母型号从 A( 最小 ) 到 Z( 最大 )；数字号从 1 号 ( 最大 ) 到 80 号 ( 最小 )。当钻头杆上标记的钻头规格不清楚时，就可以利用钻头规来检定。使用钻头规测量钻头直径时，将钻头尖端插到孔中，如钻头容易进入，则再插下一个较小的孔，正确尺寸是钻头轻碰孔壁。

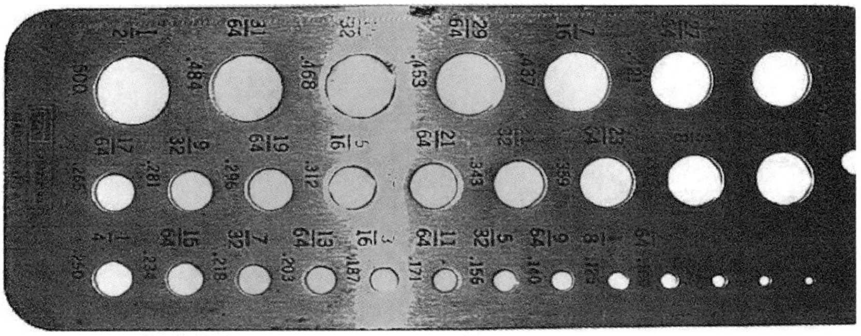

图 1.17　钻头规

### 4. 线径规

线径规是快速测量导线的金属芯直径的量规 ( 直径的大小用号数表示 )。如图 1.18 所示，线径规的周边有很多大小不同的缺口，使用时找两个相邻缺口，导线的金属芯能通过其中的一个但不能通过另一个时，能通过的缺口上的数字就是导线金属芯的直径或号数。线径规是航空维修中标准线路施工必备的工具。

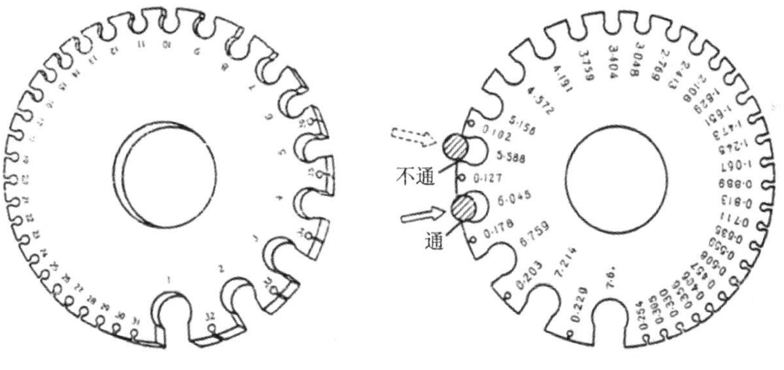


图 1.18　线径规

### 5. 螺距规

螺纹紧固件最重要的参数之一是螺距，螺距是系列化的标准值。螺距规如图 1.19 所示，是测量螺纹紧固件螺距的快速量规。它是一组螺纹样板，使用时选一片放在螺纹上面，观察是否密合，如密合则可从该片上的数字获得螺距的大小 ( 英制为每英寸牙数 )。

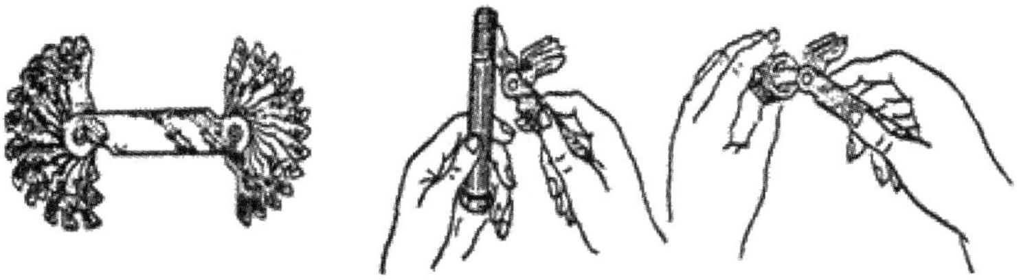

图 1.19　螺距规

### 6. 组合量具

许多航空板材或零件需要确认其角度或圆心位置，通常可以借助组合量具来完成标准的 45°、90° 以及任意角度的测量，也可以标记出圆心的位置。图 1.20 所示是一个以钢尺作为主要测量和连接件，另配三个组合测量件的组合量具。

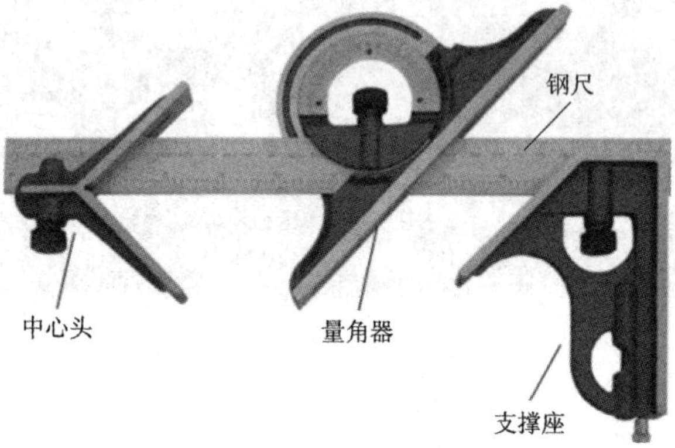


图 1.20 组合量具

该组合量具通过中间拥有一条长槽的钢尺来安装其他测量件，其中：钢尺和中心头组合，构成有中线的 V 型铁，其自定心功能同时可以标记出直径，两个直径交点则为圆心；钢尺和量角器组合可以测量任意角度；钢尺和支撑座组合可以测量 45° 和 90° 特殊角，也可以用作直角尺检查垂直度等。

除此之外，支撑座和量角器上装有水平仪，可组合检查材料表面的平直度等。

## 1.1.6 量具使用注意事项

量具是贵重仪器，如果受到腐蚀或损伤都会降低其精确度，甚至使其报废。使用量具应注意以下事项：

(1) 量具应定期校验，使用前应检查量具的校验期。

(2) 量具应保持清洁，用后擦净，在没有保护层处要涂一层凡士林或黄油。

(3) 量具不要沾上有腐蚀性的物质，如酸、碱。

(4) 量具不和其他工具堆放在一起，不能受到敲击和碰撞。

(5) 测量时不要用力过猛。

(6) 不要测量发热或转动的工件。

(7) 不要用精密量具测量粗糙工件。

量具是航空维修工作不可缺少的器具，量具的损坏和丢失直接影响工作的顺利进行，因此保管量具要做到如下几点：

(1) 量具必须由专门部门或专人管理，并建立保管制度。

(2) 简单个人常用量具由维修单位制定个人保管规则和清单。个人或小组保管的量具必须做出明显的标记，以免与其他工作单位相混。

(3) 应设立量具使用登记，常用量具与不常用量具分开管理。在保管期间量具增、减变动时应在清单上登记。不准将量具带出工作场所，未经登记的量具严禁带入工作场所。

(4) 量具应按其用途使用，不得随意互相替代，不得随意抛扔和敲打。

(5) 量具应放在专用盒内，工作中不得随意乱放，更不得将量具留放在飞机上。

(6) 量具在使用过程中，应坚持做到开工前、工作结束后、地点转移前的三清点制度，防止丢失。

(7) 所有精密、复杂、专用的量具，应由设备管理部门或专人统一管理，并建立管理制度。

(8) 维修单位使用的所有量具、计量仪器，要按国家规定或行业规定定期校验和标定，保证计量工作的准确可靠。不准使用记录不清或超期的量具。

# 项目训练

## 测量综合训练

### 1. 学习目标

(1) 训练学生熟练规范使用典型量具，快速精确测量。

(2) 训练学生正确记录数据，为后续训练奠定基础。

### 2. 工作任务

(1) 使用游标卡尺 ( 公英制 ) 测量六面体端面尺寸；

(2) 使用千分尺 ( 公英制 ) 测量轴径；

(3) 使用 T 型规或球型规组合其他量具测量孔径 ( 公制 )；

(4) 公英制标准螺栓测量；

(5) 使用钻头规完成指定钻头的测量；

(6) 使用塞尺检查间隙 ( 公英制 )；

(7) 使用圆角规检查内圆角和外圆角 ( 公英制 )；

(8) 使用内径千分尺测量小孔直径 ( 公制 )；

(9) 使用深度千分尺 ( 公英制 ) 测量深度；

(10) 使用百分表和表架测量轴的端面跳动和圆周跳动 ( 借助 V 型铁 )；

(11) 使用组合量具标记圆柱体圆心位置。

### 3. 实训工具设备

普通公制游标卡尺，普通英制游标卡尺，指针式游标卡尺 ( 公英制 )，电子数显卡尺 ( 公英制 )，分数式游标卡尺 ( 英制 )，外径千分尺 ( 公英制 )，内径千分尺 ( 公英制 )，深度千分尺 ( 公英制 )，千分表 ( 公英制表头 )，钢直尺 ( 公英制 )，直角尺，钻头规 ( 英制 )，螺距规 ( 公英制 )，孔规 (T 型 )，孔规 ( 球型 )，塞尺 ( 公英制 )，圆角规 ( 公英制 )，组合量具，V 型铁，磁性表架，划针。

### 4. 劳保用品

手套，抹布等。

### 5. 测量任务

小短轴 ( 直径 5 ～ 100 mm 系列若干 )，六面体 (10 ～ 100 mm)，航空螺栓 ( 英制，直径小于 2 in)，通用螺栓 ( 公制，直径小于 40 mm)，标准钻头 ( 公英制套装 )，通用轴承 ( 公制，直径小于 200 mm)，航材轴承 ( 英制，直径小于 8 in)，内外圆角测试件 ( 英制，半径小于 2 in)，内外圆角测试件 ( 公制，半径小于 50 mm)，小孔测试件 ( 英制，直径小于 0.25 in)，小孔测试件 ( 公制，直径小于 5 mm)，间隙测试件 ( 英制，尺寸小于 0.2 in)，间隙测试件 ( 公制，尺寸小于 0.5 mm)。

### 6. 评估标准

测量综合训练实作评估单如表 1.1 所示。

**表 1.1　测量综合训练实作评估单**

| 序号 | 评 估 指 标 | 权重 | 得分 | 主要不足 |
|---|---|---|---|---|
| 1 | 游标卡尺 ( 公英制 ) 测量六面体端面尺寸 (8 分 )。<br>评分要点：<br>公制：长宽尺寸测量，各 2 分；每超差 0.02 mm 扣 1 分。<br>英制：长宽尺寸测量，各 2 分；每超差 0.001 in 扣 1 分 | 8% | | |
| 2 | 千分尺 ( 公英制 ) 测量轴径 (8 分 )。<br>评分要点：<br>测量 3 处尺寸并记录，取平均值；<br>公制：直径测量，4 分；每超差 0.02 mm 扣 1 分。<br>英制：直径测量，4 分；每超差 0.001 in 扣 1 分 | 8% | | |
| 3 | T 型规组合其他量具测量孔径 ( 公制 )(10 分 )。<br>评分要点：<br>用手保护测试 T 型规，4 分；直接放空要警告并扣除本项 10 分，造成损坏则终止考试；<br>选择合适的 T 型规，规范使用并获取长度，4 分；<br>测量 T 型规尺寸，2 分，每超差 0.02 扣 1 分 | 10% | | |
| 4 | 球型规测量小孔直径 (4 分 )。<br>评分要点：<br>选择合适的球型规，正确规范使用并获取长度，2 分；<br>测量球型规尺寸，2 分；<br>每超差 0.02 扣 1 分 | 4% | | |
| 5 | 公英制螺栓测量，包括工作长度、直径和螺距 (16 分 )。<br>评分要点：<br>公制：测长度、直径和螺距，各 2 分；规范书写测量结果和标准化标记，2 分。<br>如：螺栓 M20 × 1.5 × 50 或螺栓 M20 × 50。<br>英制：测长度、直径和螺距，各 2 分；规范书写测量结果和标准化标记，2 分。<br>如：1/4-28，L=50 或 ANADD14A，28 牙 | 16% | | |

续表

| 序号 | 评 估 指 标 | 权重 | 得分 | 主要不足 |
|---|---|---|---|---|
| 6 | 钻头规使用 (4 分 )。<br>评分要点：<br>正确标记钻头 | 4% | | |
| 7 | 用塞尺检查间隙 ( 公英制 )(4 分 )。<br>评分要点：<br>正确使用塞尺获得间隙，2 分；测量数值正确，2 分 | 4% | | |
| 8 | 用圆角规检查内圆角和外圆角 ( 公英制 )(4 分 )。<br>评分要点：<br>正确使用圆角规获得圆角，各 2 分 | 4% | | |
| 9 | 用线径规测量导线直径和线号 (4 分 )。<br>评分要点：<br>正确测量并标记，4 分 | 4% | | |
| 10 | 用内径卡表测量直径为 8 mm 的孔的直径 (4 分 )。<br>评分要点：<br>选择对应量程的内径卡表并调零，2 分；<br>正确测量并获得测量结果，2 分 | 4% | | |
| 11 | 用深度千分尺 ( 公英制 ) 测量深度 (4 分 )。<br>评分要点：<br>选择对应量程，正确测量并获得测量结果，各 2 分 | 4% | | |
| 12 | 用百分表和表架测量轴的端面跳动和圆周跳动 (V 形铁 )(8 分 )。<br>评分要点：<br>正确安装测量装置并调零，4 分；<br>通过旋转轴记录端面跳动和圆周跳动值，4 分 | 8% | | |
| 13 | 使用组合量具标记圆柱体 ( 直径为 30 ～ 100 mm 小短轴 ) 圆心位置 (8 分 )。<br>评分要点：<br>正确安装组合量具，4 分；<br>通过 2 次划线获得圆心位置，4 分 | 8% | | |
| 14 | 回答问题 ( 口试问题 )(14 分 ) | 14% | | |
| | 总分 100 | | | |

# 任务 1.2　钳工常用工具的使用

钣金制作的基础是钳工，钳工的主要工作包括划线、錾削、锯割、锉削、钻孔、扩孔、铰孔、锪孔、攻丝、套扣、刮削、研磨、装配、检测和修理。除攻丝、刮削、研磨外，大多数钳工工作在钣金加工中都会涉及。

## 1.2.1　钳工工作台和台虎钳

钳工大多数操作都是在钳工工作台和台虎钳上进行的。传统的钳工工作台如图 1.21 所示，一般用坚实的木材或铸铁制成，要求牢固平稳，台面高度为 800 ～ 900 mm。为了安全，台面前方装有防护网。

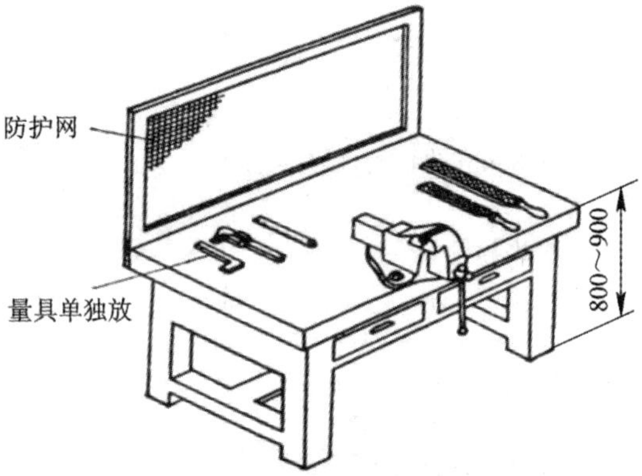


图 1.21　钳工工作台

钳工工作台配置的台虎钳有固定式 ( 见图 1.22(a)) 和回转式 ( 见图 1.22(b)) 两种，规格尺寸以钳口宽度来表示，常用的为 100 ～ 150 mm。

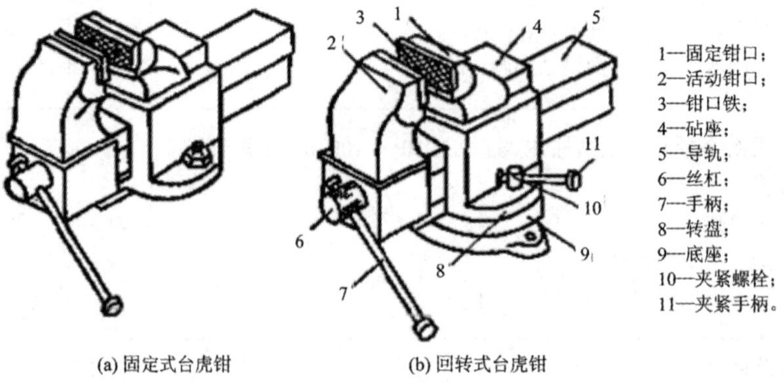


图 1.22　台虎钳

从台虎钳的结构来分析，台虎钳的夹紧力是通过转动手柄使丝杠旋进，带动活动钳口运动而产生的。使用台虎钳时只能用双手的力来扳动手柄，不允许用加长手柄或用手锤敲击手柄的方法来夹紧工件，因为这样会把丝杠、导轨、钳身和底座拉裂或把丝杠螺纹损坏。

台虎钳在使用时还应注意以下几点：

(1) 台虎钳应固定在工作台上，夹紧手柄必须扳紧，操作时台虎钳无松动；

(2) 有砧座的台虎钳允许在砧座上做轻度的锤击工作，其他各部位不允许用手锤直接敲打；

(3) 丝杠、螺母及活动面要经常加油润滑；

(4) 台虎钳夹持工件时，应尽可能使工件夹在钳口中部，以使钳口受力均匀；

(5) 工件超过钳口太长时，要另用支架支撑，不能用加大夹紧力的方法来夹紧工件；

(6) 安装台虎钳时须使钳身的钳口工作面位于工作台边缘，以便夹持长工件。

【延伸学习】通过网络学习拓展知识面，了解现代多功能虎钳，深入学习现代钣金虎钳的构造和功能。同时了解为钣金和管件等配备的钳口配件，如橡胶钳口和异形衬垫等。

## 1.2.2　划线平板及配套工具

航空钣金制作首先要根据图纸在平面板材上划线，为后续加工提供参考和加工界线。在生产批量不大的情况下，要在划线以后才能进行加工，因此，划线是钳工的基本操作，也是决定加工效率和质量的关键。

划线平板是完成划线的工作台。图1.23所示是一种传统的铸造划线平板，其上表面经过精细加工(如刮削或研磨)，平直且光洁。划线平板属于精密设备，放置要平稳，表面要保护，长期不用时，还需要涂防锈油和加盖木板防护。现代划线平板还有大理石等材质。

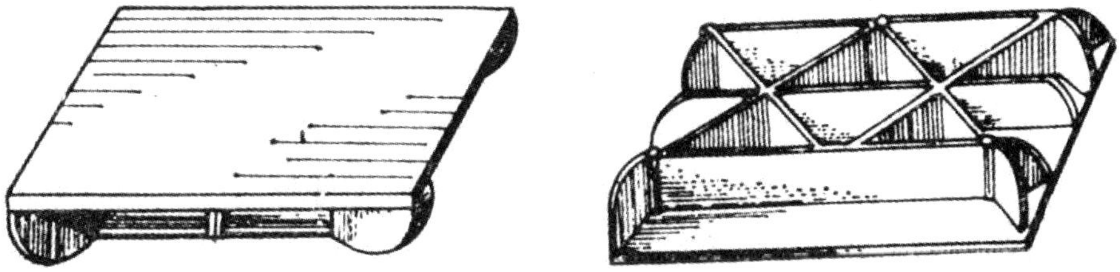

图1.23　划线平板

传统的钳工划线操作主要使用划针。图1.24所示为几种典型的划针以及使用方法。对于航空钣金，不允许使用划针，以防划伤板材工作面，大多数使用铅笔或记号笔。

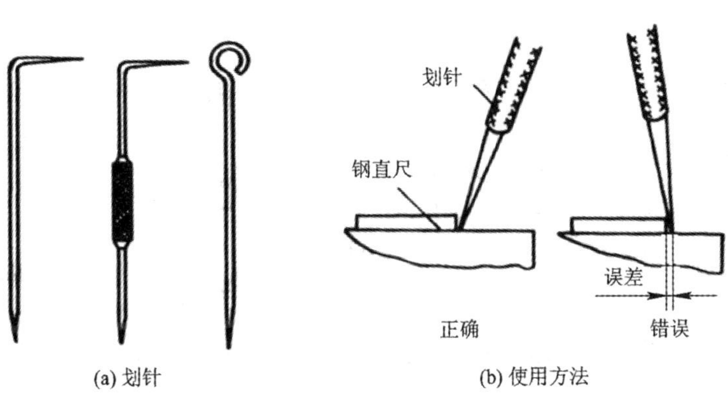


(a) 划针　　(b) 使用方法

图1.24　划针及其使用方法

与划线平板配套使用的其他工具一般有方箱、V形铁、千斤顶、划针盘、划规、高度尺、高度游标尺和样冲等。以下重点介绍航空钣金制作的典型工具。

图1.25所示是几种划规及其使用方法；图1.26所示是一种针冲，是航空维修专用划线工具；图1.27所示为样冲，包括两种，第一种为实心冲，主要应用在普通钳工钻孔前定位，第二种是空心冲，又称为自动中心冲，主要在飞机结构修理，特别是蒙皮维修中使用。自动中心冲内部配置了弹簧压缩预制冲击装置，通过手压可以直接冲击出标准的定位坑，方便快捷。

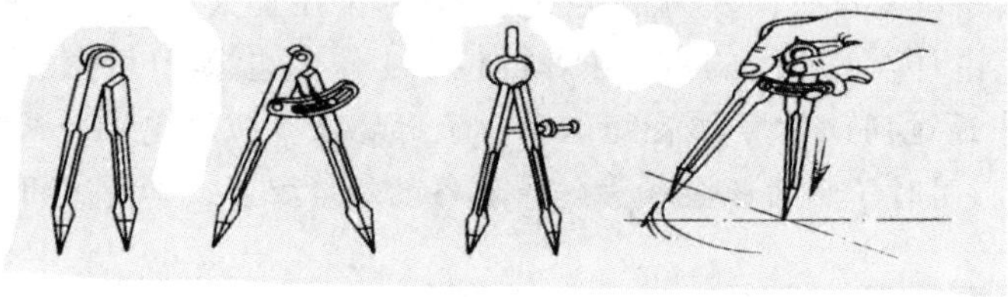

图1.25　划规及其使用方法

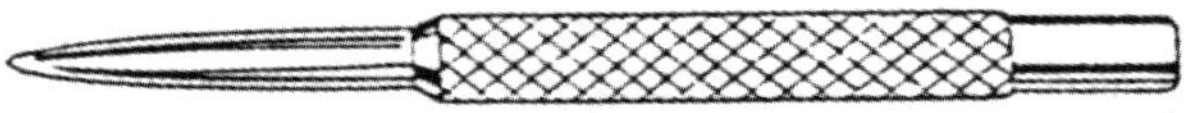

图1.26　针冲

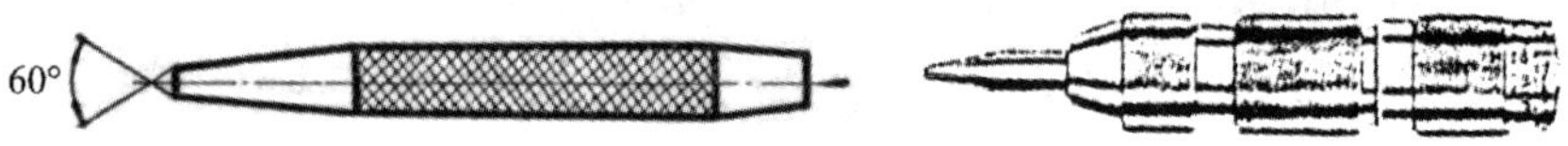


(a) 实心冲　　(b) 空心冲

图1.27　样冲

样冲的功能是获得定位坑，以固定钻尖方便钻孔，但使用不当可能会造成蒙皮表面划伤，因此在飞机装配过程中，一些特殊区域不允许使用。

【延伸学习】空心冲（自动中心冲）是钣金铆接的典型定位工具，拓展学习了解其结构和工作原理。在实际工作中，可能出现自动中心冲冲头无法弹出的情况，导致冲击功能失效。讨论分析其中的原因并提出维修方法。

航空钣金维修中还有一类经常使用的套装冲子，是用于拆卸铆钉的起始冲和直杆冲，如图1.28所示。该类工具主要是方便顶出孔内的零件，应用非常广泛。对于钣金维修，套装冲子主要应用在铆钉拆除过程中，用于顶出铆钉孔内残留的铆钉。冲子的规格按照铆钉孔直径系列配置，并且每种直径配套2种类型，即起始冲和直杆冲。起始冲有锥度，可增加强度，如果小尺寸的孔直接使用直杆冲极易折弯变形；直杆冲有长度，能保证一定的孔深。起始冲只适合初始推动铆钉变形，持续使用可能因为锥度损伤铆钉孔，后续顶出操作则应使用直杆冲完成。

图1.28　起始冲和直杆冲

飞机蒙皮维修可能会遇到面积大、铆钉众多的情况，大批量的铆钉孔要保证位置精度是非常困难的，任何一个铆钉孔的位置超差都可能导致整个蒙皮报废。如果将旧蒙皮和新蒙皮叠加，拓印全部需要加工的孔和区域，会给后续工作带来便利。转换冲就是可以直接把孔拓印到新蒙皮的制孔工具，而且可以直接获得定位坑，如图 1.29 所示。

图 1.29　转换冲

转换冲是一系列按照铆钉标准孔制作的圆柱体，尺寸系列与标准孔一致，同时在端部预制了样冲尖，对应孔径的转换冲通过旧蒙皮孔同时在新蒙皮上标记出准确的钻孔位置，从而可以快速准确地完成所有的预制孔。

## 1.2.3　手锤和錾子

手锤和錾子是钳工最基本的工具，航空钣金制作也会使用。

### 1. 手锤

手锤是錾削的配套工具，也是钳工拆装零件时的重要工具。手锤可分为硬手锤和软手锤两种。通常所用的为硬手锤，即钢制手锤，称为手锤或榔头。

硬手锤多用碳素工具钢锻成，并经淬火和回火处理。其规格大小用锤头的重量来表示。钳工用的硬手锤有 0.25 kg、0.5 kg、1 kg 等几种 ( 在英制中有 0.5 磅、1 磅、1.5 磅等几种，1 磅等于 0.4536 kg)，常用的是 0.5 kg。

图 1.30 所示为钳工典型的圆头锤，其特征为一端为平头，另一端为球型头，通常用于对某些部件的敲击。由于其锤面设计硬度大，只能用于锤击较硬的金属部件，而不能敲击铝及铜等软金属部件和螺栓。

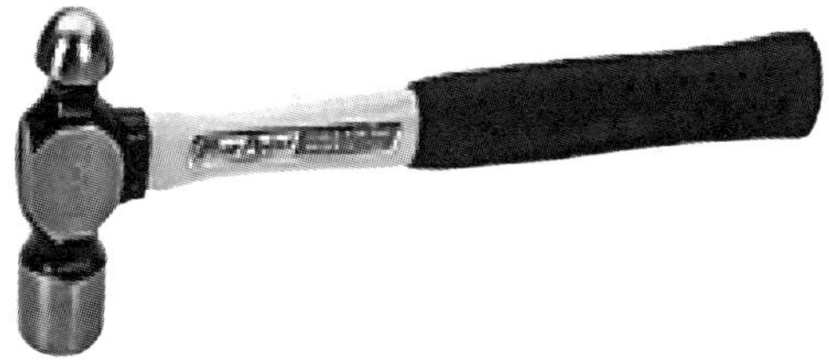

图 1.30　圆头锤

飞机钣金维修中有窄槽(如桁条)环境下使用手锤的情况，圆头锤常常无法进入，一种特殊的锤头可以达到要求，即横锤和直锤，如图 1.31 所示。横锤和直锤的特征为：在锤的一端用横向或纵向楔形端代替了圆头锤的圆头端，这种设计用于对金属板的初始弯曲、校直金属端边或窄槽内操作。横锤楔形端与手柄中线垂直，直锤楔形端与手柄中线平行。

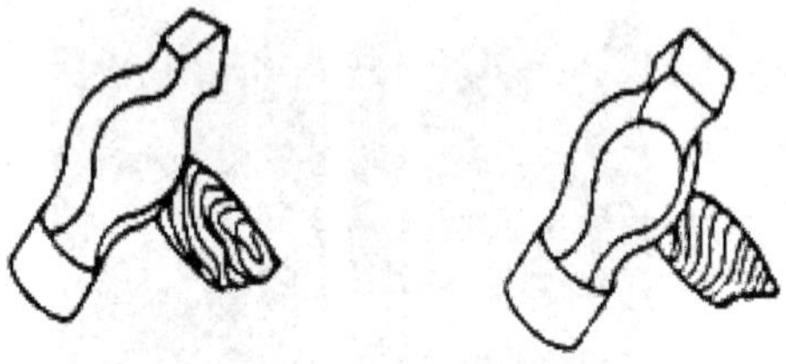

(a) 横锤　　(b) 直锤

图 1.31　横锤和直锤

在装配或拆卸时，可能需要敲击精度较高的零件以及软金属部件，这类容易损坏表面的敲击作业需要使用软手锤。不同的锤头材料其硬度各不相同，软手锤锤头所用的材料通常有铜、铝、木料、橡胶、塑料、牛皮面料及合成材料等。有时为了节约金属，常在硬手锤上镶或焊上一段铜或铝作为软手锤。某些合成材料制成的软手锤，其锤面硬度可根据需要更换，从而适用多种工作环境。通常木料和牛皮面料锤用于钣金加工；橡胶锤用于震动机件；塑料及合成材料锤用于安装固定卡箍、敲击螺栓。图 1.32 所示的是一种橡胶软手锤。

图 1.32　橡胶软手锤

手锤的使用涉及安全和效率，从握持位置到挥锤方法都有严格的规范。

手锤一般要握持在锤柄后三分之一处，握手锤的方法有松握法和紧握法两种。

(1) 紧握法(见图 1.33)：用右手的食指、中指、无名指和小拇指握紧锤柄，柄尾伸出 15 ～ 30 mm，大拇指贴在食指上，在挥锤及击锤时不变。

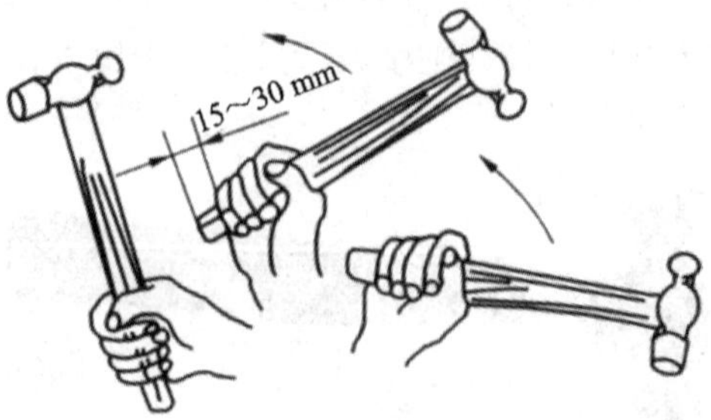


图 1.33　紧握法

(2) 松握法(见图 1.34)：只有大拇指和食指始终握紧锤柄，其余手指放松。锤击时(手

锤打向錾子时 ) 中指、无名指、小拇指一个接一个地握紧锤柄；挥锤时以相反的次序放松。此法使用熟练时可以加强锤击力，而且不易疲劳。

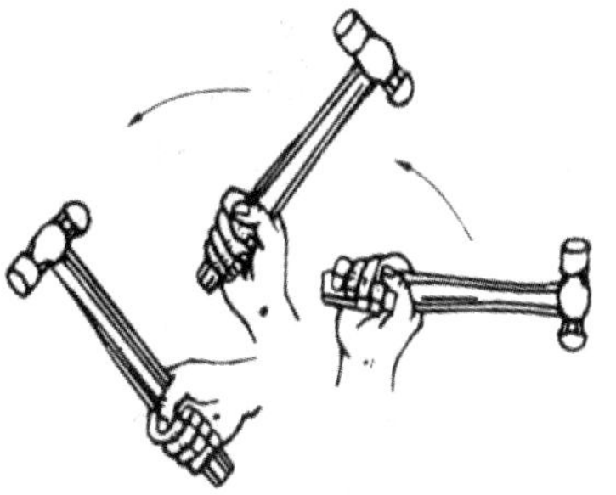

图 1.34　松握法

挥锤的方法有手挥、肘挥、臂挥三种。

(1) 手挥：只有手腕的运动，锤击力小，一般用于錾削开始或錾油槽、錾制模具等场合；

(2) 肘挥：手腕和肘一起动作，锤击力较大，运用最广；

(3) 臂挥：手腕、肘和全臂一起运动，锤击力最大，需专业训练，应用较少。

【延伸学习】通过网络视频，了解钳工挥锤方法和安全操作要领，同时训练钉钉子。

### 2. 錾子

錾削是用手锤锤击錾子，对金属进行切削加工的操作。錾削对于操作者有非常高的技术要求，无论是錾子的选择、握持方法还是手锤的使用，都直接关系到錾削的质量、效率和安全。通常錾削的质量高于锯割。錾削的效率除了取决于錾子和锤子的质量外，还取决于对錾子的锤击力和每分钟的锤击次数。一般每分钟推荐 40 次左右。

錾子多用工具钢锻成，刃部经淬火和回火处理后，刃磨而成。錾子全长一般约为 125 ～ 150 mm，由切削刃、斜面、柄部和头部四个部分组成。錾子种类很多，一般有平錾 ( 也叫扁錾、平头錾 )、槽錾 ( 也叫窄錾、斜刃錾 ) 及油槽錾三种，如图 1.35 所示。

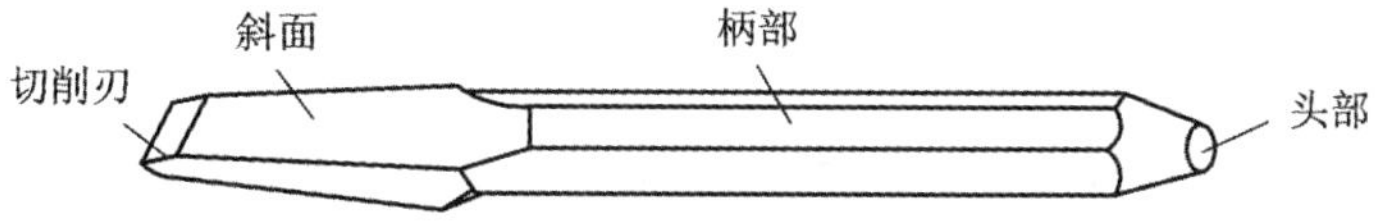


(a) 平錾

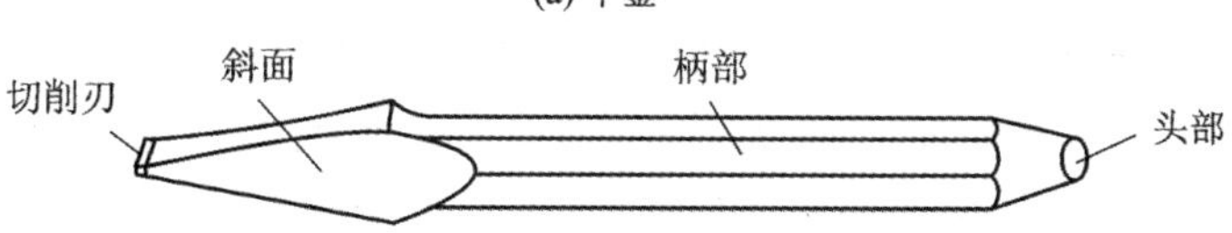


(b) 槽錾

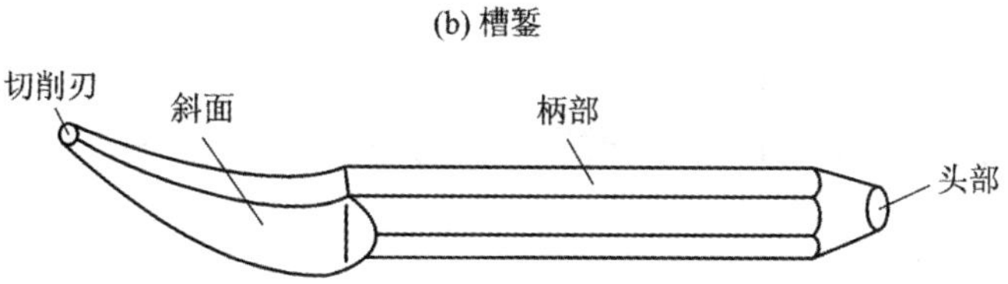


(b) 油槽錾

图 1.35　錾子的种类

錾子的握法随工作条件而定，有正握法、反握法和立握法三种，如图 1.36 所示。

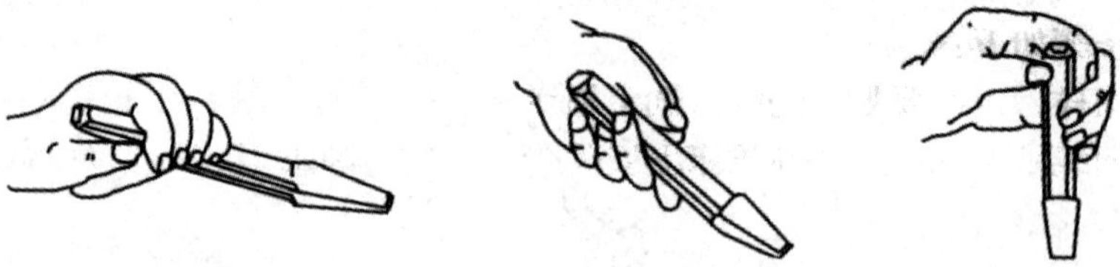

(a) 正握法　　(b) 反握法　　(c) 立握法

图 1.36　錾子的握法

錾削时一般要借助虎钳固定 ( 注意保护被夹持表面 )，工件的錾切线要和钳口平齐，用平錾沿着钳口并斜对着板料 ( 约成 45º 角 ) 自右向左錾削 ( 见图 1.37(a))。錾削时錾子的切削刃不能平对着板料錾削 ( 见图 1.37(b))，这种正面全切削刃錾削不仅费力，而且由于金属薄板弹性大，切面也不会平整，錾掉的上部分金属容易出现图示的裂纹。

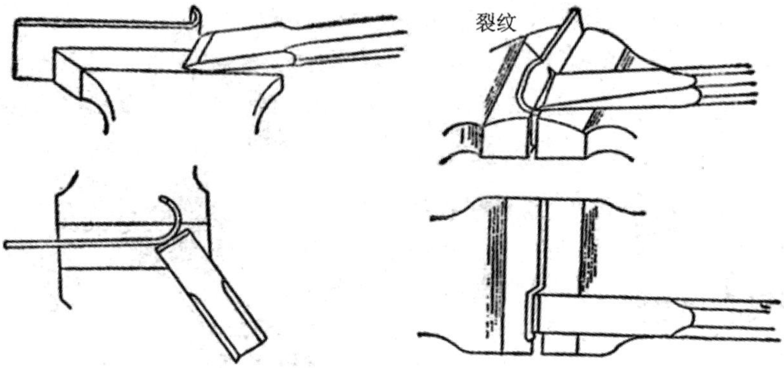


(a) 正确　　(b) 错误

图 1.37　板材錾削

## 1.2.4　手锯

锯割是用手锯锯断金属材料或在工件上锯出窄缝的操作。手锯是钳工锯割所使用的工具，它由锯弓和锯条组成。如图 1.38 所示为锯弓的结构图。锯弓一般由钢或铝合金制成，其作用是安装和张紧锯条，它有可调式和固定式两种。固定式锯弓是整体的，见图 1.38(a)，它只能安装一种长度规格的锯条。可调式锯弓分成前后两段，前段可在后段中伸出或缩进，可以安装几种长度规格的锯条，见图 1.38(b)。

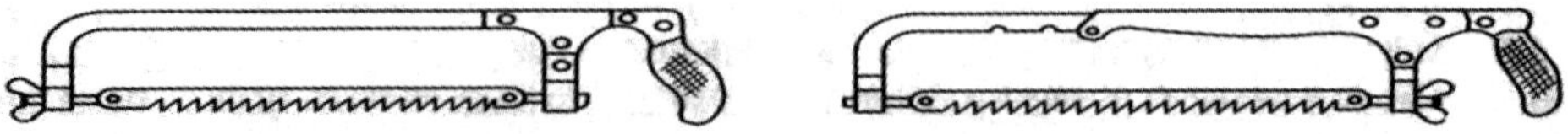

(a) 固定式锯弓　　(b) 可调式锯弓

图 1.38　锯弓的结构图

锯条一般用渗碳软钢冷轧而成，也有用碳素工具钢或合金工具钢制成，并经淬火处理。

锯条的长度是以两端安装孔的中心距来表示的，一般有 200 mm、250 mm、300 mm (10 ～ 16 英寸 ) 几种。钳工常用的锯条长度为 300 mm，宽度为 12 mm，厚度为 0.8 mm。

锯条的锯齿在制造时按一定的规则左右错开，排列成一定的形状，称为锯路。锯路有交叉形和波浪形之分，如图 1.39 所示。设计锯条的锯路时，要使工件上的锯缝宽度大于锯条背的厚度，这样锯割时锯条既不会被卡住，又能减少锯条与锯缝的摩擦阻力，锯割比较顺利，锯条也不致因过热而加快磨损。

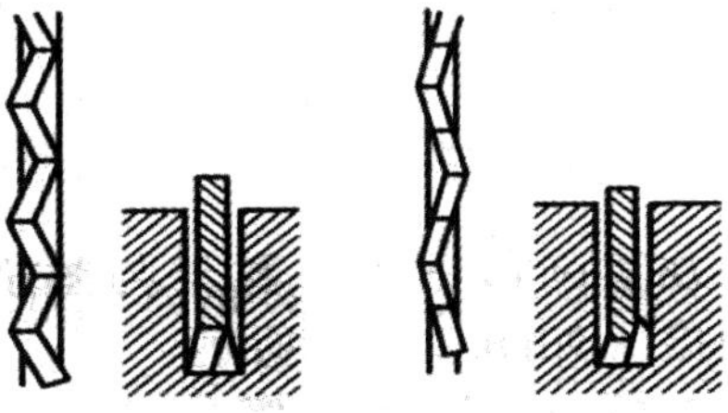

(a) 交叉形　　(b) 波浪形

图 1.39　锯路的排列

锯条不仅设计了锯路，其切削部分的众多锯齿相当于一排同样形状的錾子，所以锯齿的角度也有楔角 ($\beta_o$)、后角 ($\alpha_o$)、前角 ($\gamma$) 和切削角 ($\delta$) 之分。一般前角为 0°，后角为 40°，楔角为 50° ( 见图 1.40)。

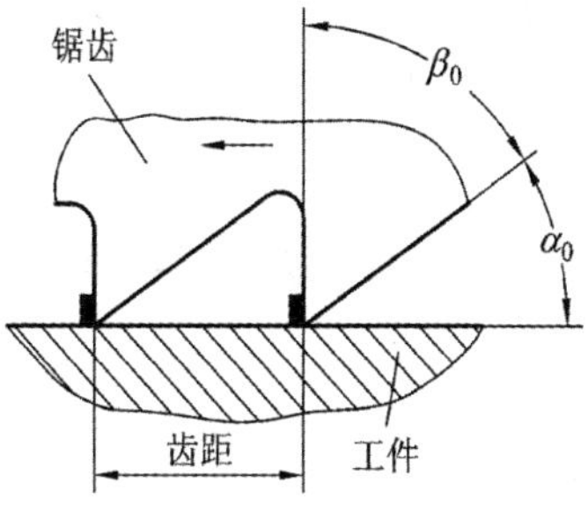


图 1.40　锯齿的形状

锯割时，要想切下较多的锯屑，锯齿间要有较大的容屑空间。锯条齿距大小以 25 mm( 约 1 in) 长度所含齿数多少分为粗 (14 ～ 16 个齿 )、中 (18 ～ 22 个齿 )、细 (24 ～ 32 个齿 ) 三种。

粗齿锯条适宜锯割铜、铝等软金属及厚的工件，因为锯割软材料锯条容易切入，锯屑厚而且多；锯割厚材料锯屑比较多，所以要求有较大容屑空间的粗齿锯条容纳锯屑。若用细齿锯条则锯屑容易堵塞，只能锯得很慢，浪费工时，很不经济。

细齿锯条适宜锯割硬材料、薄的板料及薄壁管子。因为锯割硬材料时，锯齿不易切入，锯屑量少，不需要大的容屑空间。另外锯割薄板材料时一定要使用细齿锯条是因为粗齿锯条容易被薄板钩住，一般锯割时至少要有三个锯齿同时工作。如果锯条满足不了上述条件，还可通过改变锯条与切割面的夹角，以增大接触面积来达到。

中齿锯条适宜锯割普通钢、铸铁及中等厚度的工件。

【延伸学习】通过网络拓展学习，了解锯割的技术要领；思考讨论薄铝板如何装卡和锯割。

## 1.2.5 锉刀

### 1. 锉刀

锉刀是对工件表面进行锉削加工的工具。锉削可以加工平面、各种形状的孔、曲面、沟槽及内外倒角等，其尺寸精度可达 0.01 mm，表面粗糙度 *Ra* 值可达 1.6 ～ 0.8 μm，是钳工最基本的操作，在钣金加工中使用也非常广泛。

锉刀由碳素工具钢制成，并经过淬火处理。锉刀的硬度应为 HRC62 ～ 67( 铝板锉硬度应为 HRC56 ～ 62)。

锉刀的规格一般以截面形状、锉刀长度、锉纹粗细来表示。用锉刀长度表示时，分为 100 mm(4 in)、150 mm(6 in)、250 mm(10 in)、300 mm(12 in) 等。

锉刀由锉刀面、锉刀边、锉刀尾和锉刀舌等组成 ( 见图 1.41)。

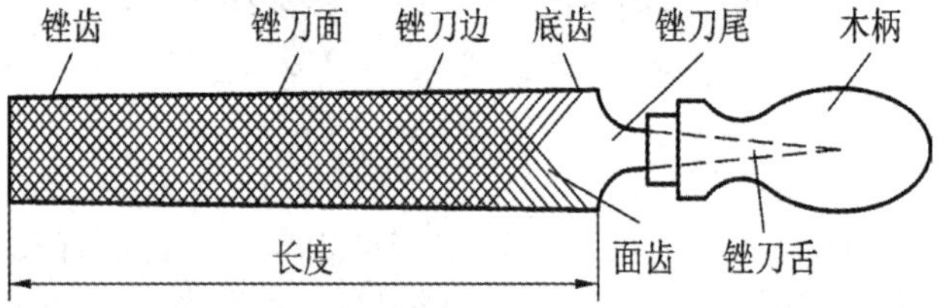


图 1.41　锉刀的组成图

一般的钳工锉刀按其用途分为普通锉、特种锉、整形锉 ( 也叫什锦锉 ) 三类。

(1) 普通锉：适用于锉削一般工件表面，按其断面形状分为平锉 ( 扁锉、板锉 )、半圆锉、三角锉、方锉、圆锉等五种，见图 1.42。

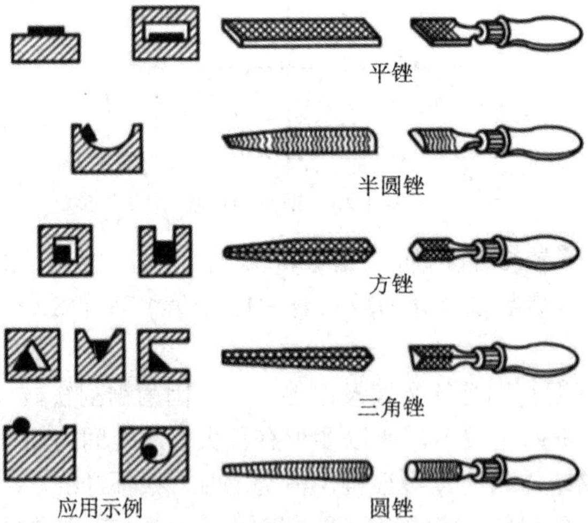


图 1.42　普通锉及其应用

(2) 特种锉：用于加工各类零件上的特殊表面。它有直锉和弯锉两种，断面形状很多，便于选用。这种锉刀常用于锉削各种沟槽和内孔，所以通常叫做掏锉，见图 1.43。

(3) 整形锉：适用于工件上细小部分的修整和精密工件 ( 如样板、磨具等 ) 的加工以及小型工件上难以机械加工的部位。如图 1.44 所示是整形锉的各种形状，每 5 把、6 把、8 把、10 把或 12 把不等成为一组。

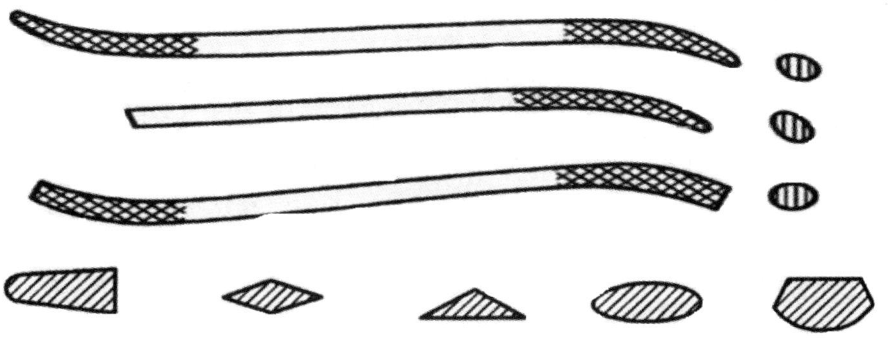

图 1.43　特种锉

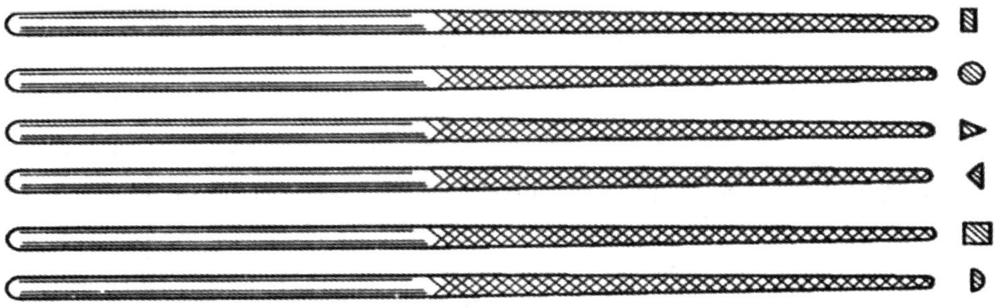

图 1.44　整形锉

锉刀的齿纹有单齿纹和双齿纹两种。按照每 10 mm 长的锉面上锉齿的齿数分为粗齿锉 (4 ～ 12 齿 )、中齿锉 (13 ～ 23 齿 )、细齿锉 (30 ～ 40 齿 ) 和油光锉 (50 ～ 62 齿 )。

对于钳工来说，必须能正确地选用不同类型和齿数的锉刀。选择锉刀的一般规则如下：

(1) 锉刀长度按工件加工表面的大小选用；

(2) 锉刀断面形状按工件加工表面的形状选用，见图 1.42；

(3) 锉刀齿纹粗细的选用要根据工件材料、加工余量、加工精度和表面粗糙度等情况综合考虑。

表 1.2 列出了不同齿数的锉刀加工参数和应用范围。

**表 1.2　锉刀刀齿粗细划分和应用**

| 锉齿粗细 | 齿纹条数<br>10 mm 长度内 | 特点和应用 | 加工<br>余量 /mm | 表面粗糙度<br>*Ra* 值 /μm |
|---|---|---|---|---|
| 粗齿锉 | 4 ～ 12 齿 | 齿间大，不易堵塞，适宜粗加工或锉铜、铝等软金属 | 0.5 ～ 1 | 50 ～ 12.5 |
| 中齿锉 | 13 ～ 23 齿 | 齿间适中，适于粗锉后加工，半精加工或锉削钢、铸铁 | 0.2 ～ 0.5 | 6.3 ～ 3.2 |
| 细齿锉 | 30 ～ 40 齿 | 锉光表面或锉硬金属 | 0.05 ～ 0.2 | 1.6 |
| 油光锉 | 50 ～ 62 齿 | 精加工时修光表面 | ＜ 0.05 | 0.8 |

## 2. 锉刀的使用方法

1) 锉刀的握法

锉削时应正确掌握锉刀的握法及施力的变化。使用大锉刀时，右手握住锉柄，左手用掌心压在锉刀前端或用五指压在锉刀的前端，使其保持水平，见图 1.45(a)。

使用中锉刀时，因用力较小，可用左手的拇指和食指握住锉刀的前端部，以引导锉刀水平移动，见图 1.45(b)。

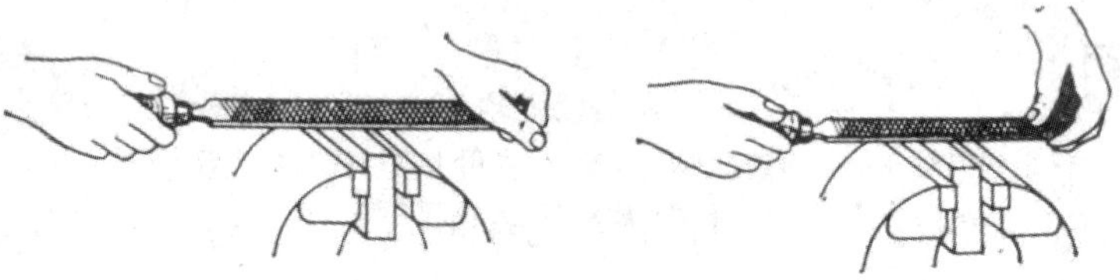

(a) 大锉刀握法　　(b) 中锉刀握法

图 1.45　锉刀的握法

2) 锉削的姿势

正确的锉削姿势动作能减少疲劳，提高工作效率，保证锉削质量，因此必须掌握正确的锉削姿势。锉削时人的站立位置与錾削相似，站立要自然并便于用力，以能适应不同的加工要求为准。

进行锉削时，身体的重心放在左脚上，右膝伸直，左腿稍微弯曲，身体稍向前倾，脚始终站稳不移动，靠左腿的屈伸作往复运动 ( 见图 1.46)。锉削时，要充分利用锉刀的有效全长。锉削的动作是由身体和手臂运动合成的。开始锉削时身体要向前倾斜 10° 左右，右肘尽可能收缩到后方 ( 见图 1.46(a))。最初三分之一行程时，身体前倾到 15° 左右，使左腿稍弯曲 ( 见图 1.46(b))；中间三分之一行程，右肘向前推进，同时身体亦逐渐倾斜到 18° 左右 ( 见图 1.46(c))；最后三分之一行程，用手腕将锉刀推进，身体随着锉刀的反作用力退回到 15° 左右位置 ( 见图 1.46(d))。锉削行程结束后，取消压力将手和身体退回到最初位置。

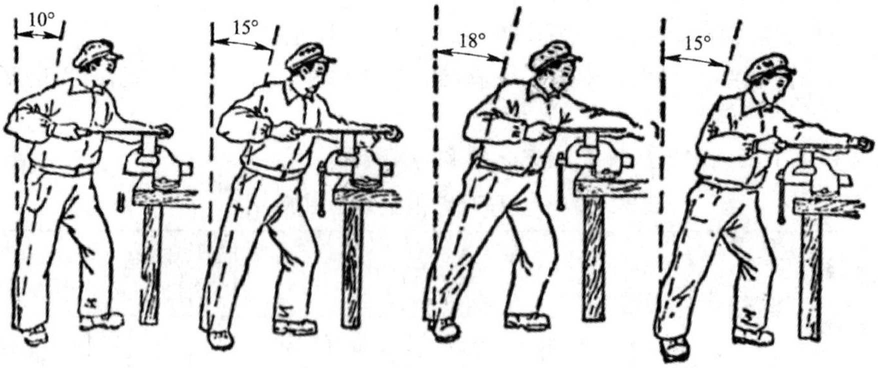


(a)　(b)　(c)　(d)

图 1.46　锉削姿势

3) 水平运锉的控制方法

锉削平面时应始终保持锉刀水平移动，因此要特别注意两手施力的变化。锉削力量有水平推力和垂直压力两种。推力主要由右手控制，其大小必须大于切削阻力才能锉去切屑。压力是由两手控制的，其作用是使锉齿深入金属表面。

由于锉刀两端伸出工件的长度随时都在变化，因此两手的压力大小也必须随着变化，使两手压力对于工件中心的力矩相等，这是保证锉刀平直运动的关键，如图 1.47 所示。即开始推进锉刀时，左手压力大右手压力小；锉刀推到中间位置时，两手的压力大致相等；再继续推进锉刀，左手的压力逐渐减小，右手的压力逐渐增大。锉刀返回时不加压力，以免磨钝锉齿和损伤已加工表面。

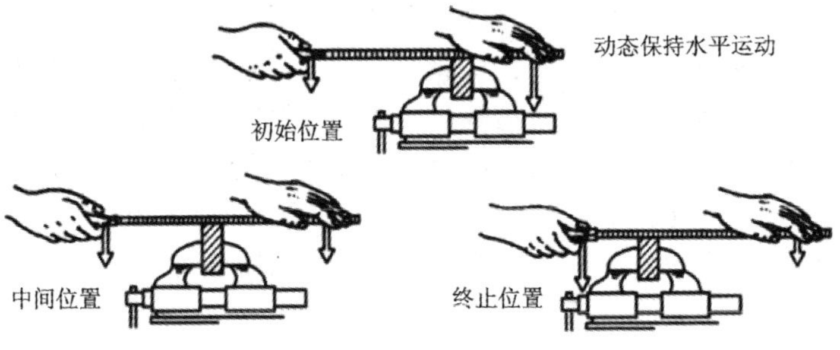


图 1.47　水平运锉的控制方法

运锉控制需要长期的训练，两手对锉刀的压力控制不好会习惯性偏斜，加工出的表面可能偏斜、鼓形等。若要锉得平，必须掌握锉刀平衡，动态调整两手的压力，注意锉刀的往复运动，发现问题及时纠正。此外，通过变换锉削方法也有助于互补纠正。

**3. 平面锉削方法**

运锉的方法很多，常用的锉削方法有三种：交叉锉法、顺锉法、推锉法。

(1) 交叉锉法适用于粗锉较大的平面 ( 见图 1.48(a))。由于交叉锉的锉刀运动方向是交叉的，锉刀与工件接触面大，锉刀容易掌握平稳；同时，从锉纹上也可以判断出锉削面的凹凸情况，因此交叉锉容易锉出较平整的平面。交叉锉进行到平面即将锉削完成之前，要改用顺锉法，使锉刀纹丝方向一致顺直。交叉锉一般用于锉削余量较大的工件。

(2) 顺锉法是最基本的锉法，适用于粗锉和最后的修光 ( 见图 1.48(b))。其中左图多用于粗锉，右图只用于修光。顺锉可得到正直的锉纹，使锉削平面较为整齐美观。

(3) 推锉法一般用来锉削狭长平面或用顺锉法推进受阻碍时采用 ( 见图 1.48(c))，也可以用来修光表面。推锉法不能充分发挥手的力量，因为不是在锉齿切削方向上进行切削，故切削效率不高，只适合于加工余量较小或用顺锉法受阻的情况。推锉法是两手横握锉刀，沿工件表面平稳地推拉锉刀，可得到平整光洁的表面。

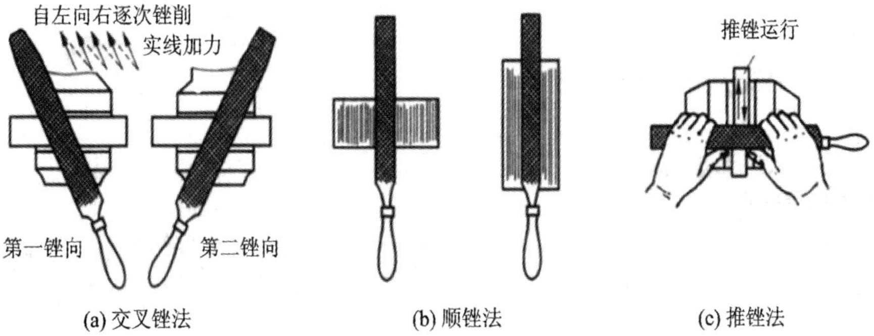


图 1.48　平面锉削方法

【延伸学习】通过网络视频拓展学习锉削技术要领；思考讨论航空板材如何装卡和锉削断口平面。选择不同面积的金属材料，训练锉削平面、垂直正交面、窄长平面、内方孔、圆孔以及零间隙配合装配体，提升钳工加工基本技能，要求速度和质量同步。

### 4. 锉削操作注意事项

(1) 锉刀必须装柄使用，以免刺伤手心；
(2) 锉削时，不要用手摸工件表面，以免再锉时打滑；
(3) 锉削时，不可用嘴吹切屑，防止切屑飞进眼里，也不可用手清除切屑，以防伤手；
(4) 锉刀放置时，不要露出工作台边缘，以免碰落摔断锉刀或砸伤人脚；
(5) 不允许把锉刀当作拆装的工具，用来敲击或撬动其他器件，以免造成事故；
(6) 锉刀堵塞后，用铜 ( 钢 ) 丝刷顺着锉纹的方向刷去切屑即可；
(7) 使用整形锉或特种锉时，用力不宜过大，以免折断锉刀。

## 项目训练

钳工基础训练

### 1. 学习目标

(1) 训练学生准确使用设备获得板材类毛坯件，并使用钳工工具加工至图纸尺寸。
(2) 训练学生使用量具，并控制产品的外形尺寸。

### 2. 工作任务

在钳工工作区，利用基本钳工工具和装备完成图 1.49 所示的两种钳工板材的加工。其材料为铝合金板材。

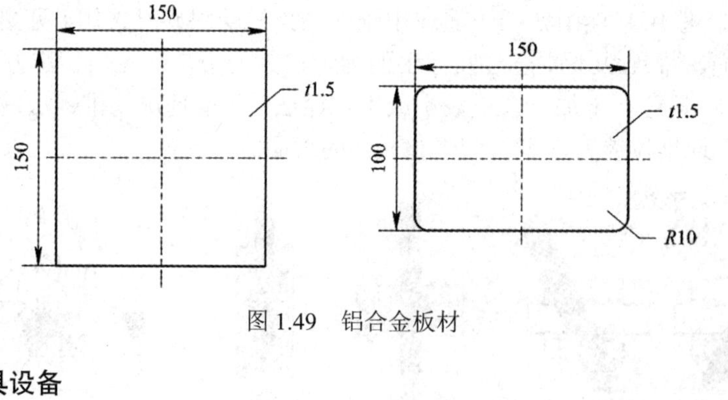


图 1.49　铝合金板材

### 3. 实训工具设备

钳工工作台 ( 配台虎钳 )，剪板机，划线平台，划针，方箱，高度游标尺 ( 公制 )，手锯，锉刀，毛刷，钢直尺 ( 含公制 )，直角尺，刀口尺，游标卡尺 ( 公制 )，整形锉刀。

### 4. 劳保用品

护目镜，手套等。

5. 实训步骤

(1) 领取板材，划线；
(2) 在剪板机上剪板；
(3) 在钳工工作台上完成锉削，达到图纸要求。

6. 评估标准

(1) 表面不得划伤，钳工划线和夹持需保证成品件区域表面质量；
(2) 产品尺寸精度 IT12，尺寸公差 0.1 mm，垂直度误差不超过 0.2 mm；
(3) 最终产品需要去毛刺和边缘钝化处理，表面清洁。

# 任务 1.3　孔加工装备使用

钳工范畴的孔加工主要是钻孔、扩孔和铰孔，一般在钻床上进行。常用的钻床有台式钻床、立式钻床和摇臂钻床三种。

钣金范畴的孔加工主要通过气钻、电钻完成，大直径孔或多边形孔及椭圆孔通常采用排孔挖切后修整，也可通过模具完成。

## 1.3.1　钳工制孔设备

### 1. 台式钻床

台式钻床简称台钻，是钳工使用最多的孔加工设备。它由底座、工作台、立柱、头架 ( 主轴架 )、主轴和进给手柄等组成 ( 见图 1.50)。钻孔直径一般在 12 mm 以内，为小型工件钻孔。台钻主轴的转速可通过改变三角皮带在皮带塔轮上的位置来调节。主轴的向下进给是手动的。

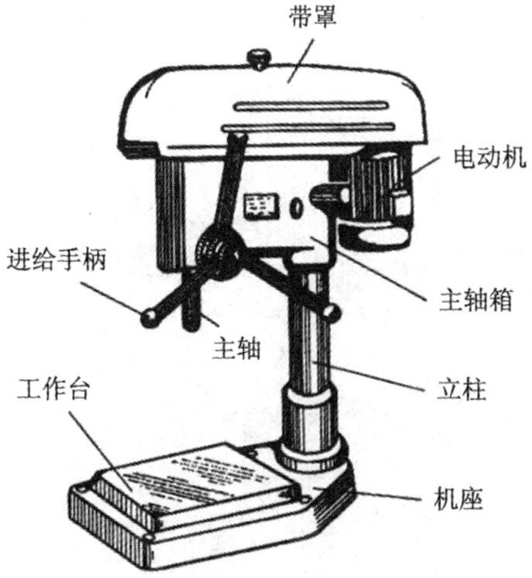


图 1.50　台式钻床

### 2. 立式钻床

立式钻床简称立钻，主要由主轴、主轴变速箱、进给箱、立柱、工作台和机座等组成(见图1.51)。立钻在结构上比台钻多了主轴变速箱和进给箱，因此主轴的转速和走刀量变化范围较大，而且可以自动进刀。此外，立钻刚性好，功率大，允许采用较大的切削用量，生产率较高，加工精度也较高，适于用不同的刀具进行钻孔、扩孔、铰孔、锪孔、攻螺纹等多种加工。由于立钻的主轴对于工作台的位置是固定的，加工时需要移动工件，对于大型或多孔工件的加工十分不便，因此立钻主要用于加工中、小型工件上的中、小孔。

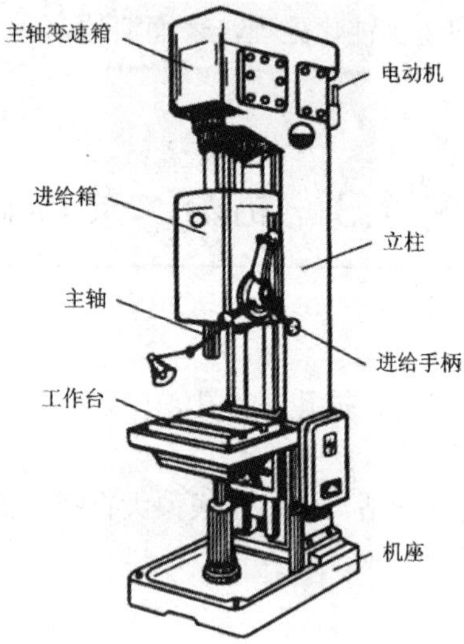


图 1.51　立式钻床

### 3. 摇臂钻床

摇臂钻床主要由机(底)座、立柱、摇臂、主轴箱、主轴及工作台等组成(见图1.52)。它有一个能绕立柱旋转的摇臂，摇臂带动主轴箱可沿立柱垂直移动，主轴箱还能在摇臂上横向移动，这样就能方便地调整刀具位置，以对准被加工孔的中心。此外，主轴转速范围和走刀量范围很大，因此适于对笨重的大型、复杂工件及多孔工件的加工。

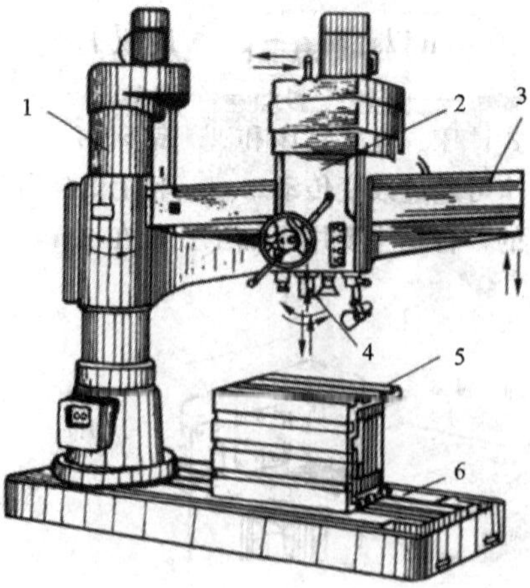


1—立柱；
2—主轴箱；
3—摇臂；
4—主轴；
5—工作台；
6—机座。

图 1.52　摇臂钻床

## 1.3.2　钣金制孔设备

### 1. 电钻

电钻是通过电源提供动力的制孔工具。其工作原理是电磁旋转式或电磁往复式小容量电动机的电机转子作磁场切割做功运转，通过传动机构驱动作业装置，带动齿轮加大钻头的动力，从而使钻头产生加工。如图 1.53 所示是小型手持式电钻。

图 1.53　手持式电钻

### 2. 气钻

气钻是通过气源提供动力的制孔工具。其工作原理是利用压缩空气驱动风叶转子，转子带动齿轮钻夹头作旋转运动，从而使钻头旋转。气钻主要用于对金属构件的钻孔工作，尤其适用于薄壁壳体件和铝、镁等轻合金构件上的钻孔。图 1.54 所示是小型手持式气钻。

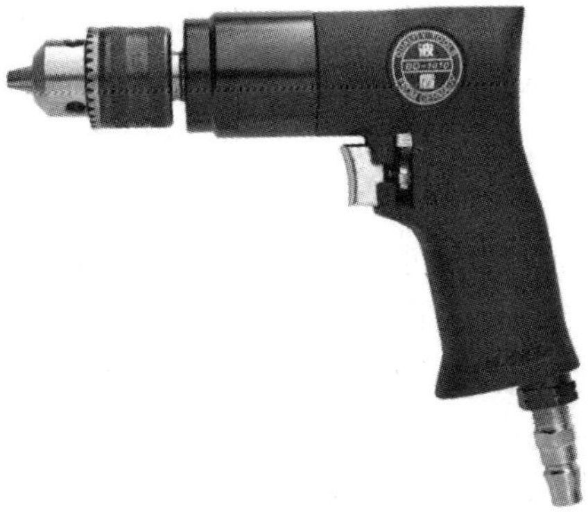

图 1.54　手持式气钻

## 1.3.3　钻头

钣金制孔最主要的刀具是钻头，典型的钻头有麻花钻、孔钻、埋头钻 ( 锪孔钻 ) 等，其中应用最广泛的是麻花钻。

### 1. 麻花钻

麻花钻是尖头工具，通过旋转运动在材料上钻孔，通常由碳素工具钢或高速钢制造。麻花钻由刀柄、颈部和工作部分组成 ( 见图 1.55)。

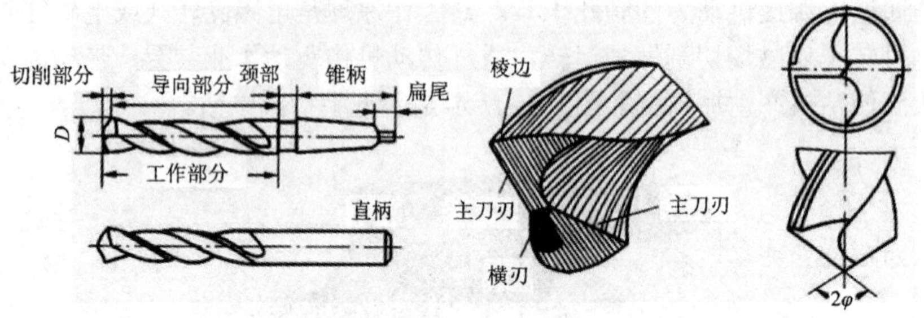


图 1.55　麻花钻及切削角度

麻花钻切削部分由两条对称的主切削刃 ( 主刀刃 )、两条副切削刃 ( 副刀刃 ) 和一条横刃组成。主切削刃承担切削工作，其夹角 $2\phi$ 为 118±2°，称为锋角或顶角。在硬、脆材料和板料上钻孔，顶角可以选大一些 ( 如 150° )，在软材料上钻孔，顶角可以小一些 ( 如 90° )。

后角指切削刃后跟随的角度，后角越小，工作时钻头与工件的摩擦越大，后角一般为 6° ～ 12°。

两个主后刀面的交线叫横刃。横刃会大大增加钻孔时的轴向力。

导向部分包括两条对称的螺旋槽和两条沿螺旋槽凸出的棱边 ( 刃带 )。螺旋槽的作用是形成切削刃、排除切屑及输入冷却液。棱边的作用是在钻孔时与工件壁接触，起导向和减少钻头与孔壁摩擦的作用。

钻头的直径规格有公制单位和英制单位。

公制单位通常以整数和小数表示，比如 2 mm、3 mm、7 mm、2.5 mm、2.6 mm、4.1 mm、4.2 mm、5.7 mm 等。

英制单位的钻头分三个系列，有以号数表示的，80 号～ 1 号 ($\phi$0.001 35 ～ $\phi$0.2280 in) 数字系列；有以分数表示的，1/64 ～ 1/2 in($\phi$0.0156 ～ $\phi$0.5 in) 分数系列；有以字母表示的，A ～ Z ($\phi$0.023 40 ～ $\phi$0.4130 in) 字母系列。三个系列的钻头没有重叠。字母规格的钻头大于号数规格的所有钻头。

由于钻头刚性较差，容易引偏，同时钻头工作部分大都处在已加工表面的包围中，排屑困难，切削热不易传散，导致加工精度低，因此钻孔的一般尺寸公差等级为 IT14 ～ IT11，表面粗糙度 *Ra* 值为 50 ～ 12.5 μm。

【延伸学习】通过网络拓展学习，深入了解麻花钻的结构和工作机理，学习麻花钻刃磨技术；同时了解麻花钻自动刃磨机工作原理和技术现状。

### 2. 孔钻 ( 开孔器 )

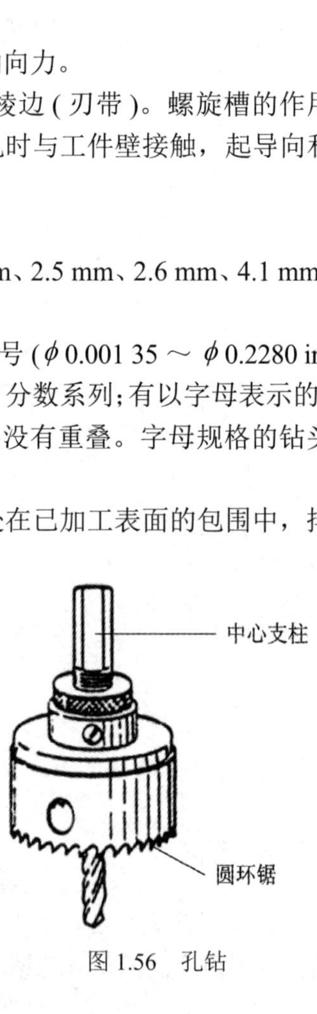


图 1.56　孔钻

孔钻也称开孔器，主要用于在金属板件上钻制较大的圆孔，如图 1.56 所示。这类制孔工具是麻花钻的衍生品，为电钻或气站的配套工具，并且是定制孔径，一般成系列化，用户可以就近选择稍小尺寸的完成预加工。

孔钻由中心支柱和圆环锯两部分组成。中心支柱的一端是钻柄，另一端装有一导孔钻，用于在板件上定位。导孔钻钻体较短，钻柄较长，在钻削时钻体很快穿过金属，使钻柄(圆柱段)与金属板料接触，避免钻体上刃带部分将导孔扩大。

**3. 埋头钻(锪孔钻)**

在飞机结构修理中，外蒙皮要求有良好的气动外形。为了获得表面平滑的效果，需要使用埋头的铆钉或螺钉，制孔时需要在材料上制出与钉头相近的凹窝。埋头钻就是用于在孔的边缘切削锥形窝的工具，这种加工又称为锪孔，因此埋头钻也称为锪孔钻，航空钣金加工中又称为限位划钻。

航空用标准埋头钻顶角一般为 100°，如图 1.57(a) 所示。大多数实际工作中使用的是可调深度埋头钻，即止动埋头钻，如图 1.57(b) 所示。这种埋头钻带有止动圈和导向杆，可以控制锪孔的深度。

止动埋头钻在刀具轴上增加了许多套型零件，刀头可以更换，刀具轴加装了带螺纹的圆筒(壳体)，端头有带排屑口的纤维导套，可以和止动圈一起控制锪孔深度。调整好止动圈后用锁紧螺母锁紧，整体结构紧凑，使用安全可靠。

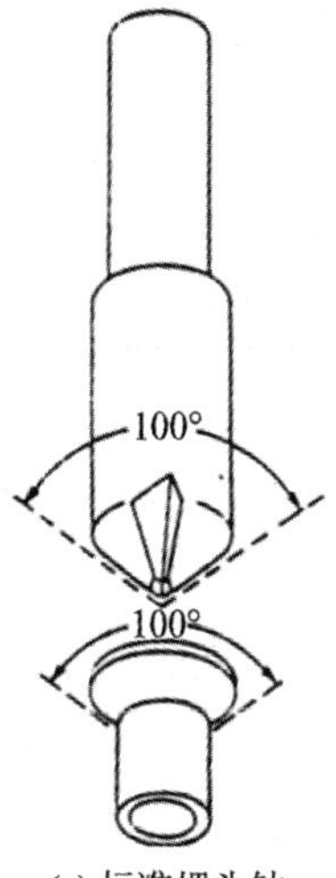


(a) 标准埋头钻

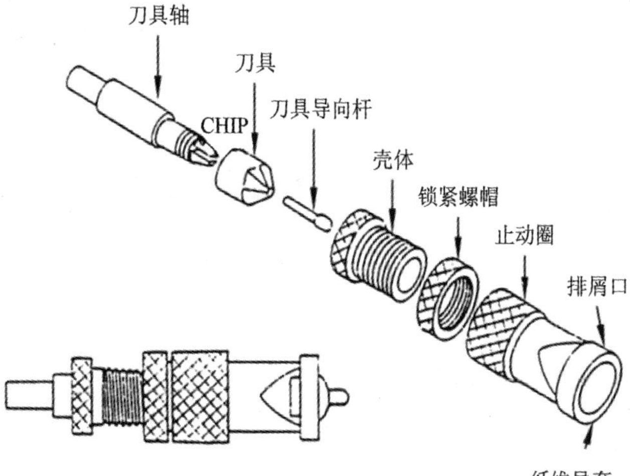


(b) 止动埋头钻

图 1.57　埋头钻

## 项目训练

### 钳工专业训练

**1. 学习目标**

(1) 训练学生正确使用钳工工具，加工毛坯件至图纸尺寸。

(2) 训练学生使用量具，并控制产品的形位精度和表面粗糙度。

### 2. 工作任务

在钳工工作区，利用基本钳工工具和装备完成如图 1.58 所示的零件加工。毛坯材料为 20 × 20 × 10 mm 方钢。

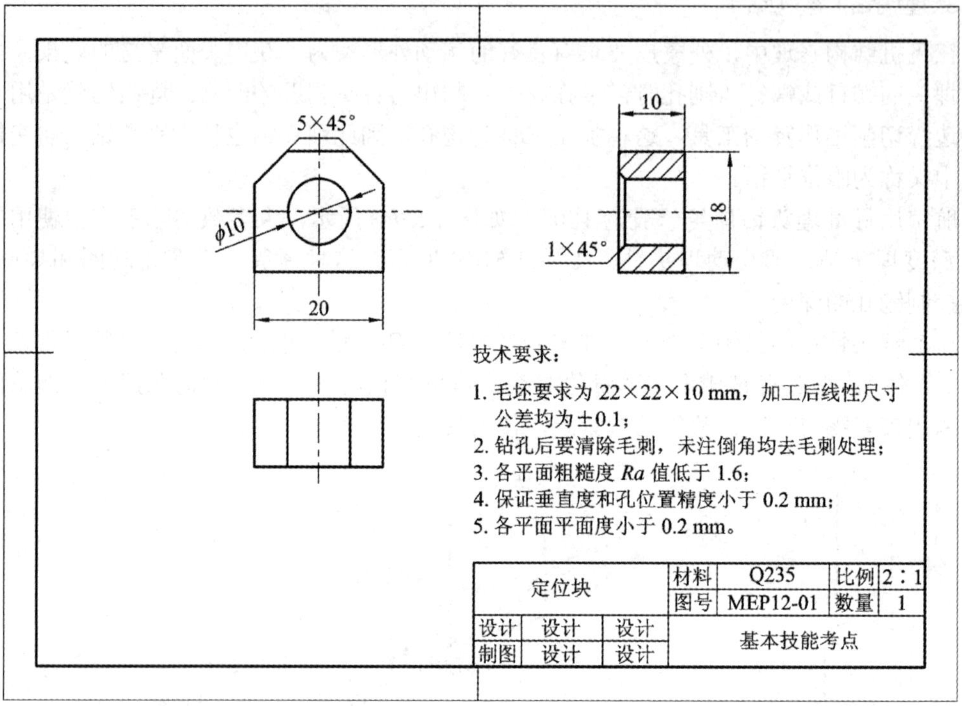


图 1.58　铝合金板材

### 3. 实训工具设备

钳工工作台 ( 配台虎钳 )，划线平台，划针，方箱，V 型铁，划针盘，高度游标尺 ( 公制 )，样冲，划规，钳工手锤，手锯，锉刀，钻床 ( 含附件 )，平口钳 ( 含附件 )，毛刷，套装麻花钻 ( 公制，直径 $\phi3 \sim \phi12$)，钢直尺 ( 公制 )，直角尺，刀口尺，游标卡尺 ( 公制 )，千分尺 ( 公制 )，整形锉刀。

### 4. 劳保用品

护目镜，手套等。

### 5. 实训步骤

(1) 加工前工作准备。检查工作台、设备和工具，领取并检查毛坯件。

(2) 划线。熟悉图纸并按照图纸尺寸要求在规定区域完成划线工作。

(3) 锯割。按照图纸要求锯割相应的加工面。

(4) 锉削。锉削各表面。

(5) 钻孔前准备。工件准备和安装，钻头准备和安装，机床准备和加工前检查。

(6) 钻孔加工。按照钻孔加工流程完成孔加工。

(7) 精修。精修各表面至图纸要求的尺寸、形位精度和粗糙度。

(8) 检查。完成加工后检查，各参数达到图纸要求。

(9) 结束工作。完成工作后，将各个工作区恢复到正常状态。

### 6. 评估标准

评估标准参考表 1.3。

**表 1.3　钳工专业训练实作评估单**

| 序号 | 评估指标 | 权重 | 得分 | 主要不足 |
|---|---|---|---|---|
| 1 | 选择并加工基准面 (2 分 )。<br>评分要点：<br>加工基准面，2 分；只划线视为没完成该项，0 分 | 2% | | |
| 2 | 以加工后的表面作为划线基准，用游标高度尺参照图纸划加工线 (4 分 )。<br>评分要点：<br>划线角度大约 45° 划线，力度合适，线条清晰，无往复，2 分；尺寸线和加工线双线划线，2 分 | 4% | | |
| 3 | 使用锯割的方法切除多余的金属 (6 分 )。<br>评分要点：<br>工件装夹合理 ( 加工线距钳口一侧约 5 mm，严禁使用钳口侧边为靠模锯割，视情警告并扣除该项 2 分 )，2 分；锯条安装正确，松紧适中，手法标准，2 分；运锯规范，姿势规范，2 分 | 6% | | |
| 4 | 使用锉削的方法切除多余的金属 (6 分 )。<br>评分要点：<br>工件装夹合理 ( 加工面高出钳口约 5 mm，严禁使用钳口为靠模，视情警告并扣除该项 2 分 )，2 分；锉刀选择正确 ( 粗细锉 )，2 分；握锉正确，运锉规范，姿势规范，2 分 | 6% | | |
| 5 | 钻孔前划中心线并打样冲眼 (2 分 )。<br>评分要点：<br>推荐使用“井”字划线，无样冲眼提示则扣除该项全部 2 分 | 2% | | |
| 6 | 选择钻头并规范安装，正确装夹工件 (4 分 )。<br>评分要点：<br>钻头安装规范 ( 夹持正确，长度充分，使用标准工具旋紧 )，2 分；工件装夹合理可靠 ( 工件居中，最大面积夹持，如工件夹持面不平整或夹持面不平行导致借助辅助支撑等夹持工件，提示并扣除 1 分 )，2 分 | 4% | | |
| 7 | 钻削前准备：检查机床工作状况和参数，操作符合安全操作规范 ( 手套和安全防护 )(4 分 )。<br>评分要点：<br>启动机床，检查机床转速，$Z$ 轴工作行程，钻头是否装正，2 分；调整平口钳位置，钻定位坑，2 分；违反操作安全规程的，在提示后仍然存在危险的操作 ( 如戴手套等 )，可终止考试 | 4% | | |

续表

| 序号 | 评估指标 | 权重 | 得分 | 主要不足 |
|---|---|---|---|---|
| 8 | 钻削过程操作规范，工艺流程正确(8分)。<br>评分要点：<br>进给速度控制适中(钻削初始慢、中间快和结束前慢)，2分；断屑控制合理，正确清理切屑(使用毛刷)，2分；工艺流程正确(钻孔，扩孔，倒角)，2分；完成加工后设备工具等复位及时，2分 | 8% | | |
| 9 | 精修各加工面和倒角等(2分)。<br>评分要点：<br>使用细锉沿最大长度方向精修表面(顺刀花)，2分 | 2% | | |
| 10 | 检查尺寸是否符合要求(18分)。<br>评分要点：<br>厚度尺寸，2分；长宽(含台阶面)，各6分，合计12分；<br>钻孔位置精度尺寸2个方向，每个1分，合计2分。超差每0.2扣1分，扣完为止 | 18% | | |
| 11 | 检查平面度是否符合要求(12分)。<br>评分要点：<br>刀口尺检查平面透光性，6个主要表面，每个2分；透光不明显可在4分内视情扣除，透光明显的用游标卡尺测量最大2个偏差点，超差每0.2扣除1分，扣完为止 | 12% | | |
| 12 | 检查垂直度是否符合要求(8分)。<br>评分要点：<br>直角尺检查透光性，透光不明显可在4分内视情扣除，透光明显的用游标卡尺对角测量；2个对角，每个4分，对角尺寸超差每0.2扣除1分，扣完为止 | 8% | | |
| 13 | 检查各个表面是否有划痕和较深的锉纹(12分)。<br>评分要点：<br>6个主要表面，每个2分。有明显划痕扣1分，有较深锯锉纹扣2分 | 12% | | |
| 14 | 回答问题(12分) | 12% | | |
| | 总分100 | | | |

# 项目 2　航空材料基础

金属材料是航空工业的基本材料，在现代大型民用航空器的结构重量中大约占 90%。航空工业的发展始终依托材料的发展。从民用运输机选材的发展趋势来看，复合材料和钛合金的使用在增加，铝合金和钢的用量在减少。

为降低飞机的自重，提高飞机的结构效率，飞机结构一般应选用轻质、高强度和高模量的材料。同时为确保飞机的安全性和经济性，还应综合考虑材料的韧性、抗疲劳性、断裂韧性、耐蚀性以及市场价格。因此，无论是飞机的设计生产还是适航维护，认识和了解航空材料是非常必要的。

航空材料种类繁多，即使同种材料，处理方式不同其力学特性也不同。解释和准确使用这些材料，需要了解金属的组织特性和热处理工艺。

航空材料理论基于金属学基础理论，从分子结构层面分析组织结构特性和变化过程，运用金相图谱全面展示金属材料家族构成，系统解释热处理原理和组织成分控制技术，准确定位材料力学外观的内部组织结构和状态，从专业层面提升了材料正确使用的机理。

具备了金属学与热处理基础理论，对金属切削工具的选择使用，对航空钣金特别是铝合金材料 ( 如铆钉 ) 和板材使用及施工具有精准的指导意义。

项目目标：熟悉金属材料的力学特性，应用金属学理论解释热处理方法和技术；了解常用材料的类别和力学特性。

评估标准：依据应用条件准确选择铝合金板材类型；正确完成金属材料硬度测试。

【延伸学习】通过课外网络拓展学习，了解航空材料发展的现状，特别是新型材料和复合材料在未来航空业的应用。由此理解学习航空材料基础理论的必要性。

## 任务 2.1　金属材料基础

### 2.1.1　金属材料的基本性能

金属的基本性能通常包括物理性能、化学性能、机械性能和工艺性能。

#### 1. 金属的物理性能

金属的物理性能一般包括颜色、比重、熔点、导电性、导热性、热膨胀性和磁性。

1) 颜色

金属都具有一定的颜色，根据颜色可将金属分为黑色金属和有色金属两大类。铁、锰、铬是黑色金属，其余的金属都是有色金属。

2) 比重

比重是单位体积金属的重量，用符号 $\gamma$ 表示。根据比重可以将金属分为轻金属和重金属两大类，$\gamma < 5\ g/cm^3$ 的金属是轻金属，反之为重金属。比重是金属材料的一个重要的物理量，特别是在航空工业中，为了增加有效载重和减少燃料消耗，飞机结构部件大部分都采用轻金属 ( 如铝合金等 ) 来制造。

3) 熔点

金属加热时由固态变为液态时的温度点称为熔点。根据熔点的高低，又可将金属分为易熔金属和难熔金属。熔点低于 700℃的金属属于易熔金属，熔点高于 700℃的金属属于难熔金属。

4) 导电性

金属传导电流的能力称为金属的导电性。金属的导电性用金属的电阻率 ($\rho$) 来表示，单位为 $\Omega \cdot mm^2/m$。电阻率越大，金属的导电性越差。金属是电的良导体，但各种金属的导电性并不相同，银的导电性最好，铜和铝次之。

5) 导热性

金属传导热量的能力称为金属的导热性。金属的导热性常用导热系数 $\lambda$ 表示，常用的单位是 $W/(m \cdot K)$。导热系数越大，金属的导热性越好。一般情况下金属的导热能力要比非金属大得多。金属的导电性和导热性有密切的关系，导电性好的金属导热性也好。

6) 热膨胀性

金属在温度升高时体积胀大的性质称为热膨胀性。金属的热膨胀性通常用线膨胀系数 ($\alpha$) 来表示。金属的线膨胀系数越大，热膨胀性就越大。飞机结构中铝合金的线膨胀系数大约为合金钢的两倍，这是造成飞机软操纵系统钢索张力随温度变化的主要原因。

7) 磁性

金属被磁场磁化或吸引的性能称为磁性。磁性通常用磁导率 $\mu$(H/m) 表示。根据金属材料在磁场中被磁化的程度不同，金属材料可分为：

(1) 铁磁性材料。在外加磁场中，会被强烈磁化。如铁、镍、钴等都是铁磁性材料。

(2) 顺磁性材料。在外加磁场中，呈现的磁性非常微弱。如锰、铬、钼等都是顺磁性材料。

(3) 抗磁性材料。能够抗拒或减弱外加磁场的磁化作用。如铜、铝、锌等都是抗磁性材料。

### 2. 金属的化学性能

金属的化学性能是指金属与其他物质发生化学作用的性能。金属材料的化学稳定性主要影响飞机结构的抗腐蚀能力。腐蚀就是金属和周围介质发生化学或电化学作用而遭受破坏的现象。由于金属的化学稳定性不同，抵抗腐蚀的能力也不同。金、银、镍、铬等金属抵抗腐蚀的能力比较强，而镁、铁等金属抵抗腐蚀的能力就比较差。

### 3. 金属的机械性能

金属的机械性能是指金属在载荷作用下抵抗破坏和变形的能力。飞机在使用中机身结构要承受各种载荷，所以，金属材料的机械性能是飞机结构设计和材料选择的重要依据。

#### 4. 金属的工艺性能

金属接受工艺方法加工的能力称为金属的工艺性能。它主要包括铸造性、锻造性、焊接性和切削加工性等。

1) 铸造性

将熔化的金属浇铸到铸型中制造金属零件的方法叫铸造。金属的铸造性是指金属是否适合铸造的性质。铸造性好通常是指金属熔化后流动性好，吸气性小，热裂倾向小，冷凝时收缩性小等性质。铸铁、青铜等具有良好的铸造性。

2) 锻造性

金属在外力作用下产生塑性变形，获得具有一定形状、尺寸和力学性能的原材料、毛坯或零件的生产方法，称为压力加工。轧制、冲压、拉拔、模锻和自由锻等都属于压力加工。金属的锻造性是金属材料在锻压加工中能承受塑性变形而不破裂的能力。金属的塑性越大，变形抗力越小，锻造性就越好。常用的金属中低碳钢、纯铜等的锻造性比较好，而铸铁不能锻造。

3) 焊接性

金属材料的焊接性是指采用一定的焊接工艺方法、焊接材料、工艺参数等条件下，获得优质焊接接头的难易程度。焊接按工艺不同一般分为熔焊、压力焊和钎焊三大类。

(1) 熔焊：将两个工件的结合部位加热到熔化状态，冷却后形成牢固的接头，使两个工件焊接成为一个整体。熔焊一般要在结合部位另加填充金属。熔焊包括气焊、电焊、电渣焊、等离子弧焊和激光焊等，一般常用的有电焊和气焊。

(2) 压力焊：利用加压(或同时加热)的方法，将工件结合面紧密接触，从而产生塑性变形，使原子组成新的结晶，将工件焊接在一起。压力焊种类很多，最常用的是电阻焊，它包括点焊、缝焊和对焊。

(3) 钎焊：将两个工件的结合部位和作为填充金属的钎料进行适当的加热，钎料的熔点比工件金属的熔点低，在工件金属还没有熔化的情况下，将已熔化的钎料填充到工件之间，与固态的工件金属相互溶解和扩散，钎料凝固后将两个工件焊接在一起。按钎料熔点不同，钎焊分为软钎焊和硬钎焊，低于450℃为软钎焊，常见的如锡焊；高于450℃则为硬钎焊。

4) 切削加工性

切削加工性是指金属材料被刀具切削加工后而成为合格工件的难易程度。切削加工性的好坏常用加工后工件的表面粗糙度、允许的切削速度以及刀具的磨损程度来衡量。材料的切削加工性主要决定于它们的物理性能和机械性能。强度、硬度高的材料，塑性好和导热性差的材料，切削加工性都比较差。

### 2.1.2 金属材料的力学性能

金属材料的力学性能主要包括弹性(刚度)、塑性、强度、硬度、冲击韧性、断裂韧性和疲劳强度等。

#### 1. 弹性、塑性和强度

弹性：物体发生形变后，能恢复原来大小和形状的性能；

塑性：物体在外力施加时变形，在外力解除后，只有部分变形消失，其余部分变形在外力解除后不会消失的性能；

强度：工程材料抵抗断裂和过度变形的力学性能。常用的强度性能指标有拉伸强度和屈服强度 ( 或屈服点 )。

金属的弹性、塑性和强度是通过拉伸试验来测定的。拉伸试验是指在承受轴向拉伸载荷下测定材料特性的试验方法。利用拉伸试验得到的数据可以确定材料的弹性极限、伸长率、弹性模量、比例极限、面积缩减量、拉伸强度、屈服点、屈服强度和其他拉伸性能指标。

1) 拉伸试验

拉伸试样通常有圆形试样和板状试样，如图 2.1 所示是拉伸试样结构图，图 2.2 所示为低碳钢的拉伸试验曲线。

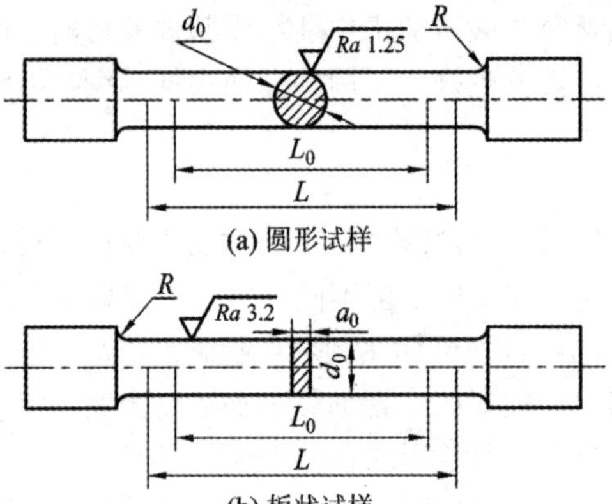


图 2.1　拉伸试样结构图

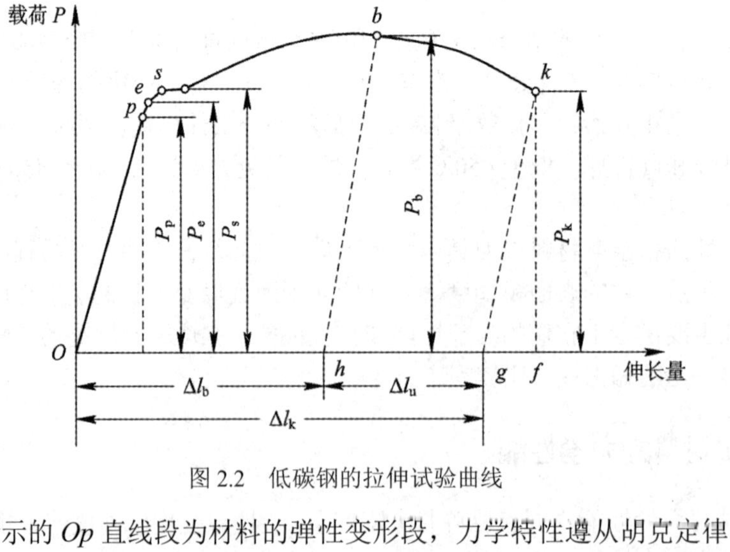


图 2.2　低碳钢的拉伸试验曲线

如图 2.2 所示的 *Op* 直线段为材料的弹性变形段，力学特性遵从胡克定律。*Op* 直线段的斜率等于常数，用 *E* 表示，称为弹性模量，表示金属材料抵抗弹性变形的能力，标定引起材料发生单位弹性应变时所需要的应力，即金属材料在弹性状态下的应力与应变的比值，单位为 MPa。材料的弹性模量 *E* 越大，在一定应力作用下，产生的弹性应变越小，说明材料的刚度就越大。金属材料的弹性模量或刚度随着温度的升高而降低，其主要原因是金属的晶体结构和内能状态决定了材料的整体力学特性。

图中的 $e$ 点为弹性极限点，表征材料保持弹性变形的最大应力值，称为弹性极限。$pe$ 段变形是材料屈服的过渡，力学特性不遵守胡克定律，$P_e$ 是试件保持弹性变形的最大载荷。

图中的 $s$ 点为屈服点。从拉伸图上可以看到，当所加载荷 $P$ 达到某一数值 $P_s$ 时，曲线上出现一个平缓区，表明此时载荷没有增加而试样却继续伸长，金属已失去了抵抗外力的能力而屈服了，这一阶段称为屈服段。试样屈服时的应力称为材料的屈服极限，也称为屈服强度。$P_s$ 是试样发生屈服时的载荷，即屈服载荷。

有些金属材料的拉伸曲线上没有明显的屈服段，如铸铁等脆性材料，因此又规定：试样标距部分残余相对伸长达到原标距长度 0.2% 时的应力为屈服极限，也称为条件屈服极限，用 $\sigma_{0.2}$ 表示。

屈服极限反映了金属材料对微量塑性变形的抵抗能力，对于在使用中不允许发生微小塑性变形的结构件来说，材料的屈服极限是很重要的性能指标。

图中 $b$ 点为强度极限点，是材料在断裂时承受的最大应力，$P_b$ 是试样断裂前所承受的最大载荷。材料的强度极限就是材料拉断时的强度，它表示材料抵抗拉伸断裂的能力，也称为拉伸强度。拉伸强度是评定金属材料强度的重要指标之一。

大多数塑性材料断裂有一个短暂过程，完全断裂点为图中 $k$ 点，$bk$ 过程没有长度变化，但力学变化有一段延伸，如图 2.2 中倾斜的虚线。

2) 强度和塑性指标

金属在载荷作用下抵抗变形和断裂的能力叫强度。强度指标包括弹性极限 $\sigma_e$、屈服极限 $\sigma_s$ 和强度极限 $\sigma_b$。

塑性是指在载荷作用下产生塑性变形而不破坏的能力，塑性指标有伸长率和断面收缩率。

伸长率是试样拉断后，标距长度增长量与原始标距长度之比。对于塑性材料，拉断前会产生明显的颈缩现象，在颈缩部位产生较大的局部延伸。

断面收缩率是试样被拉断后，拉断处横截面积的缩减量与原始横截面积之比。

金属材料的伸长率和断面收缩率越大，材料的塑性越好。

【延伸学习】网络拓展学习，全面学习材料拉伸试验方法和标定过程，加深了解材料力学测试专业技术方法和材料的力学特性。

### 2. 硬度

材料局部抵抗硬物压入其表面的能力称为硬度，硬度是衡量金属材料软硬程度的指标。硬度的分类有多种，测定方法也各不相同，目前最常用的是布氏硬度法和洛氏硬度法，这两种方法都是用一定的载荷将具有一定几何形状的压头压入被测试金属的表面，根据被压入的程度来测定金属材料的硬度值。

布氏硬度测试方法是：以一定载荷将一定大小淬硬钢球压入材料表面，保持一段时间，去载后，负荷与其压痕面积之比即为布氏硬度值。布氏硬度测试方法形成的压痕面积大小，能反映出较大范围内被测金属的平均硬度，适用于组织比较粗大且不均匀的材料，但不宜测试成品件或薄金属件的硬度，也不能测试硬度高于 HB450 的金属材料。布氏硬度通常用符号 HB 表示。

洛氏硬度测试法一般采用锥形压头，测试压痕深度，按照载荷大小获得硬度值。洛氏硬度测试可以在制成品或较薄的金属材料上进行测试；而且从较软材料到较硬材料，测试范围比较广泛。但对组织比较粗大且不均匀的材料，测量结果不准确。洛氏硬度通常用符号 HR 表示，并根据压头的种类和所加载荷的大小分为 HRB、HRC 和 HRA 三种。

通常根据金属材料的硬度值可估计出材料的近似强度极限和耐磨性。特别是布氏硬度和许多金属材料的强度极限之间存在着近似的正比关系，硬度值大，材料的强度极限也大。通过测量金属材料的布氏硬度，可以近似确定材料强度极限，并可推断材料的热处理状态。对于硬度较小的材料，容易被划伤、碰伤和磨损，在维修工作中应注意保护。金属材料的硬度对材料的机械加工性能也有影响。

【延伸学习】网络拓展学习，了解布氏、洛氏、维氏、里氏、肖氏、努氏和邵氏等硬度测试方法，拓宽专业知识面。

### 3. 韧性

韧性是指金属材料断裂时吸收能量的能力。韧性好的金属材料脆性就小，断裂时吸收能量较多，不易发生脆性断裂。

1) 冲击韧性

金属材料在冲击载荷作用下，抵抗破坏的能力称为冲击韧性。金属材料的冲击韧性用冲击韧性值 $a_k$ 表示，并需要进行冲击试验来确定。冲击韧性值就是冲断试样所消耗能量和试样断裂处横截面积的比值，单位是 $J/cm^2$。$a_k$ 低的材料称为脆性材料，在断裂前没有明显的塑性变形，吸收能量少，抵抗冲击载荷的能力低；$a_k$ 高的材料称为塑性材料。在断裂前有明显的塑性变形，吸收能量多，抵抗冲击载荷的能力强。

对于在使用中承受较大冲击载荷的构件来说，材料的冲击韧性是很重要的性能指标。材料的冲击韧性越大，说明在冲击载荷作用下越不容易损坏。因此飞机上受冲击载荷大的结构件，如起落架结构中的承力构件，就采用强度高冲击韧性好的合金钢来制造。

2) 断裂韧性

金属材料的断裂韧性是指金属材料对裂纹失稳扩展而引起的低应力脆断的抵抗能力。

低应力脆断就是在工作应力低于或远低于材料的屈服极限时，发生的脆性断裂，且多发生在高强度合金钢 ($\sigma_{0.2} > 1324$ MPa) 材料结构件和大型焊接结构中。低应力脆断是结构件中原有缺陷形成的裂纹发生失稳扩展而引起的，所以，裂纹扩展难易，也就是裂纹扩展所需的能量大小，就成为判定材料是否易于断裂的一个重要指标。

含有裂纹的构件，在承受载荷时，由于应力集中，裂纹尖端附近区域的应力远远大于平均应力值，因此，决定构件中裂纹是否发生失稳扩展，不是承力构件的平均应力，而是裂纹尖端附近区域应力的大小。量化标定裂纹尖端附近区域的应力情况，引进一个表示裂纹尖端附近区域应力场强弱的因子，称为应力强度因子 $K_I$。

对于无限大厚板的中央穿透 I 型裂纹 ( 张开型裂纹 ) 的应力强度因子 $K_I$ 计算公式为：

$$K_I = \sigma\sqrt{\pi a}$$

式中：$\sigma$ —— 名义应力；

$a$ —— 裂纹长度的一半。

随着$\sigma$增加，$K_I$也增加，当增加到某一个临界值时，裂纹会突然失稳扩展，使构件发生脆性断裂。这时$K_I$达到了临界值，称为临界应力强度因子，用$K_{Ic}$表示，通常称为金属材料的平面应变断裂韧性。

对于平面应变状态，I 型裂纹发生裂纹失稳扩展的条件是$K_I \geqslant K_{Ic}$，式中的两个物理量$K_I$和$K_{Ic}$不能混淆。$K_I$是衡量裂纹尖端应力场强弱的一个物理量，它与外载荷大小、裂纹情况、构件结构几何形状和尺寸有关。知道这些条件后，可以计算出$K_I$值的大小，就像我们知道外载荷大小和结构尺寸，可以计算出结构的应力值一样。$K_{Ic}$是材料平面应变断裂韧性，它只与材料有关，是反映材料抵抗脆性断裂能力的一个重要的物理量。对于一定的材料，在一定工作环境下，$K_{Ic}$基本上是一个常数，可以通过材料试验来确定它的值，这和材料抵抗拉伸破坏的性能指标强度极限$\sigma_b$一样，可以通过试验确定。

$K_{Ic}$值高的材料，对裂纹失稳扩展的抵抗能力就强，构件也就不易发生脆性断裂。由试验可知，材料的断裂韧性$K_{Ic}$会随着材料屈服极限的提高而降低。所以，在航空材料的选用过程中，不能一味追求材料的高强度，应在满足断裂韧性需要的情况下，提高材料的静强度性能。

【延伸学习】网络拓展学习，深入了解材料裂纹特性、测试方法和设备，学习张开型、滑开（移）型和撕开（裂）型三种裂纹特征，了解拉应力、切应力作用下材料滑移机理和裂纹特点，拓宽金属学和力学知识面。

#### 4. 抗疲劳性能

金属材料在交变载荷作用下发生的破坏，称为疲劳破坏。金属材料抵抗疲劳破坏的能力，称为金属材料的抗疲劳性能。

1) 交变载荷和交变应力

交变载荷是指载荷的大小和方向随时间作周期性或者不规则改变的载荷。在交变载荷作用下，结构件的应力称为交变应力，图 2.3 表示了一种应力 $S$ 的大小和方向随时间 $T$ 呈周期性变化的过程。

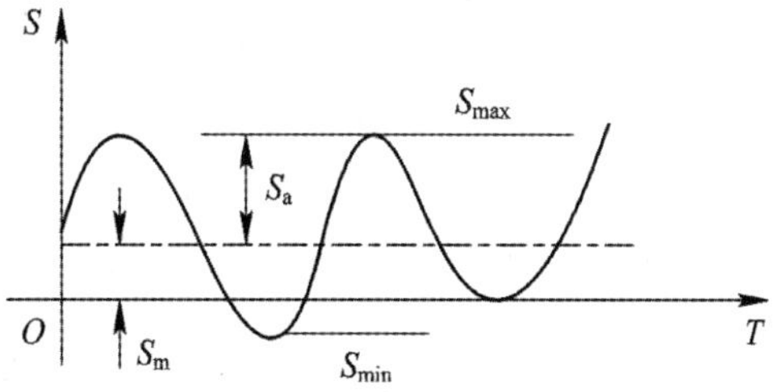


图 2.3　交变应力曲线

应力从某一数值开始，经过变化又回到这一数值的应力变化过程称为一个应力循环。在一个应力循环中，代数值最大的应力叫做最大应力$S_{max}$，代数值最小的应力叫做最小应力$S_{min}$。应力循环的性质是由循环应力的平均应力$S_m$和交变的应力幅$S_a$所决定的。图 2.3 所示为交变应力曲线。

平均应力 $S_m$ 是应力循环中不变的静态分量，它的大小是

$$S_m = \frac{S_{max} + S_{min}}{2}$$

应力幅 $S_a$ 是应力循环中变化的分量，它的大小是

$$S_a = \frac{S_{max} - S_{min}}{2}$$

最小应力代数值和最大应力代数值之比称为应力循环的特征，用 $R$ 来表示：

$$R = \frac{S_{min}}{S_{max}}$$

$R$ 的比值定义了三种交变应力：$R = 1$ 时称为对称循环；$R = 0$ 时称为脉动循环；$R$ 为任意值时，称为非对称循环。

2) *金属材料抗疲劳性能——疲劳极限*

在一定循环特征下，金属材料承受无限次循环而不破坏的最大应力称为金属材料在这一循环特征下的疲劳极限，也称为持久极限。通常应力循环特征 $R = 1$ 时，疲劳极限的数值最小，如果不加说明，材料的疲劳极限都是指 $R = 1$ 特征应力循环下的最大应力，用 $S1$ 表示。在工程应用中，是在一个规定的足够大的有限循环次数，比如 $5 \times 10^7 \sim 5 \times 10^8$ 次数作用下而不发生破坏的最大应力，作为金属材料在该循环特征下的持久极限 ( 见图 2.4)。为了与前面所说的持久极限加以区别，也称为“条件持久极限”或“实用持久极限”。

3) *疲劳破坏的主要特征*

金属构件受交变应力产生的拉力远小于材料的强度极限的情况下，疲劳破坏就可能发生。

不管是脆性材料还是塑性材料，疲劳破坏在宏观上均表现为无明显塑性变形的突然断裂，这使得疲劳破坏具有很大的危险性。

疲劳破坏是一个损伤累积的过程，要经过一个时间历程。这个过程由三个阶段组成：裂纹形成、裂纹稳定扩展和裂纹扩展到临界尺寸时的快速断裂。观察疲劳破坏的断口，有三个区域表明了这三个阶段：疲劳裂纹起源点，称为疲劳源；疲劳裂纹稳定扩展区，称为光滑区；呈现粗粒状的快速断裂区。

疲劳破坏常具有局部性质，而并不牵涉整个结构的所有材料。影响金属材料疲劳极限的因素很多，除了材料本身的质量外，试件的形状、连接配合形式、表面状态及所处环境等都对疲劳极限有影响。

在疲劳破坏的各种特征中，应力集中是重要因素。应力集中是指受力时结构件中应力分布的不均匀程度。金属结构件表面或内部的缺陷处 ( 如划伤、夹杂、压痕、气孔等 ) 以及截面突变处 ( 如螺纹、大小截面转接处等 )，都会在载荷作用下出现应力局部增大的现象，形成应力集中。图 2.4 所示是铝铜合金 (2024-T3) 板材在不同应力集中情况下 $R = 1$ 对称循环条件下的 $S$-$N$ 曲线状况。$S$-$N$ 曲线是以材料标准试件疲劳强度为纵坐标，以疲劳寿命的对数值 $\lg N$ 为横坐标，表示一定循环特征下标准试件的疲劳强度与疲劳寿命之间关系的曲线，也称应力 - 寿命曲线。

图 2.4 中 S-N 曲线列举了 5 种不同表面光滑程度的试样，可以看到与光滑试件 ($K_t = 1$) 相比，有应力集中试件的疲劳极限要下降很多。应力集中的程度用应力集中系数 $K_t$ 来表示，$K_t$ 越大，表示构件局部出现的高应力比均匀分布时的应力大得越多。

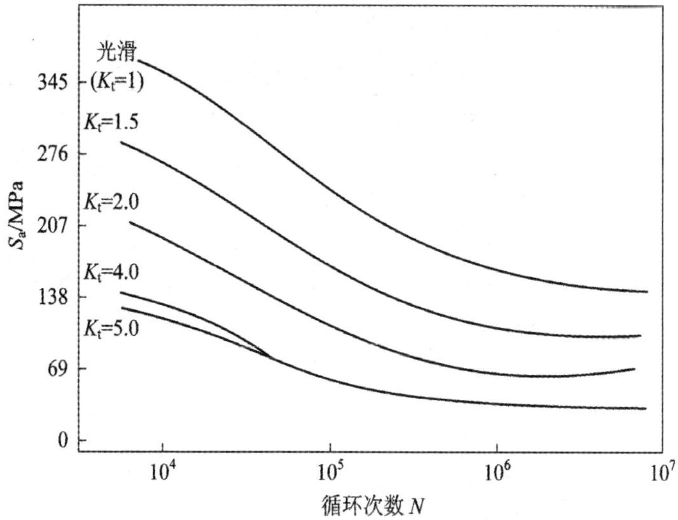


图 2.4　铝铜合金 (2024-T3) 板材的 S-N 曲线 ( 对称循环 )

应力集中系数 $K_t$ 是一个大于 1 的参数，反映应力集中的程度，代表结构或构件局部区域应力超过材料强度极限而导致破坏失效的程度。应力集中的部位往往会成为疲劳裂纹的起源点，产生疲劳裂纹，导致疲劳破坏。应力集中会使试件的疲劳极限大大下降，是影响疲劳强度的主要因素之一。所以，改进局部的细节设计，提高金属构件表面光洁度，减少热处理造成的各种小缺陷，都可以较明显地提高金属构件的疲劳极限，延长它的使用寿命。在使用中发现疲劳裂纹时，一般并不需要更换全部结构，只需更换损伤部分。在疲劳损伤不严重的情况下，有时只需要排除疲劳损伤，比如：扩铰孔排除孔边裂纹；在裂纹尖端打止裂孔终止裂纹延伸等。

# 项目训练

## 材料的力学测试

### 1. 学习目标

(1) 训练学生正确使用材料力学测试的各类设备。

(2) 通过测试试验，使学生了解不同材料的力学特性。

### 2. 工作任务

(1) 完成 Q235、20 钢和 45 钢的拉伸试验，试验材料为标准试样。

(2) 完成纯铝、2024、6063、7075 铝合金弯曲试验和疲劳试验。

**3. 实训工具设备**

力学综合试验机(拉伸、弯曲和疲劳)。

**4. 训练内容**

(1) 分别选择 Q235、20 钢和 45 钢的标准试样(棒料或板料),在力学综合试验机上实施拉伸试验,记录拉伸试验数据,打印曲线图;同时进行对比分析,撰写分析报告。

(2) 分别选择纯铝、2024、6063、7075 铝合金 50 mm × 30 mm × 1 mm 板材(包括垂直纹路和平行纹路材料),在力学综合试验机上实施弯曲试验,记录弯曲试验数据,观察垂直纹路和平行纹路的弯曲裂纹状况,撰写试验报告。

(3) 分别选择纯铝、2024、6063、7075 铝合金 50 mm × 30 mm × 1 mm 板材(包括垂直纹路和平行纹路材料),在力学综合试验机实施疲劳试验,记录载荷状况等试验数据,观察垂直纹路和平行纹路的疲劳断裂状况,撰写试验报告。

# 任务 2.2 金属学基础理论

## 2.2.1 金属的结晶

自然界的物质是由原子、离子或分子等微粒组成的。按照微粒聚集时的排列情况,固体物质可分为两大类:晶体和非晶体。所谓晶体物质,就是组成物质的微粒在空间呈现有规律的周期性排列;而非晶体物质是指结构无序或者近程有序而长程无序的物质。

金属在固态下是晶体物质,具有非晶体物质不具备的特性:金属具有一定的熔点,即当温度升高时金属材料将在一定温度下转变为液态。如铁的熔点是 1538℃,铜的熔点是 1083℃,铝的熔点是 660℃。

非晶体内部原子或分子的排列呈现杂乱无章的状态,没有固定的熔点,如沥青和塑料等,当温度升高时,硬度下降,甚至达到流体状态,但没有明确的液态。

金属按其成分可分为纯金属和合金两大类。纯金属是由单一金属元素组成的,如紫铜。合金是由两种或两种以上元素组成的具有金属特性的材料。有些合金全部是由金属元素组成的,如黄铜是由铜和锌两种金属元素组成的;有些合金则是由金属元素和非金属元素组成的,如碳钢是由金属元素铁和非金属元素碳组成的。

工程应用的钢铁材料是以铁和碳为主要成分的合金,含碳量在 0.02% 到 2.11% 之间的为钢,在 2.11% 到 6.69% 之间的为铁。合金钢是在碳钢的基础上增加一定的合金元素获得的。

**1. 金属的晶体结构**

1) 原子间的结合方式——金属键

金属元素原子构造的共同特点是:外层价电子数目较少,而且与原子核之间的结合力很弱,很容易与原子核脱离。当大量金属原子聚集在一起组成金属晶体时,最外层的价电子就会摆脱原子核的束缚变成自由电子。失去价电子的原子核成为正离子，按一定几何规律排列起来，并在固定的位置上作高频热振动。而摆脱原子核束缚的自由电子成为离子的共有电子，在离子间自由运动，形成电子气，如图 2.5 所示。

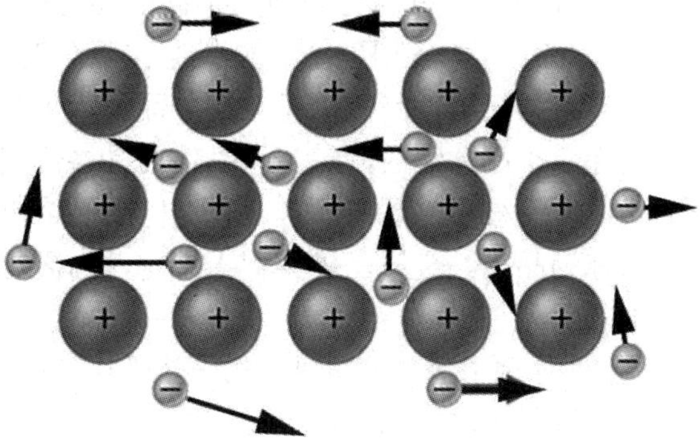

图 2.5　金属的电子气

正离子和正离子之间及电子和电子之间是互相排斥的，正离子和共有电子之间又互相吸引。金属晶体就是靠正离子与共有电子之间的吸引力克服排斥力，保持金属稳定的晶体结构。金属原子的这种结合方式称为“金属键”。

金属原子的结构特点及金属原子之间这种金属键的结合方式，使金属材料具有一些非金属材料不具备的物理特性，运用“金属键”理论可以从分子学层面解释金属的许多物理和力学现象。

(1) 金属晶体中自由电子能吸收可见光的能量，成为较高能量级的电子。当它返回低能量级时，会将吸收的光能量辐射出来，所以金属是不透明的，并且具有金属光泽。

金属晶体中的自由电子在外电场作用下会作定向运动，形成电流，这就使金属具有导电性。而金属晶体结构中，正离子以固定位置为中心的高频热振动，会对自由电子流动产生阻碍，这就是金属对电流产生电阻的原因。

(2) 纯金属的电阻随温度的升高而增大，温度升高 1℃，电阻值要增大千分之几 ( 刚接通电路时灯丝电阻小电流很大，用电设备容易瞬间损坏 )。碳和绝缘体的电阻随温度的升高而减小。半导体电阻值与温度的关系很大，温度稍有增加电阻值便减小很大。有的合金如康铜 ( 铜镍合金 ) 和锰铜的电阻与温度变化的关系不大。电阻随温度变化的特性具有许多应用：铂电阻温度计能测量 −263℃到 1000℃的温度，半导体锗温度计可测量很低的温度。康铜和锰铜是制造标准电阻的好材料。

(3) 金属晶体结构中自由电子的运动和正离子的热振动可以传递热量，因此金属具有良好的导热性。因为导电性和导热性的产生原理均属于热振动传递能量，所以，导电性好的金属导热性也好 ( 不包含某些新型人工合成材料 )。如果在纯金属中加入其他化学成分，会使金属的晶体结构复杂化，对自由电子的运动和正离子的振动造成附加阻碍，使金属导电性和导热性下降，所以纯金属的导电性和导热性都比合金好。工业上常用纯铜、纯铝作导电材料；而用导电性差的铜合金、铁铬铝合金作电热元件。

(4) 金属键结合方式中，正离子和自由电子之间有较强的吸引力，在比较大的外力作用下，才能破坏这种结合使材料发生断裂，所以，金属材料具有较高的强度。此外，金属在外力 ( 主要是剪切载荷 ) 作用下，金属晶体的晶格会发生位错，材料发生塑性变形，但正离子和自由电子之间互相吸引的关系不变。所以，金属材料在发生较大塑性变形时也不会断裂，具有良好的塑性。

2) 金属晶体基本概念

金属晶体结构比较复杂，晶体不同方向会表现出不同的物理性能和不同的机械性能，也就是具有各向异性的特征。在工程中应用的金属材料通常不会表现出各向异性的特征，这是因为在自然界呈现的金属材料极少数是规则排列的单晶体，大多数都是不规则的多晶体。所谓多晶体材料就是由许多小晶体组成，每个小晶体内晶格位相一致，都表现出各向异性的特征，这些最小的晶体单元被称为晶粒，各晶粒之间的晶格位相不相同，将晶格位相不同的晶粒分开的内界面称为晶界。金属晶体类似于细胞，为简化方便，我们以纯金属的晶体结构介绍晶体的基本概念。

(1) 晶格。晶体的原子排列外观上类似空间小球堆积排列，电子气高速运动形成小球的外径空间。将在固定位置上进行振动的原子看成是在固定位置上的质点，用一些假想的直线将各质点的中心连接起来，得到一几何空间格架，称为晶格，见图 2.6(a) 和图 2.6(b)。

(2) 晶胞。从晶格中取出一个能完全代表晶格的最小单位，称为晶胞，见图 2.6(c)。晶胞结构组成各不相同，通过对晶胞结构参数的研究可以得到该晶体中原子在空间排列的规律和特点，得出不同的晶格形式。

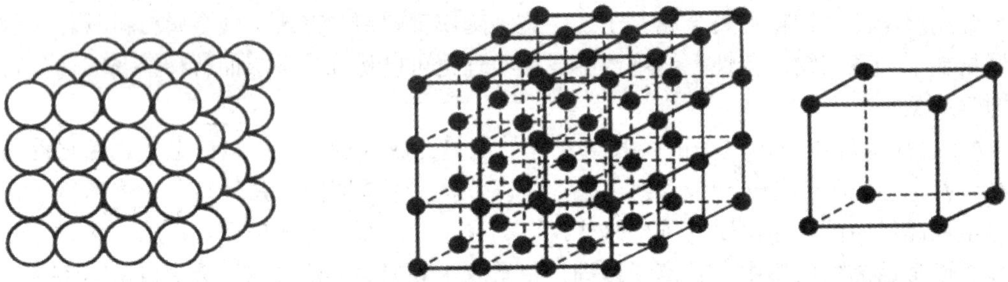

(a) 晶体的原子排列　　(b) 晶格　　(c) 晶胞

图 2.6　晶体结构模型

(3) 晶格类型。晶胞有多种结构类型，以此组成不同的晶格。常见的晶格有三类：体心立方晶格、面心立方晶格和密排六方晶格，如图 2.7 所示。

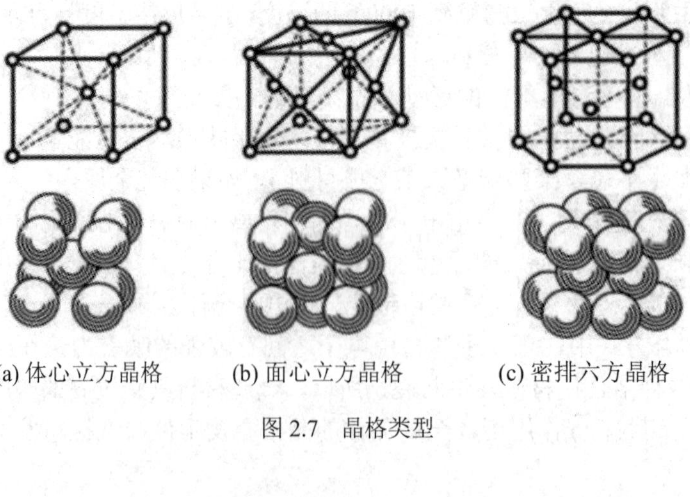

(a) 体心立方晶格　　(b) 面心立方晶格　　(c) 密排六方晶格

图 2.7　晶格类型

① 体心立方晶格。如图 2.7(a) 所示，一个正方体每个节点上有一个原子，正方体中心有一个原子。铬、钨、钼及室温下的铁 (α-Fe) 属于这种晶体结构。

② 面心立方晶格。如图 2.7(b) 所示，也是一个正方体每个节点上有一个原子，正方体六个面的每个面中心有一个原子。金属铝、铜、镍、铅、银、金和温度在 912℃～ 1394℃的铁 (γ-Fe) 属于这种晶体结构。

③ 密排六方晶格。如图 2.7(c) 所示，密排六方晶格是八面体，上下两个底面呈六角形，六个侧面呈长方形。在八面体每个节点上有一个原子，两个底面中心各有一个原子，上下底面之间有三个原子。金属镁、锌、镉、钛属于这种晶体结构。

上述三种晶格类型最为典型，除此之外还有许多。这些晶格是由于金属分子特殊的组成结构，在结晶过程中按照能量最低原则组合而成的，如同雪花的形成。

### 2. 金属的结晶

金属由液态转变为固态的过程称为凝固。通过凝固形成晶体的过程叫作结晶。

1) 纯金属的结晶过程

纯金属的结晶过程由晶核形成和晶核长大成晶粒两个阶段组成。

结晶是在一定的温度下进行的。当温度达到金属的结晶温度时，首先在液态金属中出现一些极小的微晶体，称为晶核。晶核可以由液态金属中一些原子自发聚集在一起形成，也可以由液态金属中一些外来的细微固态物质形成。这两种晶核都可以成为晶粒成长的基础。随着时间的推移，晶核慢慢长大，又有新的晶核不断生成、长大，直至液态金属全部凝固。这时，由各晶核长大生成的晶粒互相接触，形成晶界。结晶过程如图 2.8 所示。

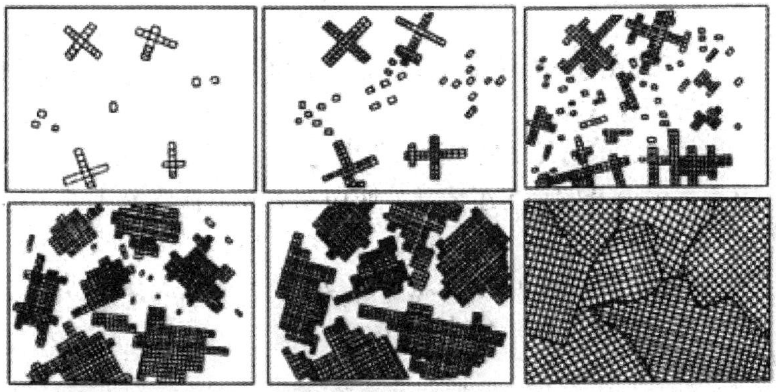

图 2.8　晶核的形成和结晶

晶核长大的过程中，虽然各自晶格排列方向不变，但不同晶核的晶格排列方向并不相同，而且晶粒的形状也由与其他晶粒抵触形成的晶界来确定，是不规则的。这些大小、外形、晶格排列方向均不相同的众多晶粒组成了多晶体的固态金属。

2) 过冷度与金属结晶

物质结晶过程都有一定的平衡结晶温度或者称为理论结晶温度。但实际上，液体温度达到理论结晶温度时并不能进行结晶，而必须在它以下的某一温度 ( 称为实际开始结晶温度 ) 才开始结晶。实际结晶温度总是低于理论结晶温度，这种现象称为过冷现象，两者的温度差值称为过冷度。

如图 2.9 所示是纯金属结晶的冷却曲线，图中曲线 1 表示液态金属的温度以缓慢速度下降，到达温度 $T_0$ 时，出现一个平台，在这个温度平台，液态金属完成了晶核形成和长大的过程，由液态转变为固态。在结晶过程中，发出的潜热补偿了结晶过程中散发的热量，所以结晶过程中温度保持不变。这个平台对应的温度就是金属的理论结晶温度。从加热过程来看这个温度就是金属的熔点。

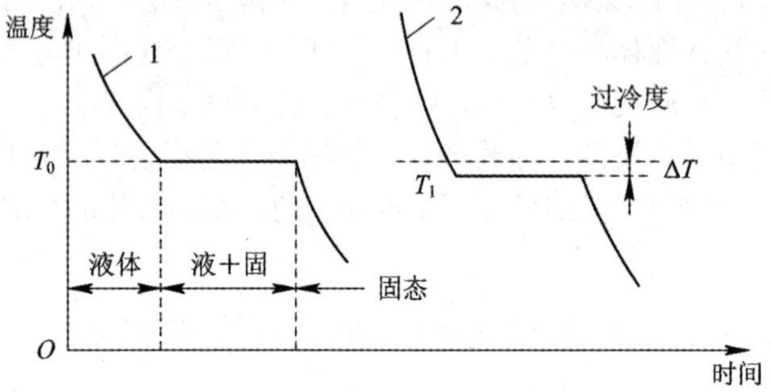


图 2.9　纯金属结晶的冷却曲线

图 2.9 中曲线 2 表示液态金属温度以较快的速度下降，所以金属结晶的温度不是 $T_0$，而是一个比 $T_0$ 低的温度 $T_1$。$T_1$ 就是金属实际的结晶温度。$T_0$ 和 $T_1$ 之差 $\Delta T$ 称为过冷度。金属结晶的过冷度不是一个固定值，而是随液态金属冷却的速度变化。冷却速度越快，过冷度越大，金属实际的结晶温度越低。在实际生产操作中，金属必须在一定的过冷度下进行结晶。具有一定的过冷度是金属结晶的必要条件之一。

过冷度的实际意义不仅是提高了冷却速度，而且改变了金属的结构和力学特性。

金属在结晶过程中生成晶粒的大小对金属的机械性能影响非常大。晶粒的大小与结晶过程中形成的晶核的多少及晶核长大的速度有关，过冷度越大，在结晶过程中形成的晶核越多，每个晶核生长时很快就受到其他晶核生长的限制，会形成细小的晶粒，产生更多的晶界，致使晶格排列的方向极不一致，犬齿交错，互相咬合，加强了金属的结合力。

在金属结晶过程中，生成的晶粒越细，晶界越多，金属的机械性能越好。所以在结晶过程中使金属的晶粒细化，是通过工艺方法提高金属机械性能的一个重要手段。如在铸造生产中，将一些高熔点的物质加入融熔的金属中，这些不熔的细微物质成为外来的晶核，形成晶粒成长的基础，使晶粒数目增大，晶粒得到细化，这种处理方法叫变质处理，向融熔金属中加入的物质叫变质剂。也可以加大冷却速度提高晶核数量的形成速度，来获取晶粒细化的效果。在铸造中用金属型铸模代替砂型铸模就是利用加大冷却速度来细化晶粒的实例。此外还可以用热处理或压力加工的方法，使固态金属晶粒细化，达到提高金属机械性能的目的。

## 2.2.2　金属的同素异构转变

大多数金属在结晶结束凝固成固体后，随着温度的下降，晶体的结构不再发生变化。但某些金属如铁、钴，在固态情况下，随温度不同而具有不同的晶格形式。如图 2.10 所示，温度下降过程中，还会发生重结晶过程，由一种晶格形式变成另一种晶格形式，这就是金属的同素异构转变。

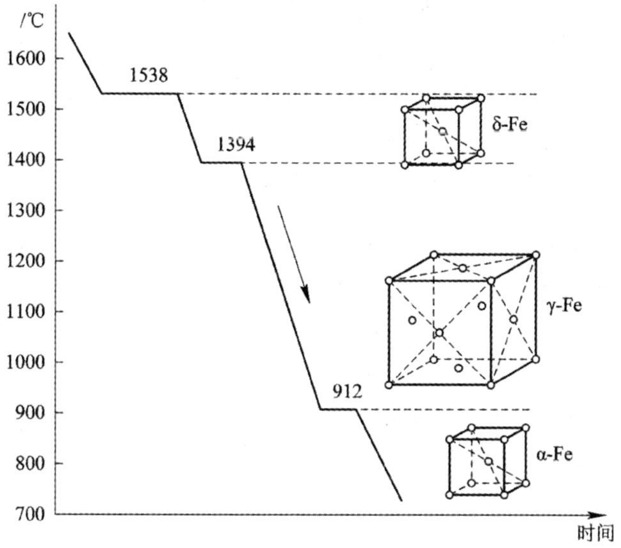


图 2.10　同素异构转变

从图 2.10 中可以看到纯铁同素异构转变的过程。液态纯铁在 1538℃完成结晶凝固过程，生成的晶体结构形式是体心立方晶格，称为 δ-Fe；当温度继续下降，到 1394℃时，又出现一个平台，在此温度纯铁发生同素异构转变，由体心立方晶格的 δ-Fe 转变为面心立方晶格的 γ-Fe；温度继续下降到 912℃又出现一个平台，在此温度纯铁又发生同素异构转变，由面心立方晶格的 γ-Fe 转为体心立方晶格的 α-Fe。温度再继续下降纯铁的晶格形式不再变化。

金属同素异构转变过程和金属由液态转变为固态的结晶过程相似，首先在原晶粒的晶界处形成晶核，晶核慢慢长大，生成新晶格形式的小晶体代替原晶格形式的晶体。所以同素异构转变实质上是一个重结晶过程。

同素异构转变也必须有一定的过冷度。由于同素异构转变是在固态下发生的原子重新排列，原子扩散要比液态下困难得多，所以需要较大的过冷度。

由于同素异构转变时，晶格致密度改变，将会引起晶体体积变化，所以同素异构转变往往使金属件中产生较大的内应力。

由同素异构转变生成的不同晶格的晶体，称为同素异晶体，用原纯金属符号前面加希腊字母 α、β、γ、δ 等来表示。在常温下的同素异晶体用 α 表示，比如常温下体心立方晶格的铁用 α-Fe 表示。随着温度升高，逐次用 γ-Fe，δ-Fe 表示。

图 2.10 中在 770℃还有一个平台 ( 没有标出 )，此平台纯铁不再进行同素异构转变，而是磁性转变。770℃以上铁将失去磁性，而 770℃以下，纯铁将具有磁性。

同素异构转变是金属的一个重要特性，也是对钢进行热处理的重要理论依据。

## 2.2.3　铁碳合金及其相图

### 1. 合金的基本概念

(1) 合金。合金是由两种或两种以上的金属元素或金属元素和非金属元素组成的具有金属性质的物质。例如：黄铜是一种由铜和锌两种金属元素组成的合金；碳钢和铸铁是由金属元素铁和非金属元素碳组成的合金；硬铝是由铝、镁、铜等几种金属元素组成的合金。

(2) 组元。组成合金的最基本的独立物质叫组元。组元通常是纯元素，如黄铜中的铜元素和锌元素，也可以是合金中纯元素结合生成的稳定化合物，如 $Fe_3C$ 就是碳钢中的一个组元。按组元数目合金可分为二元合金、三元合金，如黄铜是二元合金，硬铝是铝、铜、镁组成的三元合金。

(3) 合金系列。由相同组元按组元间不同比例配制出的一系列合金，组成相同组元的合金系列。比如：硬铝是铝-铜-镁-锰系列合金，锻铝是铝-镁-硅系列合金。

(4) 相。在合金中凡是化学成分相同，原子聚集状态(即结构)相同和性能相同，并有明确界面与其他部分分开的部分，称为相。比如在纯金属结晶过程中，就存在纯金属的液态相和固态相，因为它们化学成分虽然相同，但原子聚集状态和性能并不相同。又如，纯铁在同素异构过程中 γ-Fe 和 δ-Fe 是两个不同的相，因为它们成分相同，原子排列规律不同，γ-Fe 是面心立方晶格，而 δ-Fe 是体心立方晶格。

### 2. 合金的晶体结构

合金和纯金属一样，都是由大小、形状和晶格排列方向不同的晶粒组成的多晶体。纯金属是由一种金属元素原子，采用不同排列方式形成了不同的晶体结构。而合金包含两种或两种以上的组元，不同组元的原子互相置换、渗透，结合形成了更加复杂的晶体结构。根据合金中各种组元的相互作用，合金中的晶体结构一般可分为固溶体、金属化合物和机械混合物三种。

1) 固溶体

合金在固态下，一种组元的晶格内溶解了另一种组元的原子，这种一个(或几个)组元的原子(化合物)溶入另一个组元的晶格中，而仍保持另一组元的晶格类型的固态晶体称为固溶体。晶格与固溶体相同的组元称为固溶体的溶剂，原子溶解到溶剂中的组元称为固溶体的溶质。二元合金中，一般成分比例较大的组元为溶剂，成分比例较小的为溶质。按照溶质原子在溶剂晶格中的分布情况，固溶体可分为间隙固溶体和置换固溶体。

(1) 间隙固溶体。溶质原子不是取代溶剂原子占据部分晶格节点位置，而是嵌入到各节点之间的间隙内，这种方式形成的固溶体称为间隙固溶体，如图 2.11(a) 所示。

(2) 置换固溶体。溶质原子代替一部分溶剂原子占据了溶剂晶格中某些节点位置生成的固溶体，称为置换固溶体，如图 2.11(b) 所示。当溶剂和溶质原子直径相差不大时，易形成置换固溶体。

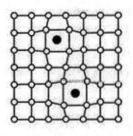

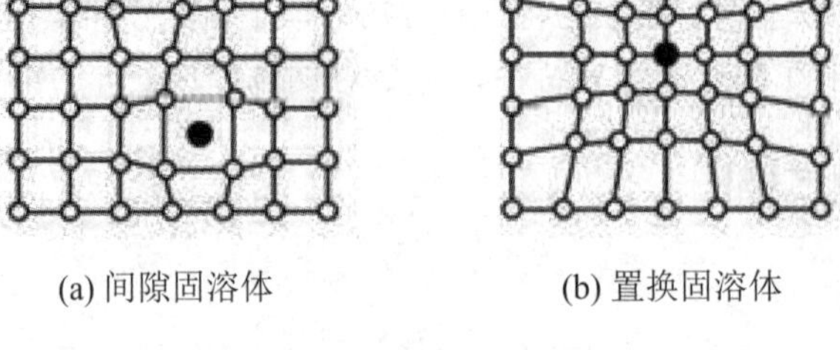

(a) 间隙固溶体　　(b) 置换固溶体

图 2.11　固溶体晶格畸变

无论何种固溶体，由于溶质原子取代溶剂原子或嵌入溶剂晶格间隙中，都使固溶体晶格发生畸变，这将增加位错阻力，使固溶体强度和硬度提高，这在生产工艺上称为固溶强化。

固溶强化与其他使金属材料强化的工艺(如加工硬化等)相比，有一个很大的优点，就是可以通过控制固溶体中溶质的含量，在显著提高金属材料的强度、硬度时，使其仍能保持相当好的塑性和韧性，这样可以达到很好的综合机械性能指标。

2) 金属化合物

各种元素发生相互作用而形成一种具有金属特性的物质，称为金属化合物。金属化合物一般可用化学式表示，晶格类型不同于任一组元，一般具有复杂的晶格结构。如图 2.12 所示为 $Fe_3C$ 的晶体结构。

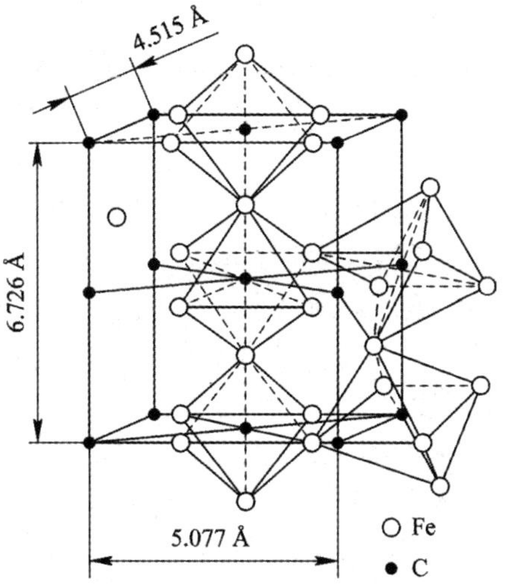


图 2.12　$Fe_3C$ 金属化合物晶体结构

金属化合物的晶格类型与组成化合物各组元的晶格类型完全不同，是一种特殊的复杂的晶格结构。$Fe_3C$ 金属化合物晶格类型为间隙化合物，其晶格特点是：直径较大的过渡族元素 Fe 原子占据新晶格的正常位置，而直径较小的非金属元素 C 原子有规律地嵌入晶格空隙中，这种晶格类型与铁、碳的晶体类型完全不同，是一种全新的晶格类型。

金属化合物熔点高、硬度高、脆性大，在合金中通常会提高强度、硬度和耐磨性，但会降低塑性、韧性。比如 $Fe_3C$、VC、WC、TiC 等金属化合物，具有极高的熔点和硬度，而且十分稳定，在钢材和硬质合金中具有更为突出的作用。

3) 机械混合物

纯金属、固溶体和金属化合物都是组成合金的基本相，由两相或两相以上组成的多相混合物，称为机械混合物。在机械混合物中各相仍保持原有的晶格类型和性能，而机械混合物性能介于各相性能之间。合金材料大多数都是固溶体与少量化合物或由几种固溶体组成的机械混合物。

### 3. 铁碳合金相图

如果把合金加热到熔化状态，组成合金的各组元相互溶解成均匀的液态。随着温度的下降，合金由液态凝固成固体，其凝固过程也就是结晶过程。但合金的结晶和纯金属不同，多数合金结晶是在一定温度范围内进行的，而且由于合金的组成成分不同，各组元互相作用不同，生成的晶体结构也不同，这种多晶体的固态合金结晶过程复杂，晶体组织结构规律性变化，需要合金状态图系统记录变化规律。合金状态图也称平衡图或相图，是表示合金系中合金状态与温度、成分的关系图解。利用相图可以研究不同成分、不同温度下组织成分含量和平衡状态，了解合金以极慢速度冷却过程中各种相变的过程。相图是金相分析、铸造、锻造、焊接和热处理工艺的重要依据。

1) 铁碳合金相图的建立

合金相图是用实验方法获得的。首先在极慢速度冷却条件下完成合金系一系列不同成分合金的冷却曲线，获得结晶温度点 ( 即临界点 )，然后汇总到温度 - 成分坐标图上，最后拟合相应的点获得曲线。

2) 铁碳合金的基本组织

铁 (Fe) 和金属化合物 $Fe_3C$ 是含碳量小于 5% 的铁碳合金的两个基本组元。铁碳合金在固态下基本相有固溶体 ( 铁素体、奥氏体 )、金属化合物 ( 渗碳体 ) 和机械混合物 ( 珠光体、莱氏体等 )。

(1) 铁素体 (F)。纯铁在 912℃温度以下是具有体心立方晶格的 α-Fe。碳溶于 α-Fe 中生成的间隙固溶体称为铁素体，用符号 F 表示。α-Fe 体心立方晶格的间隙很小，溶碳能力很差，并且随着温度的下降，溶解度还逐渐减小，在室温下溶碳量几乎为零。

铁素体性能几乎和纯铁相同，强度和硬度不高，具有良好的塑性和韧性。在 770℃温度以下具有铁磁性，在 770℃温度以上失去铁磁性。

(2) 奥氏体 (A)。纯铁在 1394℃到 912℃温度之间是面心立方晶格的 γ-Fe。碳溶于 γ-Fe 中生成的间隙固溶体称为奥氏体，用符号 A 表示。γ-Fe 比 α-Fe 的溶碳量大，在 1148℃时溶碳量可达 2.11%。随着温度的下降，碳的溶解度也逐渐减小，在 727℃时溶碳量为 0.77%。

奥氏体一般存在于 727℃以上的高温范围内，硬度较低，塑性较高，没有磁性，易于锻造成型。

(3) 渗碳体 ($Fe_3C$)。渗碳体是由铁碳化合生成的具有复杂晶格结构的金属化合物，分子式为 $Fe_3C$。渗碳体的含碳量为 6.69%，熔点为 1227℃，不发生同素异构转变，但有磁性转变：在 230℃以下具有弱铁磁性，在 230℃以上失去铁磁性。

渗碳体具有很高的硬度，脆性很大，塑性和冲击韧性几乎为零。在碳钢中渗碳体是主要的强化相，它的形状和分布情况对碳钢的性能有很大影响。

(4) 珠光体 (P)。珠光体是铁素体 F 和渗碳体 $Fe_3C$ 组成的机械混合物，用符号 $P(F + Fe_3C)$ 表示，含碳量为 0.77%。珠光体的强度很高，塑性、韧性和硬度介于铁素体和渗碳体之间。

(5) 莱氏体。莱氏体有高温莱氏体和低温莱氏体。在高温下莱氏体是由奥氏体 A 和渗碳体 $Fe_3C$ 组成的机械混合物，用符号 $Ld(A + Fe_3C)$ 表示。在 727℃以下是由珠光体和渗碳体组成的机械混合物，用符号 Ld′ 表示。

莱氏体中渗碳体占的比例较大，所以，它比较硬而且脆，机械性能接近渗碳体。

3) 铁碳合金相图

铁碳合金相图如图 2.13 所示，纵坐标表示温度，横坐标表示合金中的含碳量。含碳量大于 6.69% 的铁碳合金在工业上没有利用价值，含碳量达到 6.67% 时生成渗碳体 $Fe_3C$，是铁碳合金的一个组元。

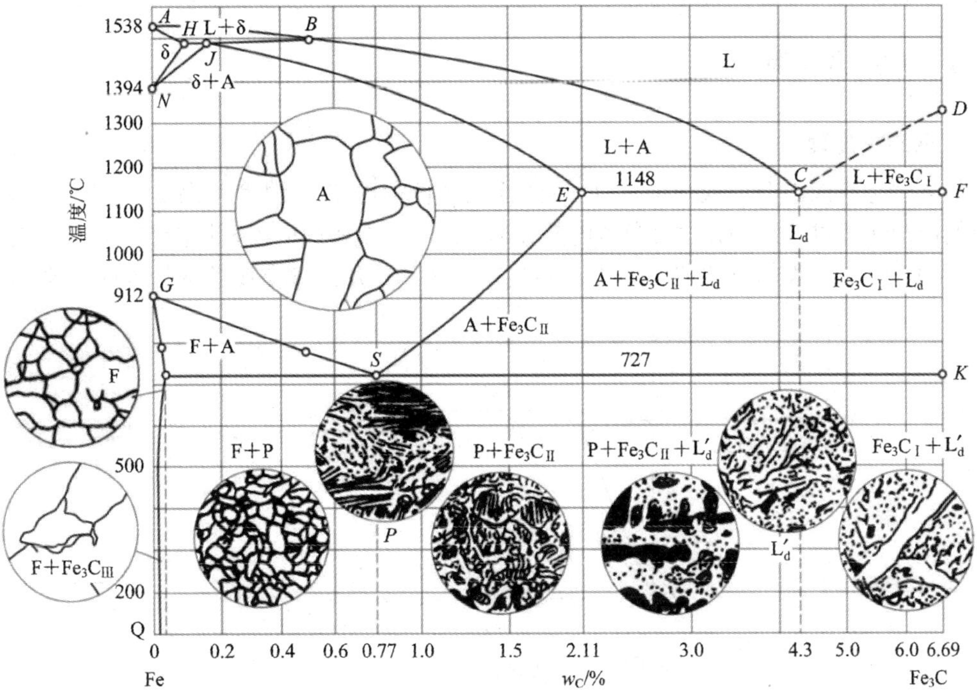


图 2.13　铁碳合金相图

相图包含不同含义的点、线和区域，标定了铁碳合金系列家族在不同温度和不同含碳量对应的组织状态，由此可以确定其各种特性。

图 2.13 中，*A* 点为纯铁的熔点；*D* 点为渗碳体的熔点；*E* 点为 γ-Fe 中的 C 含量最大点，2.11%，也是生铁和钢的分界点；*C* 点为共晶点；*G* 点为同素异构转变点；*S* 点为共析点，在 *S* 点上，奥氏体 (A) 将在恒温下同时析出铁素体和渗碳体，并组成机械混合物珠光体 P($F + Fe_3C$)。

图中 *ACD* 为液相线，*AECF* 为固相线，*ECD* 为共晶线，*GS* 是奥氏体和铁素体互相转变线，*ES* 是碳在奥氏体中的溶解曲线，*PSK* 为共析线，奥氏体冷却到共析温度 727℃时，将发生共析转变，生成珠光体。

共析转变和共晶转变很相似，都是在一定的温度下由一相转变为两相的机械混合物。不同的是：共晶转变是从液相发生的转变，而共析转变是从固相发生的转变。共析转变产生的机械混合物称为共析体。由于原子在固态下扩散困难，因此共析体比共晶体更细密。

相图中典型组织包括：工业纯铁，含碳量低于 0.02%；碳钢，含碳量在 0.02% ～ 2.11% 的合金，其中含碳量为 0.77% 为共析钢，含碳量小于 0.77% 为亚共析钢，含碳量大于 0.77% 为过共析钢；生铁 ( 铸铁 )，含碳量 2.11% ～ 6.69%，其中含碳量为 4.3% 的为共晶铁，含碳量大于 4.3% 的为过共晶铁，含碳量小于 4.3% 的为亚共晶铁。由于其断口有白色光泽，所以称为白口铸铁，与碳钢相比有较好的铸造性能。按照工艺和用途不同，生铁又分为铸造生铁和炼钢生铁。

【延伸学习】铁碳合金相图是金属学的基础，对于研究合金组织成分和力学特性非常重要。通过网络拓展学习，深入了解铁碳合金相图，运用金属学理论和组织结构，解释材料的力学特性以及热处理机理。

## 2.2.4 钢的热处理

### 1. 钢的热处理

热处理是将固态金属或合金，以一定的速度加热到一定的温度并保温一定时间，再以预定的冷却速度进行冷却，以改变其内部金相组织，从而获得所需要性能的一种工艺方法。如图 2.14 所示为热处理工艺曲线，其中温度、时间和冷却速度是影响热处理的主要因素。

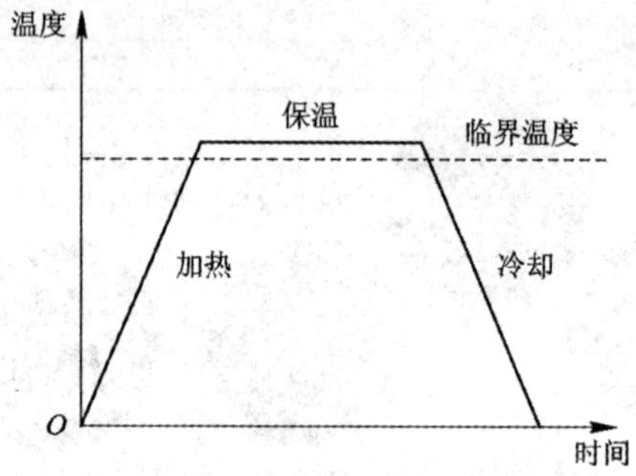


图 2.14 钢的热处理工艺曲线

### 2. 热处理方法类别

钢的热处理方法分类如图 2.15 所示。

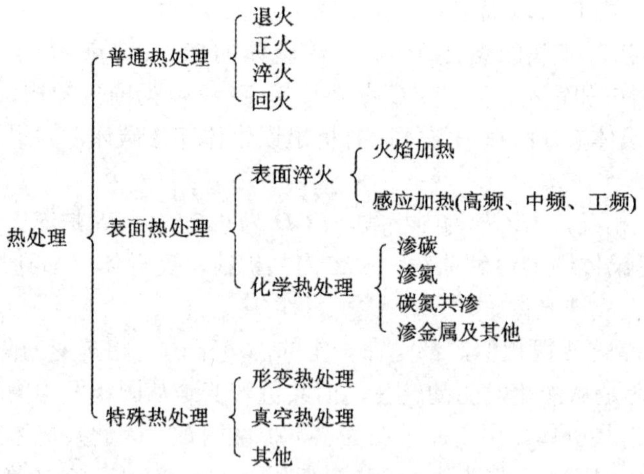


图 2.15 钢的热处理方法分类

在实际生产中又将热处理分为预备热处理和最终热处理。为了使加工的零件满足使用性能要求而进行的热处理，如经淬火后的高温回火，叫做最终热处理。而为了消除前一道工序造成的某些缺陷，或为后面的加工、最终热处理做好准备的热处理叫做预备热处理。比如，改善锻、轧、铸毛坯组织的退火或正火，以及消除应力、降低工件硬度、改善切削加工性能的退火等。

### 3. 钢的普通热处理

钢热处理的第一步是将钢由室温加热到一定的温度并保温一定的时间，使其组织由铁素体和渗碳体的混合物转变为均匀的奥氏体 (A)。只有钢呈奥氏体 (A) 状态，才能通过不同冷却方式使其转变为不同的组织，从而获得所需要的性能。

钢热处理的第二步是将均匀的单相奥氏体以不同的冷却速度 ( 如随炉冷、空气冷、油冷、水冷等 ) 冷却到室温，从而得到不同的组织，获得所需要的性能。冷却过程是钢热处理的关键，它对控制钢在冷却后的组织与性能具有决定性的意义。

1) 退火

退火是将钢加热到适当温度，保温一段时间后，以十分缓慢的速度进行冷却 ( 通常是随炉冷却 ) 的热处理工艺。退火可以分为完全退火、去应力退火、球化退火和扩散退火。各种退火的加热温度和工艺曲线如图 2.16 所示。

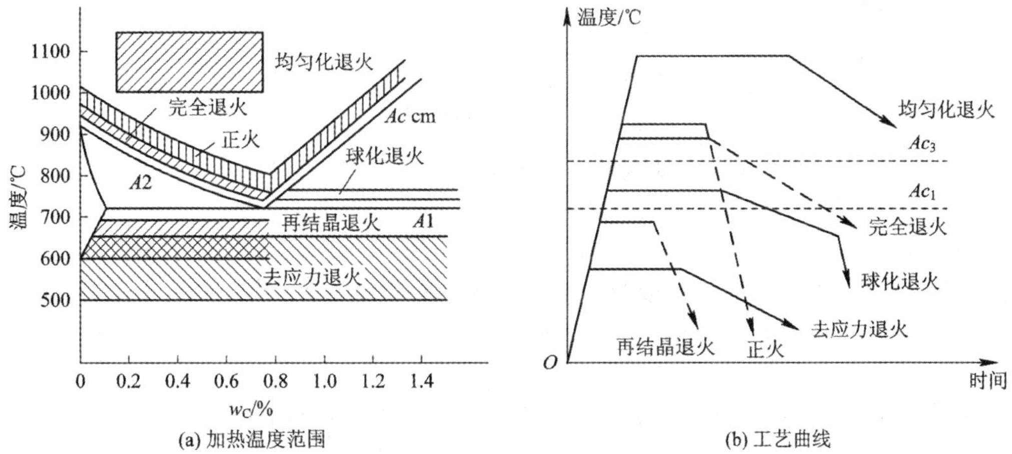


(a) 加热温度范围　　(b) 工艺曲线

图 2.16　退火和正火的工艺方法

2) 正火

亚共析钢加热到 $Ac_3$ 以上温度，共析钢和过共析钢加热到 $Ac_{cm}$ 以上温度 ( 见图 2.15)，保温一定的时间，使钢组织成为单一奥氏体，然后在空气中冷却的热处理工艺，叫正火。

正火实质上是退火的一个特例。正火与退火的不同之处在于正火采用空气中冷却，比退火的冷却速度快。正因为冷却的速度比较快，正火处理后，钢组织中珠光体的数量增多，而且珠光体层间距离变小，可获得较细的珠光体组织。正火后钢的强度、硬度和韧性都比退火后的要高，而且塑性也不降低。因为正火后钢的性能更好，操作又简单，生产周期短，设备利用率高，所以在生产中得到广泛的应用。

3) 淬火

把钢加热到 $Ac_3$ 或 $Ac_1$ 以上 30℃～ 50℃的温度 ( 见图 2.15)，保温一定的时间，再以大于临界冷却速度进行快速冷却，从而获得马氏体组织 (M) 的一种热处理工艺，叫淬火。

淬火的目的主要是为了获得马氏体组织，它是强化钢材料的最重要的热处理方法。

通常淬火后得到的马氏体组织的综合机械性能并不好，尤其是片状马氏体组织，内应力大，组织不稳定，容易变形和开裂，所以马氏体并不是热处理要求的最终组织。但是淬火后得到的马氏体组织在不同温度下进行回火处理后，可获得不同的组织，从而使钢材具有不同的机械性能。所以，钢淬火的主要目的是获得马氏体，为后面进行的回火处理作好组织准备；而钢淬火后必须进行回火处理，以提高钢的强度和硬度，获得所需要的各种机械性能。

为了获得马氏体组织，淬火的冷却速度必须大于临界冷却速度。生产中淬火常用的冷却介质是油、水、盐水，其冷却的能力依次增强。碳钢淬火用水作为冷却介质就能满足要求，合金钢材料临界冷却速度比较小，可以用油作为冷却介质。冷却速度只要大于临界冷却速度就可以了，并不是越快越好，否则会在钢件中引起过大的应力，造成变形和开裂。

4) 回火

将淬火处理后的钢加热到临界温度 ($Ac_1$) 以下的某个温度 ( 见图 2.15)，保温一定的时间，然后冷却到室温的热处理工艺，叫回火。它是淬火处理后的一道热处理工序。

回火的目的是：改善淬火所得到的马氏体组织，以调整改善钢的性能；使淬火所得到的马氏体变成稳定组织，以保证工件在使用过程中，形状和尺寸不再改变；消除淬火热处理在工件中产生的内应力，防止工件变形或开裂。

回火热处理分为低温回火、中温回火和高温回火。

(1) 低温回火 (150℃～250℃ )：低温回火后得到的组织是回火马氏体 (M′ )。在回火马氏体中，过饱和的 α-Fe 固溶体的过饱和度降低，在保持淬火钢的硬度和耐磨性能的前提下，降低淬火钢的内应力和脆性。低温回火主要用于高碳的切削刃具、量具、滚珠轴承等。

(2) 中温回火 (350℃～500℃ )：中温回火得到的组织是回火屈氏体 (T′ )。回火屈氏体是由铁素体和细颗粒状渗碳体组成的机械混合物。这种组织的钢材具有高屈服极限、高弹性极限和较高的韧性，而且淬火中出现的内应力已基本消除。中温回火主要用来制造各种弹簧和模具。

(3) 高温回火 (500℃～650℃ )：高温回火得到的组织是回火索氏体 (S′ )。钢中的内应力彻底消除，钢材的韧性进一步提高，同时具有一定的强度、硬度和塑性，综合机械性能比较好。高温回火广泛地用来制造结构零件，如轴、连杆、螺栓等。

淬火和高温回火相结合的热处理也称为调质处理。钢材经调质处理后，硬度值与正火后的很接近，但塑性和韧性却显著地超过了正火状态。所以一般重要的结构零件都以调质处理作为最终热处理。调质处理也可以作为表面淬火和化学热处理的预先热处理。

**4. 钢的表面热处理**

有些钢件是在弯曲、扭转等循环载荷、冲击载荷以及摩擦条件下工作的，这时零件的表层承受着比心部高的应力，而且表面还要不断地被磨损。因此，这种零件的表层必须得到强化，以使其具有高的强度、硬度、耐磨性和疲劳极限；而心部为了承受冲击载荷，仍应保持足够的塑性和韧性。在这种情况下，就应该对零件进行表面热处理。

1) 表面淬火

表面淬火是通过快速加热使钢表层的温度达到临界温度以上，而不等热量传到中心，立即予以淬火冷却，其结果是表面获得硬而耐磨的马氏体组织，而心部仍保持着原来塑性、韧性较好的退火、正火或调质状态的组织。表面淬火是一种不改变钢表层化学成分，只改变表层组织的局部热处理方法。

2) 化学热处理

化学热处理是把钢零件置于某种介质中，通过加热和保温，使介质分解出某些元素渗入工件表层，既改变零件表层的化学成分，又改变零件表层组织的一种表面热处理方法。通过化学热处理，可以达到两个目的：① 强化表面，提高工件表层的某些机械性能，如表面硬度、耐磨性、疲劳极限等。② 保护工件表面，提高工件表面的物理、化学性能，如耐高温及耐腐蚀等。

## 项目训练

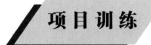

### 材料组织状态与力学特性试验

**1. 学习目标**

(1) 使学生了解热处理工艺方法。

(2) 训练学生使用硬度计测试材料的硬度值。

**2. 工作任务**

(1) 观察不同组织状态的金相图，判断分析其热处理状态。

(2) 完成 Q235、20 钢和 45 钢的硬度试验。

(3) 完成纯铝、2024、6063、7075 的硬度试验。

(4) 完成不同热处理状态的钢材和铝合金硬度试验。

**3. 实训工具设备**

硬度试验机，金相显微镜。

**4. 训练内容**

试验材料为标准图样和标准试样 ( 试验室标配 )，通过观察组织状态的金相图，了解微观组织结构和热处理状态，在硬度试验机完成 Q235、20 钢、45 钢、纯铝、2024、6063 和 7075 的硬度试验，记录试验数据，通过对比分析熟悉常用材料的硬度。

## 任务 2.3 常用航空材料

### 2.3.1 钢的类别和编号

**1. 钢的分类**

通常钢分为碳素钢 ( 简称为碳钢 ) 和合金钢两大类。碳钢是由生铁冶炼获得的合金，除了铁、碳主要成分外，还含有少量的锰、硅、硫、磷等杂质。

为了改善钢的机械性能或使其具有某些特殊的性能，在碳钢的基础上，有目的地加入某些合金元素，得到多元合金的钢材，叫合金钢。常用的合金元素有锰 (Mn 含量大于 0.8%)、

硅 (Si 含量大于 0.5%)、铬 (Cr)、镍 (Ni)、钨 (W)、钼 (Mo)、钒 (V)、钛 (Ti)、铌 (Nb)、稀土元素 (Re) 等。

与碳钢相比，合金钢的性能有明显的提高，其关键因素是合金元素对钢的基本相、热处理组织转变、淬火和回火工艺影响非常大。另外，合金元素还能使钢获得某些特殊性能，比如抗腐蚀、耐高温等。

钢的分类方式很多。

1) 按用途分类

(1) 结构钢：用来制造各种工程结构和机器零件。包括渗碳钢、调质钢、弹簧钢和滚动轴承钢等。

(2) 工具钢：用来制造各种工具。包括刃具钢、模具钢和量具钢等。

(3) 特殊性能钢：包括不锈钢、耐热钢、耐磨钢等。

2) 按化学成分分类

(1) 碳钢。按含碳量可分为低碳钢 ( 含碳量≤ 0.25%)、中碳钢 (0.25% ＜含碳量≤ 0.6%) 和高碳钢 ( 含碳量＞ 0.6%)。

(2) 合金钢。按合金元素含量可分为低合金钢 ( 合金元素总含量≤ 5%)、中合金钢 ( 合金元素总含量 5% ～ 10%) 和高合金钢 ( 合金元素总含量＞ 10%)。

按钢中所含主要合金元素种类不同，合金钢又分为锰钢、铬钢、铬镍钢、铬锰钛钢等。

3) 按质量分类

按钢中所含有害杂质磷、硫的含量，分为：普通钢 ( 含磷量≤ 0.045%、含硫量≤ 0.055% 或磷、硫含量均≤ 0.050%)，优质钢 ( 磷、硫含量均≤ 0.040%)，高级优质钢 ( 含磷量≤ 0.035%、含硫量≤ 0.030%)。

4) 按综合分类

按综合分类，如图 2.17 所示。

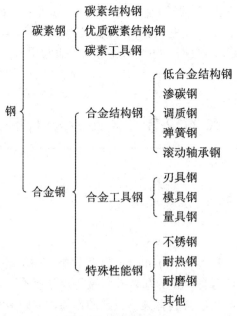

- 钢
  - 碳素钢
    - 碳素结构钢
    - 优质碳素结构钢
    - 碳素工具钢
  - 合金钢
    - 合金结构钢
      - 低合金结构钢
      - 渗碳钢
      - 调质钢
      - 弹簧钢
      - 滚动轴承钢
    - 合金工具钢
      - 刃具钢
      - 模具钢
      - 量具钢
    - 特殊性能钢
      - 不锈钢
      - 耐热钢
      - 耐磨钢
      - 其他

图 2.17　按综合分类

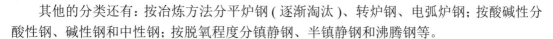

其他的分类还有：按冶炼方法分平炉钢(逐渐淘汰)、转炉钢、电弧炉钢；按酸碱性分酸性钢、碱性钢和中性钢；按脱氧程度分镇静钢、半镇静钢和沸腾钢等。

2. 钢材的编号

我国的钢号表示方法根据国家标准《钢铁产品牌号表示方法》(GB221—79) 的规定，采用汉语拼音字母、化学元素符号和阿拉伯数字相结合的方法表示。

钢号中化学元素采用国际化学符号表示，例如 Si，Mn，Cr 等。混合稀土元素用“RE”(或“Xt”)表示。产品名称、用途、冶炼和浇注方法等，一般采用汉语拼音的缩写字母表示。钢中主要化学元素含量 (%) 采用阿拉伯数字表示。

1) 普通碳素结构钢(碳素结构钢)

碳素结构钢的含碳量小于 0.38%，以小于 0.25%的最为常用，即低碳钢为主。这类钢尽管硫、磷等有害杂质的含量较高，但性能上仍能满足一般工程结构、建筑结构及一些机器零件的使用要求，且价格低廉，因此在工程中应用广泛。以典型牌号 Q235 为例：

牌号：Q+ 数字，如：Q235 － A(B、C、D)・F。

Q，表示屈服点“屈”字的汉语拼音首字母；

235 数字，表示该钢种在厚度小于 16 mm 时的最低屈服点，即 $\sigma_s \geqslant 235$ MPa；

A，表示质量等级。其中 A、B 为普通级，C、D 为硫、磷含量较低的优等级别；

F，表示未完全脱氧沸腾钢。(b，表示半镇静钢；Z，表示已完全脱氧的镇静钢；TZ，表示特殊镇静钢。)

旧标准中，

甲类钢：A1、A2、A3、…、A7，满足机械性能要求。

乙类钢：B1、B2、B3、…、B7，满足化学性能要求。

特类钢：C2、C3、…、C5，满足机械和化学性能要求。

碳素结构钢通常用于制造型材、螺钉、铁钉、铁丝、建筑材料等。

2) 优质碳素结构钢

优质碳素结构钢的硫、磷含量较低(低于 0.035%)，是工程结构的主要钢材。其牌号用两位数字表示，代表平均含碳量的万分数，如 20 钢，表示平均含碳量为 0.20%的优质碳素结构钢。对于沸腾钢则在尾部增加符号“F”，如 20 F。常用牌号有：

低碳钢：08、10、15、20、25 等，塑性好，易于拉拔、冲压、锻造和焊接；

中碳钢：30、35、40、45、50、55 等，强度和硬度适中，淬火后硬度可显著增加；

高碳钢：60、65、70、75 等，经淬火回火后，不仅强度硬度提高，而且弹性优良。

3) 碳素工具钢

碳素工具钢的含碳量高达 0.7% ～ 1.35%，属于共析钢和过共析钢，淬火后有高的硬度和良好的耐磨性。碳素工具钢较合金工具钢价格便宜，但淬透性和红硬性差。由于淬透性差，只能在水类淬火介质中才能淬硬，且工件不能过大和复杂。因红硬性差，淬火后工件的工作温度应小于 250℃，否则硬度将迅速下降。因此，碳素工具钢主要用于制作剪刀、斧头、锯子、锉刀等。

碳素工具钢的牌号为 T ＋数字(数字表示钢中平均含碳量的千分数)，如：T7、T8、T9、…、T14 等。高级优质碳素工具钢的牌号为 T ＋数字＋ A，如：T8A 等。

其他类型的牌号还有易切削钢：Y30，Y40Mn；铸造碳钢：ZG200 ～ 400，用于变速箱体、壳体等；ZG230 ～ 450，用于一般阀体、轴承盖；ZG270 ～ 500 用于热轧曲轴、连杆。

与铸钢类似的还有铸铁。如灰铸铁 HT150，主要应用于床身、箱体、底座等；球墨铸铁 QT400-18 以铁代钢；可锻铸铁 ( 马铁；玛钢 )KTH300-06，用于弯头、三通管件、阀门；KTZ550-04 用于载荷较高的耐磨凸轮轴、齿轮等。此外还有添加了合金成分的合金铸铁，以实现铸铁的耐蚀耐热等特殊性能。

4) 合金钢

合金钢牌号的编号原则是：前面两位数字表示合金钢平均含碳量 ( 单位是 0.01%)，后面加合金元素符号及其平均含量 ( 单位是 1%)，当合金元素含量小于 1.5% 时，表示平均含量的数字可以省略。若元素含量等于或大于 1.5%、2.5%…时，则元素符号后的数字为含量的近似值，即为 2、3…若是高级优质钢，则在钢号末尾加“A”。如：12CrNi3A；40CrNiMoA。

合金工具钢若含碳量大于 1%，则表示含碳量的数字可以省略，若含碳量小于 1%，应标出含碳量，单位是 0.1%。如：9SiCr；CrWMn。

5) 美国钢材编号

美国的一般碳钢和合金钢都用 4 个数字的系列符号来表示。前两位数字表示钢的类型，其中第二位数字通常给出主要合金元素的含量 ( 单位为 1%)，最后两位数字表示钢的平均含碳量 ( 单位为 0.01%)。典型的钢号如下：

00×× 表示碳素钢或低合金钢。

01×× 表示高强度铸钢。

10×× 表示碳素普通钢。比如：SAE1010 和 SAE1030 表示普通低碳钢。后两位数字 10、30 分别表示钢的平均含碳量为 0.10% 和 0.30%。(SAE 是指美国汽车工程师协会。)

2××× 表示镍合金钢系列。比如 SAE2330 表示含镍合金元素 3%，平均含碳量为 0.30% 的合金钢。

3××× 表示镍铬合金钢系列。比如 SAE3310 表示含镍合金元素 3.5%，平均含碳量为 0.10% 的合金钢。

4××× 表示钼合金钢系列。比如 SAE4130 表示含钼合金元素 1%，平均含碳量为 0.30% 的合金钢。AISI4340 表示含有镍、铬、钼合金元素，平均含碳量 0.40% 的合金钢。

5××× 表示铬钢合金钢系列。

6××× 表示铬钒合金钢系列。

7××× 表示钨铬合金钢系列。

8××× 表示低镍铬合金钢系列。

9××× 表示硅锰合金系列。比如 SAE9210 表示含硅合金元素 2%，平均含碳量为 0.10% 的合金钢。

### 2.3.2 航空工业常用钢材

在航空工业中广泛使用合金结构钢制造飞机、发动机的主要零件。使用的合金钢主要有渗碳钢、调质钢和低合金超高强度钢。另外还有不锈钢和耐热钢等。

**1. 渗碳钢**

渗碳钢是一类重要的结构钢。这类钢的特点是在合金结构钢表面进行渗碳处理，以达到构件内部材料有较高的强度、韧性和抗疲劳强度的情况下，而表面又具有较高的硬度和耐磨性。渗碳钢多用来制造齿轮、传动轴、销子等。

12Cr2Ni4A、18Cr2Ni4WA等都是在航空器上普遍使用的渗碳钢。前者多用来做齿轮、小的传动轴、销子等；后者多用来做大截面、高负荷、高抗磨及良好韧性要求的重要零件，如发动机曲轴、齿轮等。

### 2. 调质钢

调质钢是合金结构钢中使用最广泛的一类钢材，也是在航空工业中使用最多的合金结构钢。常用的调质钢有以下两种：

(1) 40CrNiMoA。这种钢在调质处理后，综合机械性能好，具有相当高的强度，同时又具有良好的韧性，广泛用于制造高负荷、大尺寸的轴零件。比如，发动机的涡轮轴、曲轴、螺旋桨轴及直升机旋翼轴等。

(2) 30CrMnSiA。这种钢经调质处理后，可获得相当高的强度，工艺性能好，价格便宜，在航空工业中使用较多。但它的淬透性不大，韧性也较小。这种钢广泛用于制造飞机起落架、连接件、发动机架、大梁、螺栓等。

### 3. 超高强度钢

超高强度钢一般是指强度极限大于1470 MPa的合金钢。目前在航空工业中使用最广泛的是低合金超高强度钢。

30CrMnSiNi2A钢是航空工业中使用较为广泛的低合金超高强度钢，它是在30CrMnSiA调质钢中增加了1.4%～1.8%的Ni而制成的。它用于制造受力最大的重要飞机结构件，如起落架、机翼大梁、重要连接件、螺栓等。这种钢材的缺点是韧性相对较低，对应力集中比较敏感。所以，用这种钢材制成的结构件，在几何形状上都应采取光滑过度，绝对要避免尖角的出现；构件表面质量要高，不能有压坑、冲眼等缺陷存在；经磨削或校形后，应在200℃～250℃进行去应力回火；在进行表面处理时，一定要防止氢脆。

40CrMnSiMoVA钢是在30CrMnSiNi2A钢成分的基础上进行改进而制成的，其强度和韧性都有所改进。AISI4340钢是研制比较成功的低合金高强度钢，它不仅具有高强度和高延展性，而且具有较高的抗疲劳、抗蠕变性能。

在4340钢的基础上加入1.6%的Si和少量的V，并略微提高C和Mo的含量，得到了300M钢，其韧性比4340有较大的提高。

### 4. 不锈钢

能在一定的介质(如水分、空气、酸、碱、盐等)中，不产生腐蚀或抗腐蚀性较好的钢，称为不锈钢。在钢中加入一定量的铬(Cr)、镍(Ni)等合金元素，可以提高钢的抗腐蚀性能，由此制成不锈钢。

钢中加入铬元素可以明显减小碳化物与铁素体之间的电极电位差，若含铬量达到一定值时，还可以使钢在常温下成为单相铁素体组织，大大减少发生电化学腐蚀的可能性，提高碳钢的抗电化学腐蚀的能力。另外，铬还能在钢表面形成起保护作用的氧化膜($Cr_2O_3$)，使钢与周围介质隔离，阻止钢进一步氧化。

在钢中加入一定量的镍元素，可以使钢在常温下成为单相奥氏体组织，避免形成微观腐蚀电池，能提高钢的抗电化学腐蚀能力。加入锰、氮元素也有类似的作用。

5. 耐热钢

飞机上涡轮喷气发动机的零部件，大部分都是在高温和极其复杂的载荷条件下工作的。部件还要承受燃气中腐蚀性气体的作用。在这样的条件下工作的钢部件常常会发生以下的情况：

(1) 金属发生高温腐蚀。在高温下金属极容易与周围介质直接进行化学反应生成氧化皮，金属还会在潮湿含有有害物质的空气中发生电化学腐蚀。既有高温氧化，又有电化学腐蚀，统称为高温腐蚀。

(2) 金属在高温下发生蠕变。蠕变是金属在一定的温度和应力共同作用下，产生的随时间逐渐增大的塑性变形。金属的蠕变与温度、载荷和时间有密切的关系。温度和载荷达到一定值，才可能发生蠕变，而且温度越高、载荷越大、时间越长，蠕变量越大。

(3) 金属会产生裂纹或断裂。镍基耐热合金、钼基合金和金属陶瓷具有较高的热稳定性和热强度，可用来制造在高温下工作的零部件，是航空工业中主要使用的耐热材料。

## 2.3.3 铝和铝合金

铝、镁、钛、铜、锡、铅、锌等金属及其合金都属于有色金属。有色金属分为轻有色金属和重有色金属。铝、镁、钛及其合金属于轻有色金属；铜、锡、铅等属于重有色金属。在航空工业中应用最多的是轻有色金属。在飞机结构的总重中，轻有色金属约占 80%，其中铝合金约占 75%。轻有色金属之所以能够在飞机结构中得到广泛的应用，主要的一个原因是它的强度、刚度虽然比不上结构钢，但它的比重小，这使它的比强度 ( 强度 / 比重 ) 大，比刚度 ( 弹性模量 / 比重 ) 与结构钢接近。

1. 工业纯铝

工业纯铝是银白色的金属，它的密度约为 2.7 g/cm$^3$，仅为钢铁比重的三分之一。纯铝的熔点为 660℃，结晶后具有面心立方晶格，没有同素异构转变。纯铝的强度很低，塑性很高，可以进行冷压加工。纯铝的导电和导热性很强，热膨胀性较大，在 20℃时的线膨胀系数约为铁的两倍。纯铝还有良好的反辐射热性能，受到辐射热时，温度升高慢，常用作涡轮喷气发动机的隔热铝箔。

纯铝在大气中具有良好的耐蚀性。这是因为纯铝与氧有很强的亲合力，与空气中的氧作用在铝表面生成均匀而致密的 $Al_2O_3$ 薄膜，将铝和空气隔绝起来。

纯铝在航空工业中主要用途是冶炼铝合金，作为铝合金表面的包覆材料，制作铆钉、铝箔，代替铜作导电材料。纯铝牌号为 1×××，如 1050A( 纯度达 99.50%)。

2. 铝合金分类

为了提高纯铝的强度，在纯铝中加入镁、锰、铜、锌、硅等合金元素，制成铝合金。

铝合金按其成分和工艺特点可分为变形铝合金和铸造铝合金两大类。具有良好的塑性，适于变形加工的铝合金，称为变形铝合金。液态时流动性较好，适于铸造成型的铝合金，称为铸造铝合金。

变形铝合金又分为不能热处理强化的铝合金和能热处理强化的铝合金两种。在加热和冷却过程中，固溶体不发生成分的改变，不能通过热处理的手段来强化，称为不能热处理强化的变形铝合金。在加热和冷却过程中，发生组织变化，会析出强化相，可以通过热处理的手段进行强化，称为能热处理强化的变形铝合金。铝合金的一般分类如图 2.18 所示。

- 铝合金
  - 变形铝合金
    - 不能热处理强化的铝合金：铝-锰合金、铝-镁合金
    - 能热处理强化的变形铝合金
      - 铝-铜-镁-锰系列合金(硬铝)
      - 铝-锌-镁-铜系列合金(超硬铝)
      - 铝-镁-硅系列合金(锻铝)
  - 铸造铝合金
    - 铝-硅系列
    - 铝-铜系列
    - 铝-镁系列
    - 铝-锌系列

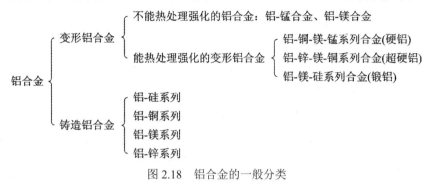

图 2.18　铝合金的一般分类

### 3. 铝合金的热处理

1) 退火

变形铝合金的退火主要是再结晶退火，通常加热到 350℃～ 450℃，保温后，在空气中冷却。退火的目的是恢复塑性，便于继续加工。飞机蒙皮钣金件、导管等形状复杂件，往往要经过几次冷压加工成形。冷压加工后，由于加工硬化，塑性降低，强度提高，难以继续加工成形，就要进行再结晶退火。所以，再结晶退火也称为中间退火。

对于不能热处理强化的铝合金，冷变形加工后，要在保持加工硬化效果的基础上消除内应力，可以进行“去应力退火”。“去应力退火”的加热温度在再结晶退火的温度之下，通常是 180℃～ 300℃，保温后，在空气中冷却。去应力退火的目的是消除内应力，适当增加塑性。

2) 淬火

铝合金淬火的目的是得到过饱和的固溶体，提高强度和硬度。所以铝合金的淬火也称为固溶处理。

常温下，铝合金组织由两种基本相组成，随着温度的升高，合金元素在固溶体中的溶解度加大，加热到一定的温度 ( 临界温度以上 )，相全部溶解到固溶体中，这时，再将铝合金从高温迅速冷却 ( 水冷 ) 到室温，合金元素来不及从相中析出，于是就形成了过饱和的固溶体。这种固溶体强度比退火状态略高一些，而塑性仍然很好。所以淬火状态的铝合金仍可以进行冷变形加工。

3) 时效处理

铝合金淬火后得到的过饱和固溶体是不稳定的组织，总是趋向于将过饱和的部分以一定形式析出，生成金属化合物。在一定温度下，随着时间的增长，析出过程会使铝合金的强度、硬度得到明显的提高。这种淬火后的铝合金，在一定温度下，随着时间的增长，强度和硬度得到提高的现象，称为铝合金的时效。由此可见，铝合金的热处理强化是通过固溶强化和时效强化达到的，而且时效强化的效果最为显著。

铝合金的时效分为自然时效和人工时效两种。自然时效就是把淬火后的铝合金，放在室温下 ( 约为 20℃ ) 进行时效。这种时效进行较慢，要经 4 ～ 5 天后，强度可接近最高值。自然时效在开头的几个小时内，铝合金的强度无明显增加，称为“孕育期”。生产上常利用孕育期对铝合金进行各种冷变形加工，或对淬火的变形进行校正。人工时效就是将淬火

后的铝合金，再加热到一定的温度进行时效。人工时效进程较快，时效温度越高，时效过程越快，但最后铝合金达到的强度值越低。

若将淬火后的铝合金放在较低温度(例如50℃)下，过饱和固溶体中的合金元素原子活动能力极小，所以，时效进行得极慢，铝合金的强度随时间的增加几乎不发生变化。生产上利用这一特性进行冷冻储藏。即把大批钣料、成品(如铆钉)等淬火后，放在冷箱中冷冻，需要时再取出来进行冷变形加工，而不必在加工前临时进行淬火。如果从冷藏中取出的零件因故没有在孕育期内完成加工，零件在室温下已经开始了自然时效，那么将其放回冷藏室之前，必须进行回归处理。回归处理就是将已时效硬化的零件，重新加热到200℃～270℃，短时间保温，然后在水中急冷。经回归处理后的铝合金件与新淬火的铝合金件一样，在室温下仍能进行正常的自然时效。但每次回归处理后，其强度都有所下降，所以，一般回归处理以3～4次为限。

4) 铝合金热处理状态代号

铝合金热处理的方式很多，常见的热处理状态代号见表2.1。

表2.1 铝合金热处理状态代号

| 状态代号 | 名　　称 | 状态代号 | 热处理状态 |
|---|---|---|---|
| F | 自由加工状态 | T3 | 固溶、冷作、自然时效 |
| O | 退火状态 | T4 | 固溶、自然时效 |
| H | 加工硬化状态 | T6 | 固溶、人工时效 |
| W | 固溶热处理状态 | T7 | 固溶、过时效 |
| T | 热处理状态(不同于F、O、H状态) | T8 | 固溶、冷作、人工时效 |
| 常见T×× 状态 | | | |
| 状态代号 | 说明与应用 | | |
| T73 | 固溶及时效，以达到规定的力学性能和抗应力腐蚀性能 | | |
| T74 | 与T73状态定义相同。抗拉强度大于T73，小于T76 | | |
| T76 | 与T73状态定义相同。抗拉强度大于T73、T74，抗应力腐蚀性能低于T73、T74，但抗剥落腐蚀性能仍较好 | | |

### 4. 变形铝合金

按照性能和用途不同，变形铝合金可分为防锈铝合金、硬铝合金、超硬铝合金和锻铝合金四类。表2.2给出了国际变形铝合金的标记法。其中，铝锰合金(3000系列)和铝镁合金(5000系列)是防锈铝合金，铝铜合金(2000系列)是硬铝合金，铝锌合金(7000系列)是超硬铝合金，而铝镁硅合金(6000系列)是锻铝合金。

表2.2 国际变形铝合金的标记法

| 合金系 | 四位数字标记 | 合金系 | 四位数字标记 |
|---|---|---|---|
| ＞99.00%铝 | 1××× | 铝镁硅 | 6××× |
| 铝铜 | 2××× | 铝锌 | 7××× |
| 铝锰 | 3××× | 其他 | 8××× |
| 铝硅 | 4××× | 备用 | 9××× |
| 铝镁 | 5××× | | |

1) 防锈铝合金 (3×××、5××× 系列)

铝锰合金和铝镁合金具有很高的抗蚀性，称为防锈铝合金。它们都属于不能热处理强化的铝合金，为了提高强度，应采用加工硬化。

常用的铝锰防锈铝合金是 21 号防锈铝，牌号 3A21，其抗蚀性很高，接近纯铝；3A21 强度不高，塑性好，焊接性能好，切削加工性能差，在飞机上主要用来制造油箱、油管、铆钉等。

常用的铝镁防锈铝合金是 5A02、5A06 和 5B05。它们具有较高的抗蚀性，良好的塑性和焊接性，这些都与 3A21 接近。由于镁的固溶强化效果比较明显，所以其强度比 3A21 高，而且比重小，抗疲劳性能好，因而在飞机上用来制造油箱、油管、铆钉和中等强度的冷压、焊接结构件。

2) 硬铝 (2××× 系列)

硬铝基本上是铝铜镁合金。铜和镁是硬铝中主要的合金元素。硬铝合金是一种比重较小而强度较高的合金，它的密度为 2.8 $g/cm^3$，而强度在淬火时效后可达到 460 MPa，而且韧性和抗疲劳性能较好，特别是自然时效状态比人工时效状态抗疲劳性能更好，断裂韧性更高。它又具有良好的塑性，可以进行压力加工。另外，淬火后有一个时效孕育期，给变形加工带来一些便利。所以，硬铝合金是在航空工业中使用得最早、最广泛、最重要的一类合金。

硬铝合金在使用中有以下问题必须注意：

(1) 抗蚀性能差。对应力腐蚀、晶间腐蚀都比较敏感，因此，使用时应进行防腐保护。

(2) 熔焊性能差。熔焊时有形成结晶裂缝的倾向，所以，飞机上硬铝零件的连接大都采用铆接。

(3) 淬火温度范围很窄，误差大约在 5 ～ 10℃。若低于要求温度，得到的固溶体饱和度不足，不能发挥最佳的时效效果；而超过要求温度，则会产生晶界熔化，因此，温度控制比较困难。

(4) 淬火处理时，在要求的温度下保温热透后，从炉中到淬火介质的转移时间不能过长 ( 一般不超过 15 秒 )，以求得到细化的晶粒，否则，会降低材料抗晶间腐蚀的能力。

3) 飞机结构常用的硬铝合金

(1) 2024 硬铝：含有较多的铜镁合金元素，具有较高的强度和硬度。热处理方法是淬火后在室温下经 4 ～ 5 天自然时效，可得到较高的抗拉强度和韧性；淬火后，人工时效可得到较高的屈服强度和耐蚀性能。淬火后在室温下有 1.5 小时孕育期，可在这段时间内进行变形加工。

国内使用较多的是 2A12 硬铝合金，它在成分和性能方面与美国常用硬铝 2024 相近。通常用来制造蒙皮、大梁、隔框、翼肋等主要受力构件。

(2) 2017 硬铝：含有中等数量的铜镁合金元素，硬度、强度比 2024 低，但塑性高，易于进行冷压成形。热处理方法是淬火后在室温下自然时效。孕育期约为 2 小时。

我国的 2017A 硬铝合金在成分和性能方面与美国的 2017、英国的 DTD150A 相近。通常用来制造中等强度、形状复杂的结构件，如蒙皮、桁条、操纵拉杆和铆钉等。

(3) 超硬铝 (7075)。为了进一步提高铝合金的强度，在硬铝基础上加入 4% ～ 8% 的金属锌 Zn，形成的铝锌镁铜合金，叫超硬铝合金。它属于高强度变形铝合金。

我国 7A09 超硬铝合金在成分和性能方面与美国常用的超硬铝 7075 相当。7075 超硬铝合金在 T6 热处理状态具有最高强度，抗拉强度可达 580 MPa，但断裂韧性较低，抗应力腐蚀能力差，缺口敏感性也较大。在 T73 热处理状态下，抗拉强度和屈服强度均比 T6 状态低，但具有耐应力腐蚀的性能和比较高的断裂韧性。为了防止腐蚀，7075 材料的零件表面应有保护层。

与 2024 硬铝合金相比，7075 超硬铝的强度极限和屈服极限都比较高，但它的断裂韧性和抗疲劳性能并没有随着强度性能改善而成比例地提高，缺口敏感性也较大。所以在飞机结构中，以承受拉应力为主，要求有较好抗疲劳性能的机翼下翼面的长桁、蒙皮和机身蒙皮一般都采用 2024 材料制成。虽然强度低了一些，但疲劳性能却得到提高。7075 强度高，而且屈服极限高，可以提高结构件承压失稳的能力，所以，承受载荷较大，又要求有较高失稳应力的构件多用 7075 材料。7075 合金可以用来制造飞机上重要的受力构件，比如机翼大梁、机翼上翼面的蒙皮、桁条，机身的桁条、隔框、翼肋、主要接头等。

#### 5. 锻造铝合金

锻造铝合金是铝 - 镁 - 硅系列铝合金，可以通过热处理进行强化。铸造铝合金的主要特点是加热时有良好的塑性，便于进行锻造成形。它的硬度与硬铝相近，具有良好的耐腐蚀性。

锻造铝合金热处理方法是淬火后在室温下自然时效，得到的合金具有很好的耐腐蚀性能。如果淬火后进行人工时效，可提高合金的强度，但会使合金产生晶间腐蚀的倾向。

我国常用的锻造铝合金是 6A02，它在成分和性能上与美国的 6151 锻铝合金相当。

锻造铝合金在飞机上多用来制造对加工塑性和耐蚀性要求较高的锻件，如发动机零件、直升机桨叶、摇臂、框架和接头等。

#### 6. 铸造铝合金

按照化学成分不同，铸造铝合金可分为 Al-Si 系、Al-Cu 系、Al-Mg 系、Al-Zn 系四大类。其中前三种应用比较广泛。

铸造铝合金代号是 ZL 加三位数字。第一位数字 1、2、3、4 分别代表 Al-Si、Al-Cu、Al-Mg 和 Al-Zn，后两位数字是合金的顺序号。比如 ZL102 代表顺序号为 2 的 Al-Si 系铸造铝合金。

铸造铝合金的特点是铸造性能好，可进行各种成型铸造。它的优点是比重小，比强度较高，有较高的抗蚀性和耐热性；不足之处是容易吸收气体形成气孔，组织较粗大。一般来说，铸造铝合金塑性、韧性不如变形铝合金。铸造铝合金主要用来制造形状复杂、受力较小的零件，如油泵等附件壳体和仪表零件、发动机机匣等。

### 2.3.4 钛和钛合金

#### 1. 纯钛

纯钛是银白色金属，密度为 4.5 g/cm$^3$，只有钢的 57% 左右。纯钛抗蚀能力很强，在 550℃以下，钛表面形成致密的氧化膜，能阻止内部金属进一步氧化。它抗海水及其蒸汽腐蚀的能力很强，甚至超过不锈钢，对硝酸、稀硫酸、碱溶液都能抗蚀，但却易受氢氟酸、浓硫酸的腐蚀，尤其是氢氟酸对钛有强烈的损坏作用。

纯钛的强度不高，塑性好，但杂质氧、氮、氢、碳、硅、铁等会使钛的强度大大提高，而塑性有所降低。其中氢的影响最严重，含量超过 0.015% 时，便引起显著的氢脆。所谓氢脆，就是进入钛的氢原子会在缺陷处聚集，形成氢分子或金属氢化物，其体积逐渐增大，造成很大压力，使钛发生脆断。进入钛中的氢可能是由于酸洗、电解或腐蚀反应所产生的，也可能是因为金属与氢接触所引起的。钛中的氢可以通过真空加热进行去除。

钛的工艺性能差，难以进行切削加工；在热加工中，又容易吸收氧、氢、氮等杂质，使强度增加，塑性降低，压力加工困难，并易出现裂纹，所以钛的生产成本较高。

### 2. 钛合金

钛合金的比重较小，而强度几乎接近合金钢，抗蚀性又不低于不锈钢。在 400℃以下机械性能变化很小，耐热性大大超过铝合金。

航空工业中使用较多的钛合金是 TC4 合金。这种合金属于钛铝钒系合金，它具有较好的综合机械性能，在 400℃下组织稳定，有较高的热强度。TC4 合金的热塑性良好，适用于锻造和锻压成型，可用多种方法焊接，接头强度可达基体强度的 90%，在航空工业中主要用来制造在 400℃以下工作的部件，如压气机盘、叶片及飞机结构零件、隔热板等。

为了提高 TC4 的耐热性和强度，在其中又加入锡、铜、铁等元素，形成了一种新的钛合金 TC10。TC10 合金的强度、耐热性都比 TC4 高，淬透性也比 TC4 要大，可用来制造在 450℃以下工作的零件。

## 2.3.5　铜和铜合金

### 1. 纯铜

工业纯铜呈紫红色，一般称为紫铜或电解铜。纯铜密度为 8.96 g/cm$^3$，熔点为 1083℃，具有优良的导电性、导热性、延展性和耐蚀性。纯铜主要用于制作发电机、母线、电缆、开关装置、变压器等电工器材和热交换器、管道、太阳能加热装置的平板集热器等导热器材。

常温下，在含有二氧化碳的潮湿空气中，铜表面形成一层绿色碱式碳酸铜 ( 俗称“铜绿” )。只要有这层膜存在，铜的腐蚀速度就降低了。

纯铜的铸造性能非常差，具有很大的体收缩 (4.1%) 和线收缩 (1.42%)，易产生气孔和显微裂纹，使纯铜性能变脆。

### 2. 铜合金

铜合金是以纯铜为基体加入一种或几种其他元素所构成的合金。铜合金分类方法很多，按照合金相图和成分可分为黄铜、青铜和白铜三类。

1) 黄铜

以锌作主要添加元素的铜合金，具有美观的黄色，统称黄铜。铜锌二元合金称普通黄铜或简单黄铜。三元以上的黄铜称特殊黄铜或复杂黄铜。如果再加入硅元素，即称为“硅黄铜”；加锰，即称为“锰黄铜”；加铝，即称为“铝黄铜”。习惯上把这些多元黄铜统称为“特殊黄铜”。

普通黄铜具有良好的冷加工性能，如含锌30%的黄铜常用来制作弹壳，俗称弹壳黄铜或七三黄铜。含锌在36%～42%的黄铜合金由固溶体组成，其中最常用的是含锌40%的六四黄铜。

为了改善普通黄铜的性能，常添加其他元素，如铝、镍、锰、锡、硅、铅等。铝能提高黄铜的强度、硬度和耐蚀性，但使其塑性降低，适合作海轮冷凝管及其他耐蚀零件。锡能提高黄铜的强度和对海水的耐腐性，故称海军黄铜，多用作船舶热工设备和螺旋桨等。铅能改善黄铜的切削性能，这种易切削黄铜常用作钟表零件。

黄铜铸件常用来制造阀门、水管、空调内外机连接管和散热器等。船舶常用的消防栓防爆月牙扳手就是黄铜加铝铸造而成的。

2) 青铜

青铜是我国使用最早的合金，至今已有三千多年的历史。所谓青铜，原指铜锡合金，但近年来，因为多种合金元素被采用，出现了许多不以锡、锌为主要添加元素的铜合金，习惯上把这些新型铜合金也称为“青铜”，如“铝青铜”“铅青铜”“铍青铜”等。为了区别起见，把以锡作为主要添加元素的青铜称作“锡青铜”，而把其他青铜称作“无锡青铜”。

锡青铜的铸造性能、减摩性能和机械性能好，适合制造轴承、蜗轮、齿轮等。铅青铜是现代发动机和磨床广泛使用的轴承材料。铝青铜强度高，耐磨性和耐蚀性好，用于铸造高载荷的齿轮、轴套、船用螺旋桨等。磷青铜的弹性极限高，导电性好，适于制造精密弹簧和电接触元件。铍青铜用来制造煤矿、油库等使用的无火花工具。

3) 白铜

白铜是以镍为主要添加元素的铜合金，铜镍二元合金称为普通白铜。加有锰、铁、锌、铝等元素的白铜合金称为复杂白铜。工业用白铜分为结构白铜和电工白铜两大类。结构白铜的特点是机械性能和耐蚀性好，色泽美观。这种白铜广泛用于制造精密机械、眼镜配件、化工机械和船舶构件。电工白铜一般有良好的热电性能。锰铜、康铜、考铜是含锰量不同的锰白铜，是制造精密电工仪器、变阻器、精密电阻、应变片、热电偶等用的材料。

# 项目训练

## 材料的火花判别试验

### 1. 学习目标

(1) 训练学生正确进行火花试验操作；

(2) 训练学生判别典型材料的火花类别。

### 2. 工作任务

使用典型材料火花试验棒料在钳工砂轮机上进行打磨操作，记录不同材料的火花状态，判别材料类型。

## 3. 实训工具设备

钳工砂轮机。

## 4. 劳保用品

护目镜，手套等。

## 5. 火花鉴别典型材料图例

1) 基本概念

将钢与高速旋转的砂轮接触，根据磨削产生的火花形状和颜色，近似地确定钢的化学成分的方法，称为火花鉴别。

2) 术语和原理

当钢在砂轮上磨削时，高温的微细金属颗粒沿砂轮旋转的切线方向被抛射，之后同空气摩擦，温度继续升高，颗粒发生激烈的氧化和熔化，因而在运行中呈现出一条条光亮带，这种高温磨削颗粒形成的线条状光亮轨迹称为流线。

由于金属的含碳量不同，颗粒燃烧产生多次氧化和还原反应，爆裂现象循环发生，从而形成一次、二次、三次或多次爆裂火花，火花末端的亮点为花粉。如图 2.19 所示为三次爆裂火花图例。

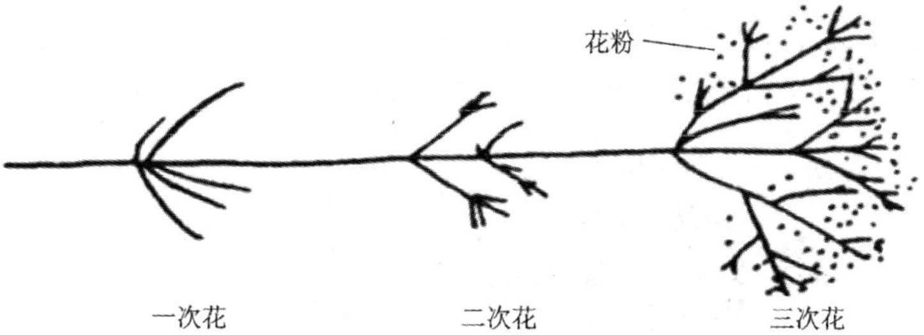


图 2.19　三次爆裂火花

3) 火花形态

钢在砂轮上磨削时产生的火花由根部火花、中部火花和尾部火花构成火花束。如图 2.20 所示为火花束结构。

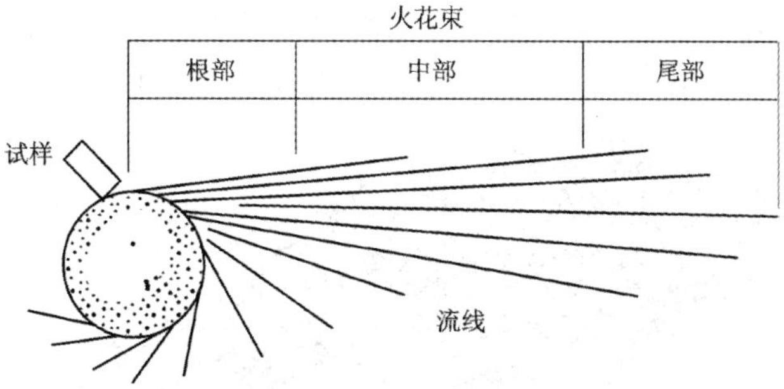


图 2.20　火花束结构

流线上明亮而又较粗的点称为节点。火花在爆裂时，产生的若干短线条称为芒线。芒线所组成的火花称为节花。如图 2.21 所示为火花形态。

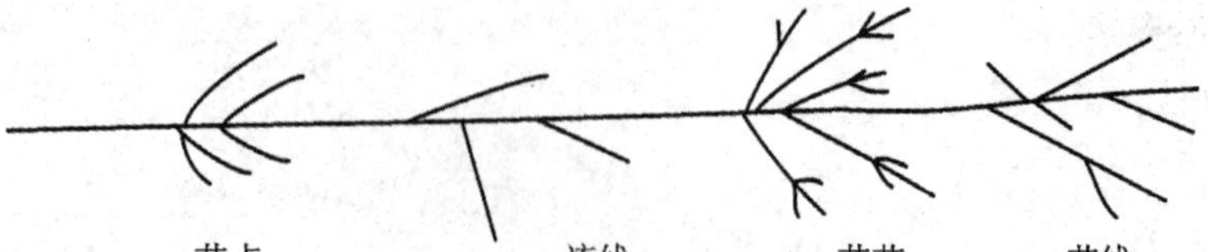


图 2.21　火花形态

4) 典型材料火花图例

(1) 低碳钢：流线粗、稀，爆花少且多呈一次花，芒线粗、长并有明亮的节点。火花色泽草黄带暗红色。如图 2.22 所示为 20 钢火花。

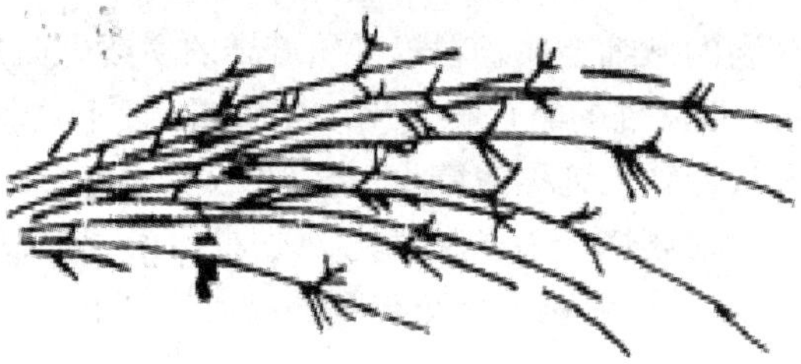

图 2.22　20 钢火花

(2) 中碳钢：流线细长且多，流线尾部和中部有节点，爆花比低碳钢增多，花型大，有一次花和二次花，附少量花粉。火花色泽为黄色。如图 2.23 所示为 45 钢火花。

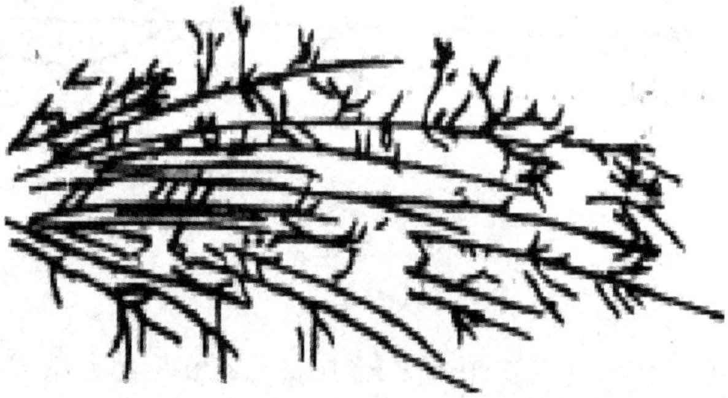

图 2.23　45 钢火花

(3) 高碳钢：流线细、短、直、多而密。爆花多，花型较小，多呈二次花、三次花或多次花，芒线细而疏，花粉多，火花色泽为明黄色。如图 2.24 所示为 T10 钢火花。

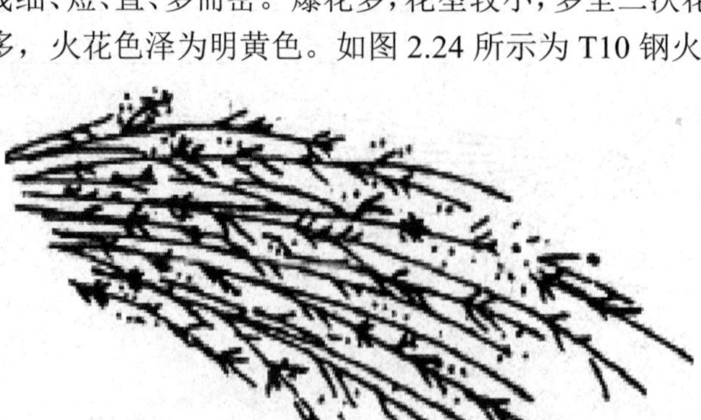

图 2.24　T10 高碳钢火花

(4) 铸铁：火花束很粗，流线较多，一般为二次花，花粉多，爆花多，尾部渐粗下垂成弧形，颜色多为橙红。火花试验时，手感较软。如图 2.25 所示为 HT200 铸铁火花。

图 2.25　HT200 铸铁火花

(5) 合金钢：合金钢的火花特征与其含有的合金元素有关。一般情况下，镍、硅、钼、钨等元素抑制火花爆裂，而锰、钒、铬等元素却可助长火花爆裂，所以对合金钢的鉴别较难掌握。以典型的高速钢为例，火花束细长，流线数量少，无火花爆裂，色泽呈暗红色，根部和中部为断续流线，尾部火花呈弧状。如图 2.26 所示为 W18Cr4V 高速钢火花。

图 2.26　W18Cr4V 高速钢火花

# 项目 3　航空钣金加工

航空钣金制造技术是航空航天制造工程的重要组成部分，是实现飞机结构特性的重要制造技术之一。现代飞机的壳体主要是钣金铆接结构，统计资料表明，钣金零件约占飞机零件数量的 50%，钣金工艺装备占全机制造工艺装备的 65%，其制造工作量占全机工作量的 20%。鉴于飞机的结构特点和独特的生产方式，飞机钣金制造技术不同于一般机械制造技术。

钣金零件构成飞机机体的框架和气动外形，零件尺寸大小不一，形状复杂，选材各异，产量不等，品种繁多。国产小型飞机钣金件大约有 6 000 项，大型飞机钣金件大约有 20 000 项。钣金零件形状复杂，质量控制严格，有一定的使用寿命要求。成形后的零件有明确的力学性能和物理性能的要求。与其他行业的钣金零件相比技术要求高，难度大。

钣金零件的制造是以专用设备为主，配合手工技艺和经验操作来实现的。钣金专用设备是飞机钣金工艺技术发展的标志和工艺技术预研成果的载体，对零件成形质量有决定性作用。这些设备的研制周期长，技术含量高，投资巨大，社会需求量小，设备利用率不高，设备的更新较慢，这就要求技术工人必须具有良好的手工技艺。

使金属板材产生塑性变形而获得所需形状的方法，称为钣金成形加工。钣金成形是通过塑性变形获得的，所以用于成形加工的材料必须具有良好的塑性变形能力。飞机结构上使用冷加工成形的材料包括铝合金、不锈钢、钛合金，主要以铝合金为主。

飞机装配和维修中主要采用的成形种类有：折边 ( 弯曲 )、延展和收缩、挤压、模压、拉伸、冲压等。成形的方法包括手工成形和机械成形。

项目目标：规范使用成形工具和设备；熟练完成典型航空钣金件制作。

评估标准：具备基本安全意识，操作达到钣金中高级工水准。

【延伸学习】通过网络拓展学习，了解哈尔滨飞机工业集团有限责任公司飞机钣金工陈炳东“哈尔滨大工匠”称号及事迹，树立工匠意识和志向。

## 任务 3.1　平面钣金件制作

平面钣金件在航空钣金中主要是平面补片，其制作方法是钣钳一体化的延伸，主要工作是外形尺寸控制和各类孔的精确定位加工。使用的工具设备以及工艺方法要求较高。

钣金件制作除了前述的钣钳一体化基本技能外，还需要熟练使用钣金制作的专业工具，这是保证钣金件质量和效率的关键，也是后续复杂钣金件的基础。

## 3.1.1　剪板机及使用

### 1. 剪板机

剪板机 (plate shears；guillotine shear) 是用一个刀片相对另一个刀片，按照特定错位间隙产生相对运动剪切板材的机器，工作原理与剪刀类似。剪板机的上刀片向下运动，下刀片固定，强大的压力对金属板材施加剪切力，使板材按所需要的尺寸断裂分离。

剪板机种类繁多，分类方式也不同。一般工业使用的剪板机体积庞大，可剪板材厚度较大，大多数配备数控装置，材料剪切尺寸精度较高。民航维修的剪板机一般剪切小型板材，大多数是中小型剪板机，可剪板材厚度较小，一般在 5 mm 以下。根据板材厚度和可剪切长度，典型的剪板机有：手动式，见图 3.1；脚踏式，见图 3.2；机械式剪板机 ( 电机或液压 )，见图 3.3。

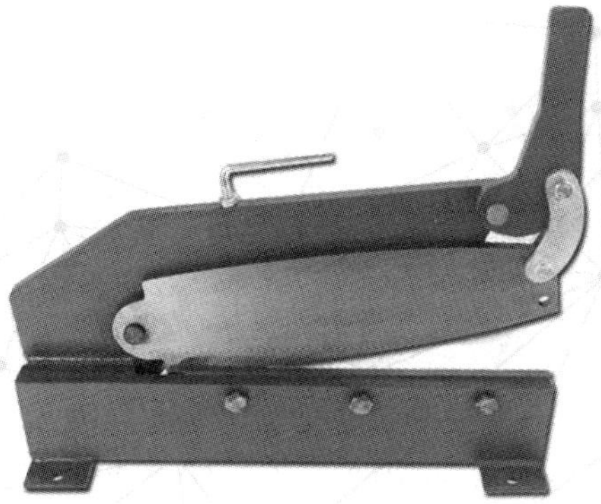

图 3.1　手动式剪板机

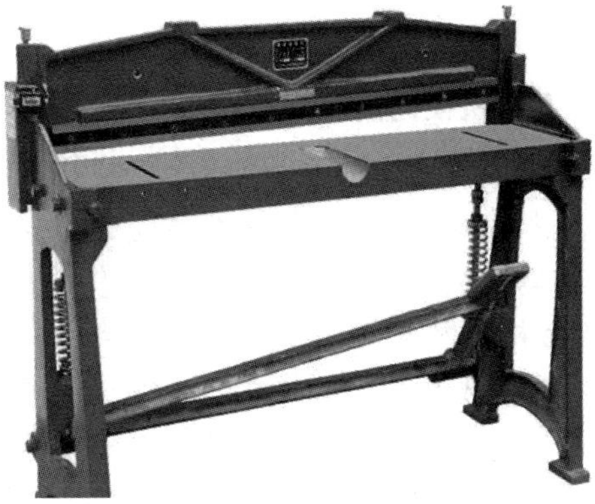

图 3.2　脚踏式剪板机

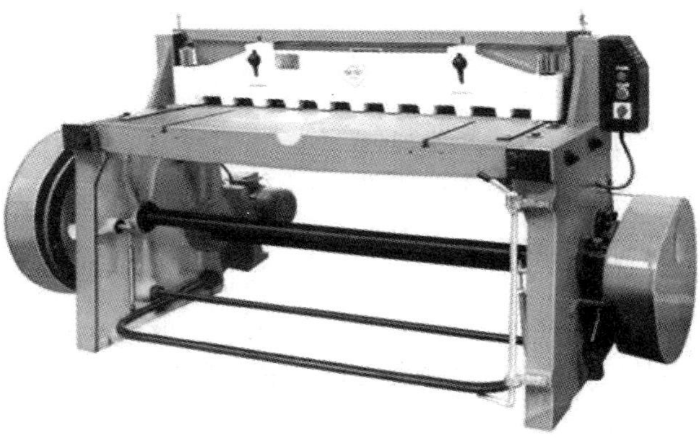

图 3.3　机械式剪板机

### 2. 剪板机使用方法

手动式剪板机类似于大的剪刀，操作过程类似铡刀，单人或二人均可操作，剪切时参考划线直接操作即可。

脚踏式剪板机和机械式剪板机除动力不同外，结构功能相同，操作方法也相同。通常工作台面有定位槽，有些台面刻有 1 in 的几分之一的刻度划线，台面两侧有两个厚金属条板垂直于刀刃，保证被剪切板的垂直度，实现剪直线边和剪方形板等操作。

当切直线时 ( 裁板 )，薄板装在剪板机床体上，在刀刃前把切面割线和床体的切割边对齐 ( 目视两端对齐 )，在确认安全的情况下，踩脚踏板，下压夹板下降使薄板紧紧卡在平面上的同时，上刀刃板切割薄板；抬起脚踏板，弹簧通过弹力使脚踏板自动回复到初始位置。机械式剪板机如果没有抬起脚踏板，上刀刃板将连续往复切割。

剪方形板操作同直线裁板，关键是保证板材的一端和一个边对齐，最简单的方法是利用挡板作边，把薄板剪直的一端靠在矩形挡板上，保证余下的各边剪成垂直，一次一个边，直到所有边切成垂直为止。

当几块板必须切成同一尺寸时，可在剪板机上使用定位装置。支撑标尺标有几分之一英寸的刻度，而定位尺可以放在标尺的任何一点，把定位器装置放在距离剪板机的切割刀刃所需求的距离，并推入每一块板靠近定位尺进行剪切。这样每块板不用逐一测量，使用标记就可切成同样的尺寸。

#### 3. 剪板机使用安全注意事项

(1) 使用剪板机前，必须确定保险杆锁定在锁定位；

(2) 严禁使用剪板机剪切厚度超标的板材；

(3) 剪板机必须单人操作，打开保险杆前必须确定板材已经放置妥当，手已离开，并通知剪板机旁所有人注意安全；

(4) 板材剪切后，必须立即将保险杆锁定在锁定位，才可以取板材或调整板材位置；

(5) 取剪切的材料时，应戴好手套或借用辅助工具，若直接用手拿取可能受伤；

(6) 剪板机使用完毕后，必须将保险杆锁定在锁定位并断开电源，方可离开。

### 3.1.2 钣金钻孔

飞机结构装配和维修大多数为钣金件铆接，钻孔是铆接过程中很重要的一道工序，最后铆接质量的好坏很大程度上取决于预制孔的位置精度和质量。

飞机铆接孔属于铰制孔，质量要求非常高。铆钉孔直径大小应与所用铆钉直径相匹配；孔应该是垂直于钣金平面的圆孔，既不能倾斜，也不能有椭圆度；孔壁应光洁，不能有棱角、毛刺、压伤、划伤，孔口边缘应光洁无毛刺。

用于飞机结构上的铆钉直径范围在 3/32 in 到 3/8 in。直径小于 3/32 in 的铆钉承载能力过小，不能用在飞机结构上；而当直径大于 3/8 in 时，一般都采用其他形式的紧固方式，而不再采用铆接。钣金件的铆钉孔大多数是通过钻枪手工加工的。

#### 1. 钻枪

航空钣金件的孔除生产过程中已经制作完成的外，其他的孔包括预制的小尺寸孔，最终制孔都通过人工方法完成。其中大多数是使用钻枪 ( 气钻 ) 来实现的。

手持式普通气钻外形和内部结构如图 3.4 所示，其主要包括手柄 ( 含按钮、密封垫和消音器等 )、动力组件 ( 叶片气动马达 )、减速机构和夹头 ( 游星齿轮、齿轮架 )。气源通过手柄进入，按压按钮控制进气量，压缩空气通过环形通道进入动力腔，驱动发动机和叶片产生旋转运动，转子输出旋转到达游星齿轮轮系，经过内齿轮变速，通过齿轮架驱动夹头旋转。失压的气体通过消音器后排出。

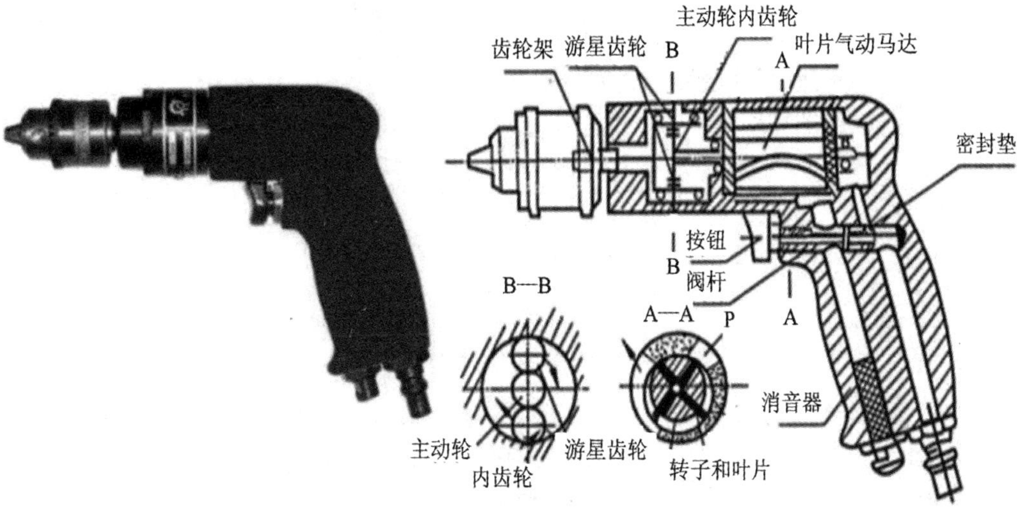


图 3.4　气钻结构

## 2. 钻孔操作

钻枪握持时，要注意中指扣动扳机，食指伸直贴合在钻枪一侧，这样可以最大程度保持直线度。钻头要锋利，重磨的钻头必须符合要求。钻枪使用时还要注意以下事项：

(1) 使用气压应保证表压力为 0.63 MPa( 手柄进气口处 )；

(2) 钻枪不得在高气压下长时间空转，以防无效磨损机件，降低使用寿命；

(3) 管路上应配置良好的油雾器和分水滤气器，以保证压缩空气干净和工作润滑；

(4) 每班工作前，从手柄进气嘴处注入适量机械油，以润滑发动机等组件；

(5) 应注意维修和及时保养，维修后重新组装时应将所有零件清洗干净并润滑；

(6) 禁止超出技术性能规定的范围使用；

(7) 使用完毕或入库保管时，应从进气嘴处注入适量 20 号机械油，并点动工具使机械油进入发动机，以减轻机件锈蚀。

钻孔之前，用样冲为铆钉孔冲起导钻作用的定位孔坑。开钻时一定要通过转动手钻来观察钻头端部，以检验安装的钻头是否对中和有无振动。不能使用晃动或弯曲的钻头，因为这样会使钻出来的孔过大。

钻孔直径参数要根据铆钉确定。按照 SRM 要求，钻孔时如果孔太小，安装铆钉时铆钉的保护层会被擦伤；如果孔太大，铆钉不能完全充满钉孔，铆钉受力时连接处不能发挥它的全部强度。

钻孔时要始终使钻头垂直于加工件，倾斜不应超过 ±2°，如图 3.5 所示为垂直钻孔与允许偏离角度。钻孔时或从板中拨出时，决不能使钻斜向一边，因为这会使孔变得不圆。当钻头通过板件时，在孔边缘上会形成毛刺，在铆接前要用限位划钻或手工工具去除所有毛刺。

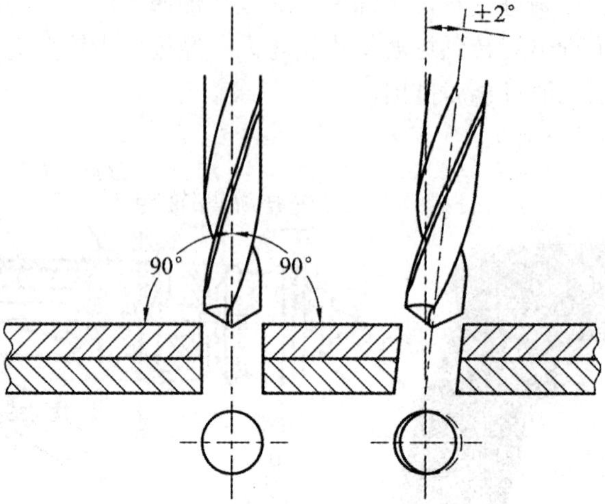


图 3.5　垂直钻孔

在许多实际装配或维修现场，工作空间可能非常狭窄，普通的直钻钻孔有困难时，可使用转角钻或角度钻。图 3.6 所示为直角钻，这种 90° 的角度钻非常方便侧方位钻孔，典型的应用是在飞机蒙皮和桁条连接处维修时钻孔。

图 3.6　直角钻

角度钻类型有许多，图 3.7 所示为 30 度角度钻和转角钻的示意图。

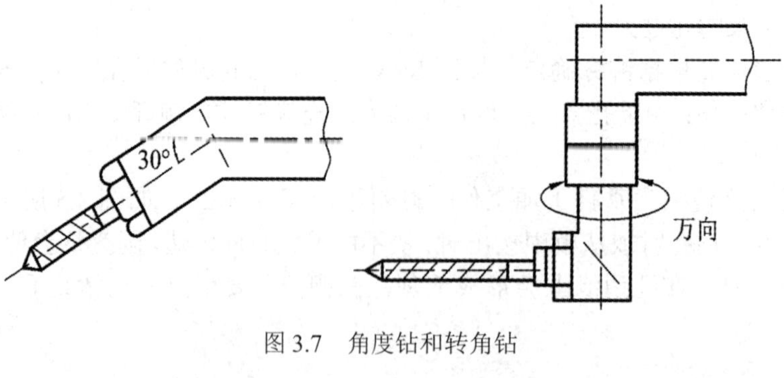


图 3.7　角度钻和转角钻

# 项目训练

## 一、平面钣金件制作

平面钣金件制作

### 1. 学习目标

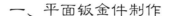

(1) 训练学生钣金件制作和装配技术，进一步延伸钣钳一体化技能的应用。

(2) 训练学生阅读图纸，钣金划线和制孔的技能。

### 2. 工作任务

制作如图 3.8 所示三个平面钣金件的零间隙配合组合件，板厚 1.5 mm。

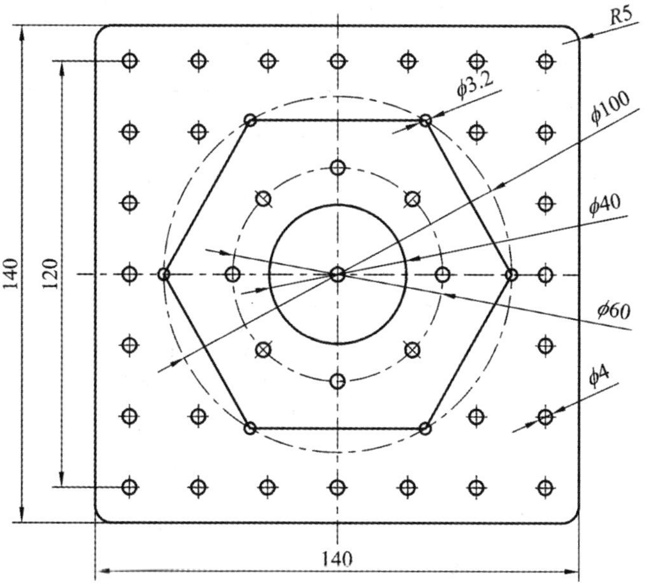


图 3.8　零间隙配合组合件

外板为开六方孔的正方形；中板为开圆孔的六方形，两者零间隙装配，外板有工艺孔防尖角干涉；内板为圆形，与中板零间隙装配。三个板件均设计不同位置的铆钉孔。

### 3. 实训工具设备

钳工工作台(配台虎钳)，划线平台，划针，纸胶带，记号笔，方箱，高度游标尺，手锯，锉刀，毛刷，直角尺，整形锉刀，英制游标卡尺，钢直尺(公英制)，圆角规(公英制)，钻枪(套装)，剪板机。

### 4. 劳保用品

护目镜，手套，抹布等。

### 5. 实训步骤

(1) 制作外板：按照图 3.9 所示备料，划线后剪切外形正方形至尺寸；钻尖角处工艺孔；钻排孔加工六边形孔；钻铆钉孔。

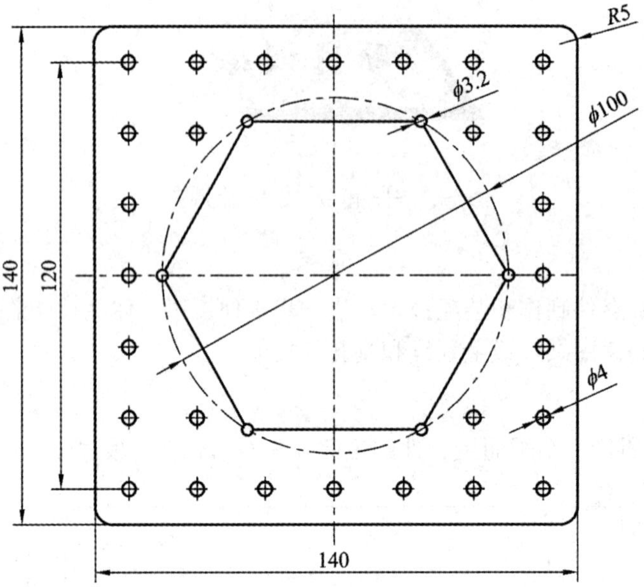


图 3.9　外板图

(2) 制作中板：按照图 3.10 所示备料，划线后剪切六边形至尺寸；钻排孔加工内圆孔；钻铆钉孔。

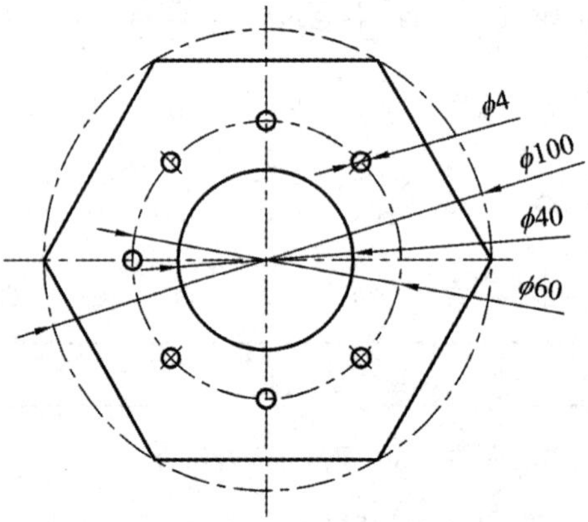


图 3.10　中板图

(3) 制作内板：按照图 3.11 所示备料，划线后剪切、修锉外形至尺寸；钻铆钉孔。

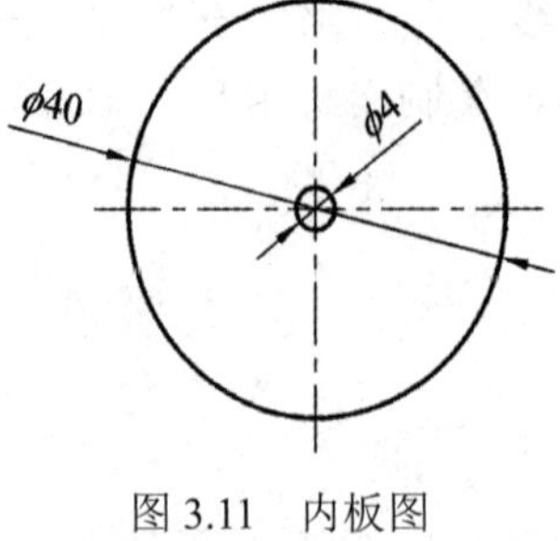


图 3.11　内板图

(4) 装配：参照图 3.8 对板件实施装配修正。

### 6. 评估标准

(1) 外形尺寸误差低于 0.1 mm；

(2) 侧边平行度误差低于 0.1 mm；

(3) 垂直度误差低于 0.1 mm；

(4) 孔位置偏差低于 0.05 mm；

(5) 配合间隙通过透光法检测，低于 0.1 mm。

【延伸学习】将图 3.8 所示零间隙配合组合件设计为钣钳一体化竞赛题目，要求在规定时间内，按照竞赛技术组提供的板材（质量一致），按照图纸完成板材内六方孔的制作，同时配置六方填充和圆孔板填充，以整体质量决定竞赛名次。

## 二、航空维修模板式平面钣金件制作

在飞机装配以及航空维修中，许多钣金件是半成品或成品件，是按照批量标准化生产的，装配时只需要按照件号领取，然后使用模板完成后续装配。如图 3.12 所示，飞机蒙皮和隔框的支撑板及对应的模具。

图 3.12　支撑板和模具

### 1. 学习目标

(1) 训练学生按照飞机装配生产一线生产模式，完成钣金件模板式制作。

(2) 训练学生了解飞机实际生产的装配和维修流程。

### 2. 工作任务

如图 3.13 所示为飞机蒙皮和隔框的支撑板，板厚 1.5 mm，参考图 3.14 完成钣金件制作。

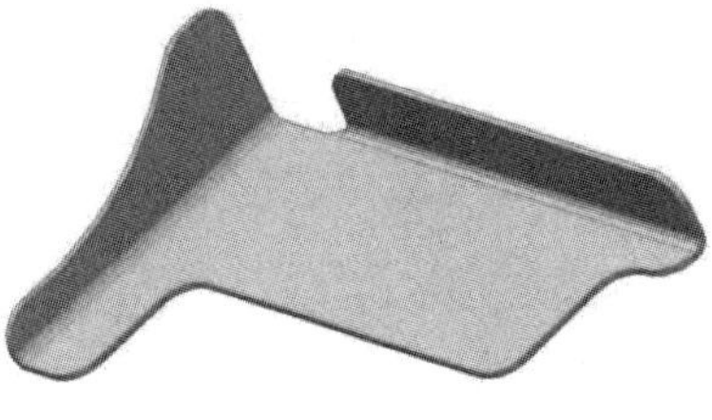

图 3.13　支撑板

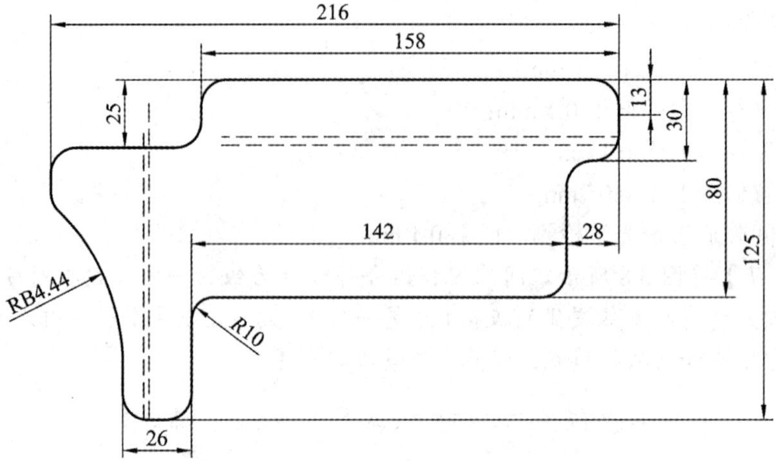


图 3.14　支撑板平面展开图

### 3. 实训工具设备

钳工工作台（配台虎钳），划线平台，划针，纸胶带，记号笔，方箱，高度游标尺，手锯，锉刀，毛刷，直角尺，整形锉刀，英制游标卡尺，钢直尺（公英制），圆角规（公英制），钻枪（套装），剪板机，模具。

### 4. 劳保用品

护目镜，手套，抹布等。

### 5. 实训步骤

(1) 下料，按照图 3.14 所示图形划线，用剪板机下料，保证外形尺寸；

(2) 利用图 3.15 所示的模板模具拓印制板，获得预制铆钉孔的位置；

(3) 通过适配折弯，即可完成钣金件的制作。

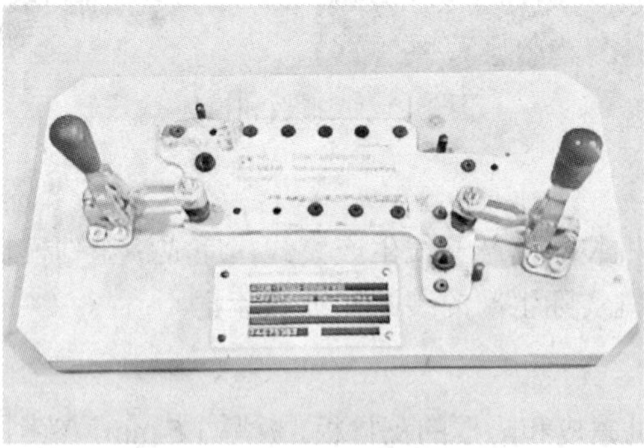

图 3.15　模板模具

对于生产装配，利用模具可以完成铆钉孔的预制，折弯后直接安装在蒙皮和隔框上；对于维修装配，钣金件折弯后进行适配安装并定位钻孔。

### 6. 评估标准

(1) 外形尺寸误差低于 0.1 mm；

(2) 表面无划伤。

# 任务 3.2　立体钣金件制作

立体钣金件是三维空间范围板材成形，相对平面钣金更多地需要考虑材料特性、成形方法和尺寸控制。任务 3.1 的项目训练二中的弯曲成形不涉及尺寸要求，属于最简单基础的立体钣金；生产实际中的大量立体钣金件要求折弯后达到规定的尺寸，这种操作需要专业的设计和计算才能够精确完成。

## 3.2.1　弯曲加工术语

钣金件折弯是外力作用使板材变形影响到尺寸的，需要通过计算来控制折弯后的尺寸。相关板材弯曲术语对应见图 3.16。

钣金弯曲加工

(1) 宽边：弯曲成形后的较长边。

(2) 弯边：弯曲成形后的较短边，如果两边长度相等，则均称为宽边。

(3) 型线：宽边和弯边的外表面延长线，两条延长线的交点称为型线交点。

(4) 弯曲切线：板材平直部分和弯曲部分的交线。

(5) 弯曲半径：从板材的弯曲面内侧测量得到的曲率半径。

(6) 基本长度：成形零件的外形尺寸，高度和长度，即图中的弯曲长度。对于维修，需要从原件上测量。

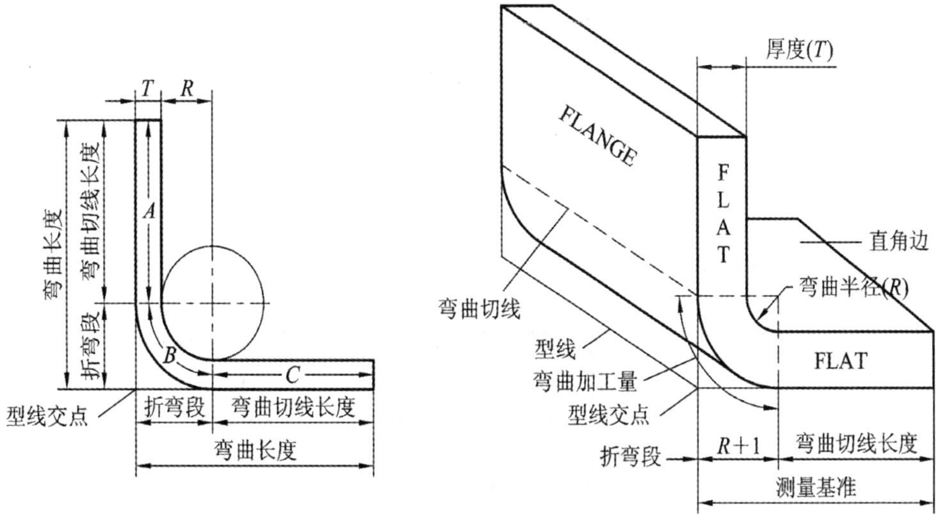


(a) 平面图　　(b) 立体图

图 3.16　板材弯曲术语

图示的弯曲长度也就是测量基准长度，或基本长度(高度)，一般是满足装配应用的设计尺寸，由折弯段(收缩段)和弯曲切线长度(平面段，平面部分)组成。折弯段长度等于折弯半径和板厚之和，两个折弯段交点构成型线。折弯段与弯曲半径构成的矩形区域及其弯曲的圆弧是弯板的主要计算参数，该弯曲加工量决定钣金展开计算的准确性。

(7) 收缩段：弯曲切线到型线交点的距离，见图 3.17。

(8) 平面：零件的平面或平直部分，不包括弯曲，等于弯曲长度减去收缩段。

(9) 中性面。弯曲金属板材时，板的内侧受到挤压，内曲面产生压缩力；外侧受到拉伸，外曲面产生拉伸力，在内曲面和外曲面之间的某一曲面处，既没有压缩力也没有拉伸力，该面称为中性面(见图 3.17)。弯曲中性面位于内侧面 0.445 的板厚处。

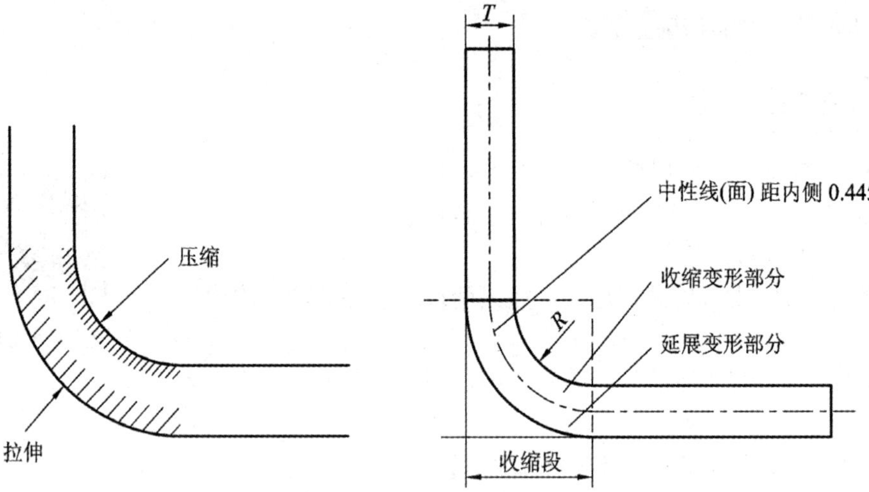


图 3.17　板材弯曲时的中性面

(10) 弯曲加工量。成形零件弯曲部分是一段圆弧，弯曲加工所需材料的长度即为弯曲中性面的弧长，为弯曲加工量。

(11) 准线。板材弯曲后需保证图纸要求的尺寸，则板材插入折弯线的位置非常重要。目视压板切线点等于弯曲半径内切点，这个视线即为准线，见图 3.18。

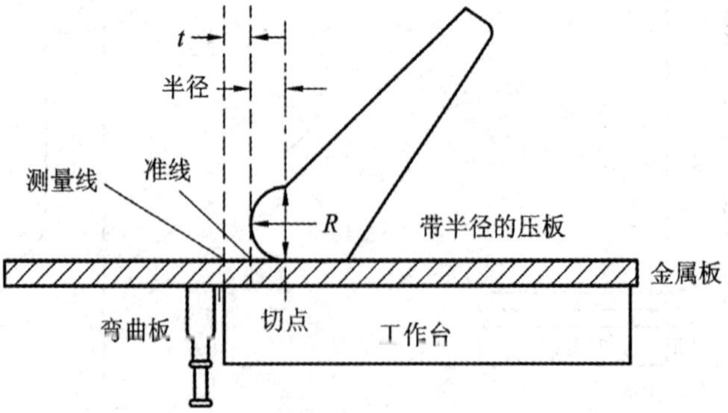


图 3.18　板材弯曲准线

准线是成形金属板上画出的标记，此线与成形机的圆角镶条头部对齐，作为弯曲工作的指示。准线是弯曲操作的关键参考线，实际应用时还要测试弯板机的工作变形，用经验值加以修正。因此，正式折弯前一定要实际验证后再操作。

(12) 弹复现象。弯曲时材料发生弹性变形，当外力去除后，部分弹性变形恢复原态，使弯曲件的形状和角度发生变化。每一种材料的回弹特性不同，折弯操作要求不可逆向，因此折弯前要测试弯曲板材材质和厚度弯曲回弹规律，准确控制折弯角度。

### 3.2.2　板材直线弯曲

在板材弯曲成形时，材料越薄，材质越软，越容易弯曲成形。弯曲半径和角度是折弯的重要参数，设置不当会造成裂纹甚至断裂。

#### 1. 弯曲半径选择

板材的弯曲半径以从曲面内侧测量得到的为准。板材的最小弯曲半径是被弯曲材料不会产生撕裂破坏的弯曲半径，对于每种飞机金属板材而言，都有确定的最小弯曲半径。材料的厚度、合金成分和热处理状态都是影响最小弯曲半径的因素。退火板材的最小弯曲半径接近其厚度，不锈钢和 2024-T4 铝合金的弯曲半径较大。飞机用典型铝合金板材的最小弯曲半径如表 3.1 所示。

表 3.1　典型铝合金板材的最小弯曲半径　　in

| 板材 | 厚　度 | | | | | | | |
|---|---|---|---|---|---|---|---|---|
| | 0.020 | 0.025 | 0.032 | 0.040 | 0.050 | 0.063 | 0.071 | 0.080 |
| 2024-O | 1/32 | 1/16 | 1/16 | 1/16 | 1/16 | 3/32 | 1/8 | 1/8 |
| 2024-T4 | 1/16 | 1/16 | 3/32 | 3/32 | 1/8 | 5/32 | 7/32 | 1/4 |
| 5052-O | 1/32 | 1/32 | 1/16 | 1/16 | 1/16 | 1/16 | 1/8 | 1/8 |
| 5052-H34 | 1/32 | 1/16 | 1/16 | 1/16 | 3/32 | 3/32 | 1/8 | 1/8 |
| 6061-O | 1/32 | 1/32 | 1/32 | 1/16 | 1/16 | 1/16 | 3/32 | 3/32 |
| 6061-T4 | 1/32 | 1/32 | 1/32 | 1/16 | 1/16 | 3/32 | 5/32 | 5/32 |
| 6061-T6 | 1/16 | 1/16 | 1/16 | 3/32 | 3/32 | 1/8 | 3/16 | 3/16 |
| 7075-O | 1/16 | 1/16 | 1/16 | 1/16 | 3/32 | 3/32 | 5/32 | 3/16 |
| 7075-W | 3/32 | 1/32 | 1/8 | 5/32 | 3/16 | 1/4 | 9/32 | 5/16 |
| 7075-T6 | 1/8 | 1/8 | 1/8 | 3/16 | 1/4 | 5/16 | 3/8 | 7/16 |

#### 2. 收缩段及计算

在弯曲一块薄板时，需要知道弯曲的始点和终点，以便确定平直部分的材料长度。适中的弯曲半径和材料厚度形成了弯曲的构形，该部分圆弧的投影长度为收缩段。

板材弯曲的角度不同，则收缩段的长度不同，差异是非线性的。

1) 90° 弯曲的收缩段

90° 弯曲收缩段计算是最简单的，计算时只需将弯曲半径加上板材的厚度即可，用 SB 代表收缩段，其长度计算公式及示例如图 3.19 所示，则

$$SB = R + T \tag{3.1}$$

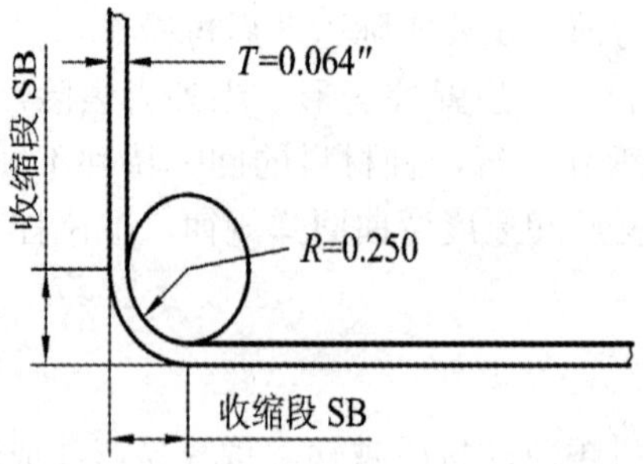


图 3.19　90°弯曲的收缩段

板材厚度 $T = 0.064$ in，弯曲半径 $R = 0，250$ in，收缩段为

$$\mathrm{SB} = R + T = 0.250 + 0.064 = 0.314 \text{ in}$$

2) 非 90°弯曲的收缩段

非 90°弯曲由于板材厚度的因素影响，收缩段的计算比较复杂。

以锐角为例，如图 3.20 所示，介绍采用计算法和查表法确定收缩段。

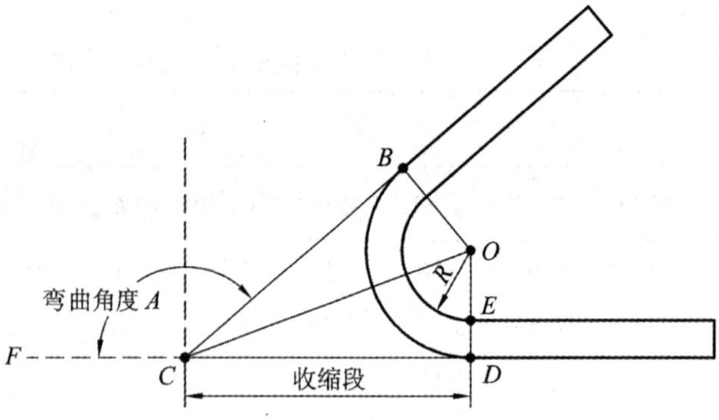


图 3.20　小于 90°弯曲的收缩段

设：$A$ 为金属板的弯曲角度，$T$ 为板厚，$K$ 为收缩系数，SB 代表收缩段，则有

$$\tan\left(\frac{180-A}{2}\right)=\frac{R+T}{\mathrm{SB}} \Longrightarrow \mathrm{SB}=\tan\left(\frac{A}{2}\right)(R+T) \tag{3.2}$$

由式 (3.1) 即可计算出 $A$ 折弯角度的收缩段 SB 的长度值：

$$\mathrm{SB} = K(R+T) \tag{3.3}$$

式中，$K=\tan\left(\frac{A}{2}\right)$。式 (3.3) 即为计算法所得的收缩段的长度值。

$K$ 为收缩系数，可通过查标准收缩段数据表 3.2 获得。

输入 $A$ 值，查找到相应 $K$ 值，代入式 (3.3)，就可以得到 $A$ 角度弯曲的收缩段长度，此为查表法所得。

例如：弯曲半径为 0.125 in，板厚为 0.032 in，计算 120° 弯曲的收缩段长度。查收缩段数据表，得到 120° 弯曲的 $K$ 值为 1.7320，则 120° 弯曲的收缩段长度为

$$\mathrm{SB} = K(R+T) = 1.7320 \times (0.125 + 0.032) = 0.272 \text{ in}$$

计算法和查表法确定的收缩段结果是相同的，查表法更为方便快捷。

钣金件在进行弯曲之前，首先要确定收缩段尺寸，收缩段的长度决定弯曲切线的开始位置，这是折弯划线的依据，直接决定产品的质量。

**表3.2　收缩段数据表**

| *A* | *K* | *A* | *K* | *A* | *K* |
|---|---|---|---|---|---|
| 1° | .008 73 | 61° | .589 04 | 121° | 1.7675 |
| 2° | .017 45 | 62° | .600 86 | 122° | 1.8040 |
| 3° | .026 18 | 63° | .612 80 | 123° | 1.8418 |
| 4° | .034 92 | 64° | .624 87 | 124° | 1.8807 |
| 5° | .043 66 | 65° | .637 07 | 125° | 1.9210 |
| 6° | .052 41 | 66° | .649 41 | 126° | 1.9626 |
| 7° | .061 16 | 67° | .661 88 | 127° | 2.0057 |
| 8° | .069 93 | 68° | .674 51 | 128° | 2.0503 |
| 9° | .078 70 | 69° | .687 28 | 129° | 2.0965 |
| 10° | .087 49 | 70° | .700 21 | 130° | 2.1445 |
| 11° | .096 29 | 71° | .713 29 | 131° | 2.1943 |
| 12° | .105 10 | 72° | .726 54 | 132° | 2.2460 |
| 13° | .113 93 | 73° | .739 96 | 133° | 2.2998 |
| 14° | .122 78 | 74° | .753 55 | 134° | 2.3558 |
| 15° | .131 65 | 75° | .767 33 | 135° | 2.4142 |
| 16° | .140 54 | 76° | .781 28 | 136° | 2.4751 |
| 17° | .149 45 | 77° | .795 43 | 137° | 2.5386 |
| 18° | .158 38 | 78° | .809 78 | 138° | 2.6051 |
| 19° | .167 34 | 79° | .824 34 | 139° | 2.6746 |
| 20° | .176 33 | 80° | .839 10 | 140° | 2.7475 |
| 21° | .185 34 | 81° | .854 08 | 141° | 2.8239 |
| 22° | .194 38 | 82° | .869 29 | 142° | 2.9042 |
| 23° | .203 45 | 83° | .884 72 | 143° | 2.9887 |
| 24° | .212 56 | 84° | .900 40 | 144° | 3.0777 |
| 25° | .221 69 | 85° | .916 33 | 145° | 3.1716 |
| 26° | .230 87 | 86° | .932 51 | 146° | 3.2708 |
| 27° | .240 08 | 87° | .809 78 | 147° | 3.3759 |
| 28° | .249 33 | 88° | .965 69 | 148° | 3.4874 |
| 29° | .258 62 | 89° | .982 70 | 149° | 3.6059 |
| 30° | .267 95 | 90° | 1.0000 | 150° | 3.7320 |
| 31° | .277 32 | 91° | 1.0176 | 151° | 3.8667 |
| 32° | .286 74 | 92° | 1.0355 | 152° | 4.0108 |
| 33° | .296 21 | 93° | 1.0538 | 153° | 4.1653 |

续表

| *A* | *K* | *A* | *K* | *A* | *K* |
|---|---|---|---|---|---|
| 34° | .305 73 | 94° | 1.0724 | 154° | 4.3315 |
| 35° | .315 30 | 95° | 1.0913 | 155° | 4.5107 |
| 36° | .324 92 | 96° | 1.1106 | 156° | 4.7046 |
| 37° | .334 59 | 97° | 1.1303 | 157° | 4.9151 |
| 38° | .344 33 | 98° | 1.1504 | 158° | 5.1455 |
| 39° | .354 12 | 99° | 1.1708 | 159° | 5.3995 |
| 40° | .363 97 | 100° | 1.1917 | 160° | 5.6713 |
| 41° | .373 88 | 101° | 1.2131 | 161° | 5.9758 |
| 42° | .383 86 | 102° | 1.2349 | 162° | 6.3137 |
| 43° | .393 91 | 103° | 1.2572 | 163° | 6.6911 |
| 44° | .404 03 | 104° | 1.2799 | 164° | 7.1154 |
| 45° | .414 21 | 105° | 1.3032 | 165° | 7.5957 |
| 46° | .424 47 | 106° | 1.3270 | 166° | 8.1443 |
| 47° | .434 81 | 107° | 1.3514 | 167° | 8.7769 |
| 48° | .445 23 | 108° | 1.3764 | 168° | 9.5144 |
| 49° | .455 73 | 109° | 1.4019 | 169° | 10.385 |
| 50° | .466 31 | 110° | 1.4281 | 170° | 11.430 |
| 51° | .476 97 | 111° | 1.4550 | 171° | 12.706 |
| 52° | .487 73 | 112° | 1.4826 | 172° | 14.301 |
| 53° | .498 58 | 113° | 1.5108 | 173° | 16.350 |
| 54° | .509 52 | 114° | 1.5399 | 174° | 19.081 |
| 55° | .520 57 | 115° | 1.5697 | 175° | 22.904 |
| 56° | .531 71 | 116° | 1.6003 | 176° | 26.636 |
| 57° | .542 95 | 117° | 1.6318 | 177° | 38.188 |
| 58° | .554 31 | 118° | 1.6643 | 178° | 57.290 |
| 59° | .565 77 | 119° | 1.6977 | 179° | 114.590 |
| 60° | .577 35 | 120° | 1.7320 | 180° | ∞ |

### 3. 弯曲加工量

弯曲金属板材时，要计算弯曲加工量，以此确定所需板材的长度。弯曲加工量取决于四个因素：弯曲角度、弯曲半径、板材的厚度和金属的种类。

弯曲金属板材时，如果从曲面内侧测量，则中性面位于 44.5% 板厚处 ( 见图 3.21)。为计算方便，一般可认为中性面位于 50% 板厚处。

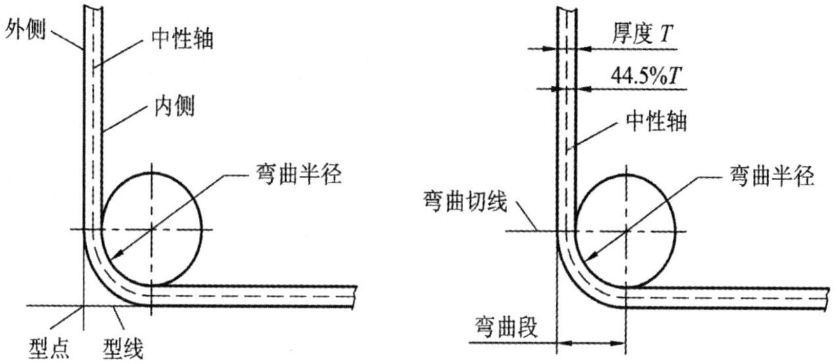


图 3.21　板材弯曲时的中性面

1) 90°弯曲的弯曲加工量计算

弯曲半径 (R) 加上板材厚度的一半 ( $\frac{1}{2}T$ ) 近似等于中性面的曲率半径。用中性面的曲率半径乘以 2π 可计算出圆的周长，用周长除以 4 得出圆周的四分之一，即 90°弯曲的弯曲加工量。

$$90^\circ\ 弯曲加工量=\frac{\pi\left(R+\frac{T}{2}\right)}{2}$$

实例：若板材半径为 1/4 in，厚度为 0.051 in，求 90°弯曲的弯曲加工量。

$$弯曲加工量=\frac{3.1416\times\left(0.250+\frac{1}{2}\times0.051\right)}{2}$$

$$=\frac{3.146\times(0.250+0.025\,55)}{2}=\frac{3.1416\times(0.2755)}{2}=0.4323\ \text{in}$$

上述计算的中性面位置简化为板材的中间，计算结果稍有误差。实际操作时，由于划线、折弯压线和设备自身的误差，中性面误差不影响最终结果。实际折弯时还需要通过试验验证和经验调整折弯压线位置，从而获得最佳质量。

2) 非 90°弯曲的弯曲加工量

当金属板材的弯曲角度不是 90°或尺寸有严格要求时，必须进行精确的计算。在飞机维修中，为了节省计算时间，制定了对于各种弯曲角度、弯曲半径和板材厚度的公式和图表，可以通过计算或直接查表得到弯曲加工量。

对于 1°～180°的任何角度的弯曲，使用下列公式可以获得精确的结果：

$$弯曲加工量=(0.017\,43\times R+0.0078\times T)\times A$$

式中：$A$——弯曲角度；

$R$——弯曲半径 (in)；

$T$——板材厚度 (in)。

此外也可通过查表 3.3 得到对应 1°的弯曲加工量，再乘弯曲角度，就得到相应弯曲加工量。在弯曲加工量表的每一方格内，上面的数字是 90°弯曲的弯曲加工量，下面的数字是 1°弯曲的弯曲加工量。

## 表 3.3 弯曲加工量

in

| 厚度 | 弯曲半径 | | | | | | | | | | | | | |
|---|---|---|---|---|---|---|---|---|---|---|---|---|---|---|
| | 1/32<br>(.031) | 1/16<br>(.063) | 3/32<br>(.094) | 1/8<br>(.125) | 5/32<br>(.156) | 3/16<br>(.188) | 7/32<br>(.219) | 1/4<br>(.250) | 9/32<br>(.281) | 5/16<br>(.313) | 11/32<br>(.344) | 3/8<br>(.375) | 7/16<br>(.438) | 1/2<br>(.500) |
| .020 | .062<br>.000693 | .113<br>.001251 | .161<br>.001792 | .210<br>.002333 | .259<br>.002874 | .309<br>.003433 | .358<br>.003974 | .406<br>.004515 | .455<br>.005056 | .505<br>.005614 | .554<br>.006155 | .603<br>.006695 | .702<br>.007795 | .799<br>.008877 |
| .025 | .066<br>.000736 | .116<br>.001294 | .165<br>.001835 | .214<br>.002376 | .263<br>.002917 | .313<br>.003476 | .362<br>.004017 | .410<br>.004558 | .459<br>.005098 | .509<br>.005657 | .558<br>.006198 | .607<br>.006739 | .705<br>.007838 | .803<br>.008920 |
| .028 | .068<br>.000759 | .119<br>.001318 | .167<br>.001859 | .216<br>.002400 | .265<br>.002941 | .315<br>.003499 | .364<br>.004040 | .412<br>.004581 | .461<br>.005122 | .511<br>.005680 | .560<br>.006221 | .609<br>.006762 | .708<br>.007862 | .805<br>.007862 |
| .032 | .071<br>.000787 | .121<br>.001345 | .170<br>.001886 | .218<br>.002427 | .267<br>.002968 | .317<br>.003526 | .366<br>.004067 | .415<br>.004608 | .463<br>.005149 | .514<br>.005708 | .562<br>.006249 | .611<br>.006789 | .710<br>.007889 | .807<br>.008971 |
| .038 | .075<br>.000837 | .126<br>.001396 | .174<br>.001937 | .223<br>.002478 | .272<br>.003019 | .322<br>.003577 | .371<br>.004118 | .419<br>.004659 | .468<br>.005200 | .518<br>.005758 | .567<br>.006299 | .616<br>.006840 | .715<br>.007940 | .812<br>.009021 |
| .040 | .077<br>.000853 | .127<br>.001411 | .176<br>.001952 | .224<br>.002493 | .273<br>.003034 | .323<br>.003593 | .372<br>.004134 | .421<br>.004675 | .469<br>.005215 | .520<br>.005774 | .568<br>.006315 | .617<br>.006856 | .716<br>.007955 | .813<br>.009037 |
| .051 | | .134<br>.001413 | .183<br>.002034 | .232<br>.002575 | .280<br>.003116 | .331<br>.003675 | .379<br>.004215 | .428<br>.004756 | .477<br>.005297 | .527<br>.005855 | .576<br>.006397 | .624<br>.006934 | .723<br>.008037 | .821<br>.009119 |
| .064 | | .144<br>.001595 | .192<br>.002136 | .241<br>.002676 | .290<br>.003218 | .340<br>.003776 | .389<br>.004317 | .437<br>.004858 | .486<br>.005399 | .536<br>.005957 | .585<br>.006498 | .634<br>.007039 | .732<br>.008138 | .830<br>.009220 |
| .072 | | | .198<br>.002202 | .247<br>.002743 | .296<br>.003284 | .436<br>.003842 | .394<br>.004283 | .443<br>.004924 | .492<br>.005465 | .542<br>.006023 | .591<br>.006564 | .639<br>.007105 | .738<br>.008205 | .836<br>.009287 |
| .078 | | | .202<br>.002249 | .251<br>.002790 | .300<br>.003331 | .350<br>.003889 | .399<br>.004430 | .447<br>.004963 | .496<br>.005512 | .546<br>.006070 | .595<br>.006611 | .644<br>.007152 | .745<br>.008252 | .840<br>.009333 |
| .081 | | | .204<br>.002272 | .253<br>.002813 | .302<br>.003354 | .352<br>.003912 | .401<br>.004453 | .449<br>.004969 | .498<br>.005535 | .548<br>.006094 | .598<br>.006635 | .646<br>.007176 | .745<br>.008275 | .842<br>.009357 |
| .091 | | | .212<br>.002350 | .260<br>.002891 | .309<br>.003432 | .359<br>.003990 | .408<br>.004531 | .456<br>.005072 | .505<br>.005613 | .555<br>.006172 | .604<br>.006713 | .653<br>.007254 | .752<br>.008353 | .849<br>.009435 |
| .094 | | | .214<br>.002374 | .262<br>.002914 | .311<br>.003455 | .361<br>.004014 | .410<br>.004555 | .459<br>.005096 | .507<br>.005637 | .558<br>.006195 | .606<br>.006736 | .655<br>.007277 | .754<br>.008376 | .851<br>.009458 |
| .102 | | | | .268<br>.002977 | .317<br>.003518 | .367<br>.004076 | .416<br>.004617 | .464<br>.005158 | .513<br>.005699 | .563<br>.006257 | .612<br>.006798 | .661<br>.007339 | .760<br>.008439 | .857<br>.009521 |
| .109 | | | | .273<br>.003031 | .321<br>.003572 | .372<br>.004131 | .420<br>.004672 | .469<br>.005213 | .518<br>.005754 | .568<br>.006312 | .617<br>.006853 | .665<br>.008394 | .764<br>.008493 | .862<br>.009575 |
| .125 | | | | .284<br>.003156 | .333<br>.003697 | .383<br>.004256 | .432<br>.004797 | .480<br>.005338 | .529<br>.005678 | .579<br>.006437 | .628<br>.006978 | .677<br>.007519 | .776<br>.008618 | .873<br>.009700 |
| .156 | | | | | .355<br>.003939 | 405<br>.004497 | .453<br>.005038 | .502<br>.005579 | .551<br>.006120 | .601<br>.006679 | .650<br>.007220 | .698<br>.007761 | .797<br>.008860 | .895<br>.009942 |
| .188 | | | | | | .417<br>.004747 | .476<br>.005288 | .525<br>.005829 | .573<br>.006370 | .624<br>.006928 | .672<br>.007469 | .721<br>.008010 | .820<br>.009109 | .917<br>.010191 |
| .250 | | | | | | | | .568<br>.006313 | .617<br>.006853 | .667<br>.007412 | .716<br>.007953 | .764<br>.008494 | .863<br>.009593 | .961<br>.010675 |

例如：当材料厚度为 0.051 in，弯曲半径为 0.25 in 时，查找 90° 弯曲加工量。首先，横看表第一行，可找到弯曲半径为 0.25 in 的一列，然后顺着左端第一列的厚度找到 0.051 in，两者交汇的方格内，上面的数字为 0.428，就是 90° 弯曲的弯曲加工量。

如果为 120° 的折弯：在材料厚度为 0.051 in，弯曲半径为 0.25 in 时，查找 120° 的弯曲加工量。首先，横着看表的第一行，可找到弯曲半径为 0.25 in 的那一列，然后顺着左端第一列的厚度找到 0.051 in，两者交汇的方格内，下面的数字为 0.004 756，120° 弯曲的弯曲加工量就是：120 × 0.004 756 = 0.5707 in。

需要说明的是：120° 的折弯是指实际产生的折弯，要注意图纸标注角度位置，有可能是 60° 折弯，此时的弯曲加工量则是 60 × 0.004 756 = 0.2854 in。

## 3.2.3　钣金数字化设计

无论是平面钣金还是立体钣金，准确的尺寸设计和展开计算直接关系到装配精度。简单的结构件运用计算、查表方法基本能满足施工要求，但对于复杂结构件，特别是复杂立体钣金结构件，人工设计和展开计算非常困难，容易出现各种错误。

计算机数字化的设计软件大多数具备钣金设计功能，下面以 SolidWorks 软件为例，介绍钣金数字化设计和展开。

钣金零件是实体模型中结构比较特殊的一种，具有带圆角的薄壁特征，整个零件的壁厚都相同，折弯半径都是选定的半径值，如果需要释放槽、孔、凸起以及压印等各种钣金特征，软件通过定制的特殊钣金工具都能够快捷准确地实现。

### 1. 钣金设计法兰特征

计算机数字化钣金设计主要是应用不同的法兰来产生不同的钣金结构，SolidWorks 用四种不同的法兰来生成零件，如图 3.22 所示是 SolidWorks 的四种不同法兰，这些法兰通过不同的方式按预定的厚度给零件增加材料。

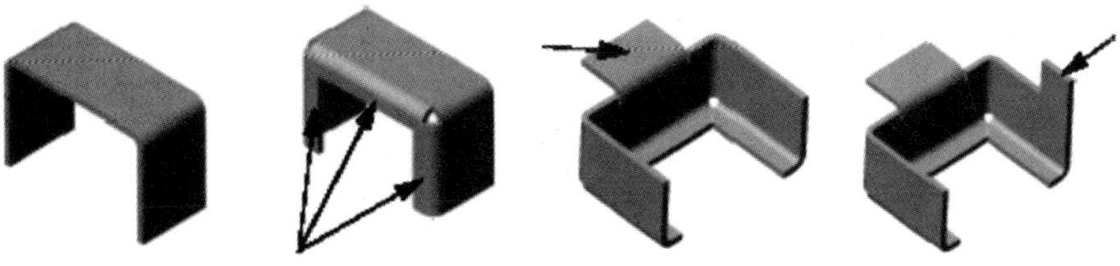

(a) 基体法兰　(b) 斜接法兰　(c) 边线法兰　(d) 凸起法兰

图 3.22　SolidWorks 的四种不同法兰

(1) 基体法兰。基体法兰是为钣金零件生成基体特征，它与基体拉伸特征相类似，只不过用指定的折弯半径增加了折弯。基体法兰是钣金零件设计的母体，它生成的原始实体将是以后的钣金特征的基础。

(2) 斜接法兰。斜接法兰特征可将一系列法兰添加到钣金零件的一条或多条边线上，可以在需要的地方加上相切选项生成斜接特征。

(3) 边线法兰。边线法兰特征可将法兰添加到钣金零件所选边线上，它的弯曲角度和草图轮廓都可以修改。

(4) 凸起法兰。凸起法兰又称为薄片特征，它可为钣金零件添加相同厚度的薄片。薄片特征的草图必须产生在已存在的表面上。

**2. 钣金设计实例**

本例用四种法兰特征以及切除和成形工具，设计生成一个钣金电器保护罩，如图 3.23 所示。

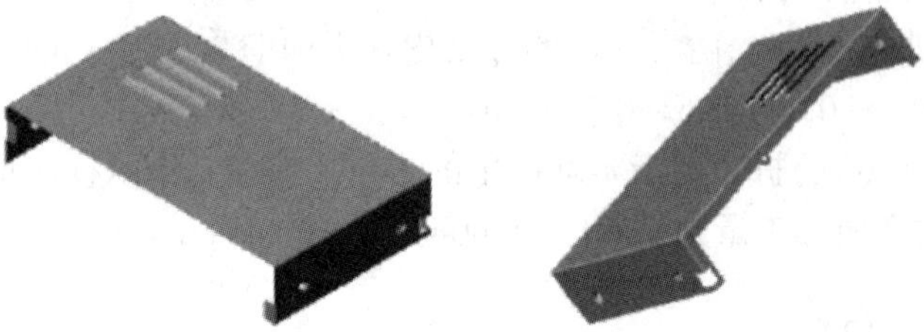

图 3.23　钣金电器保护罩

设计操作如下：

(1) 绘制基础草图。打开一个新零件，将单位设成 in，零件名为 RecCover，绘制基础草图。在前平面上画出一个矩形，用属性将矩形的底边转换为结构线。为底边和原点之间加上中点约束，如图 3.24 所示。

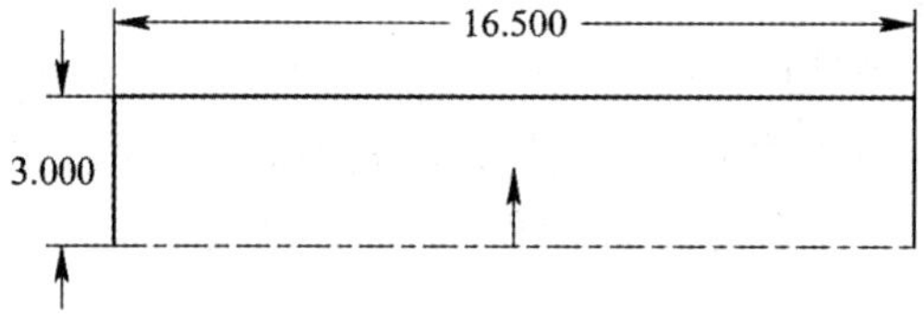


图 3.24　绘制基础草图

(2) 基体法兰折弯设计。从菜单中选择:“插入”→“特征”→“钣金”→“基体法兰”，或点击钣金工具栏中相应的工具图标，点击“基体法兰”命令并且改变设置。

终止类型设置为给定深度，深度设为 9.5 in；厚度设为 0.0359 in；折弯半径设为 0.1 in。

材料厚度加在轮廓里边,用反向来改变方向。点击“ √ ”添加法兰。操作如图 3.25 所示。

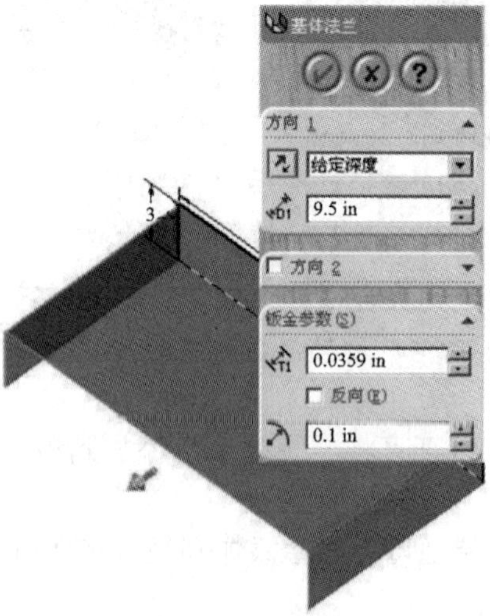


图 3.25　基体法兰折弯设计

基体法兰是用来生成钣金零件的基体特征。这种法兰的生成如同给定厚度值和折弯半径值的拉伸一样。开环的轮廓与薄壁特征拉伸一样。

(3) 斜接法兰设计。斜接法兰是用来生成一段或多段相互连接的法兰，法兰可以与多个边线相连接，并自动添加展开零件所需的释放切口，选项中可设置法兰放置在模型的外面和里面。

斜接法兰生成相互连接的法兰和自动生成必要的切口，必须有一个草图轮廓来生成。一般要建立一个垂直于曲线的基准面。如图3.26所示为斜接法兰的轮廓绘制。

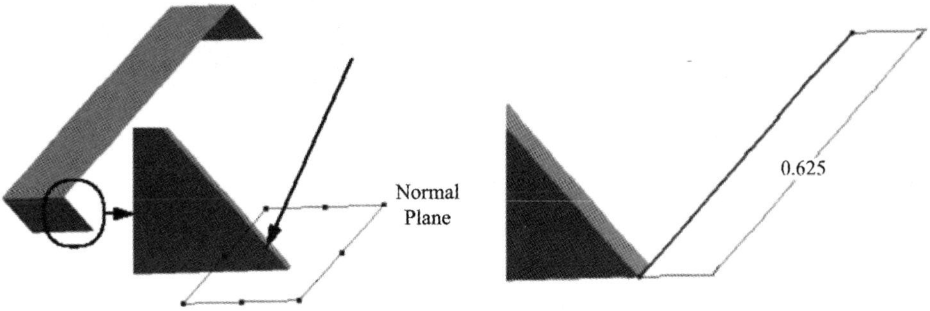


图3.26　斜接法兰的轮廓绘制

选中外面的边线并点击“插入”→“草图绘制”，通过最近端点并垂直于边线产生一个基准面，同时在这个基准面打开了一个新草图。从外面的边线顶点画一条长度为0.625 in的水平线，这就是斜接法兰的轮廓。

从菜单中选择：“插入”→“特征”→“钣金”→“斜接法兰”，或点击钣金工具栏中的相应工具图标，点击命令“斜接法兰”，可以预览法兰的形状。点击选择相切的边线 ( 绿色高亮的地方 ) 并继续法兰设置。如图3.27所示为斜接法兰的设置。

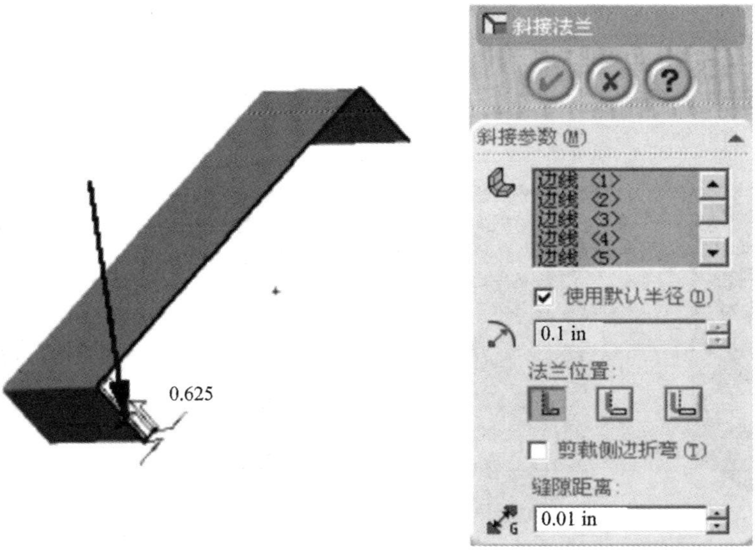


图3.27　斜接法兰的设置

在对话框中，折弯位置设置为材料在内，使用默认折弯半径，使用默认缝隙间距，点击“√”添加斜接法兰。斜接法兰命令完成后添加三个法兰，生成三个折弯，同时法兰相接处自动生成了切口和释放槽。如图 3.28 所示为斜接法兰折弯。

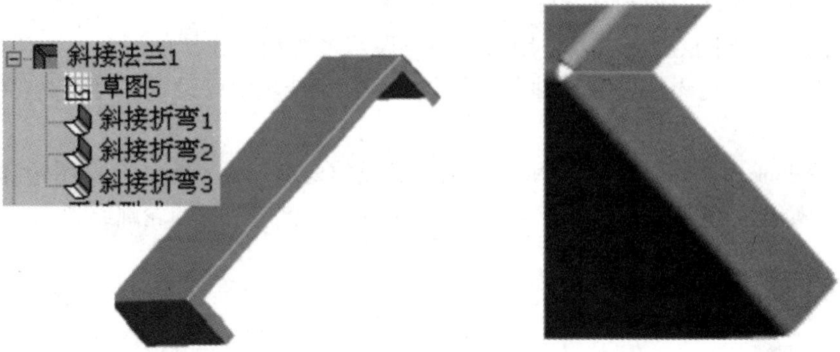


图 3.28 斜接法兰折弯

斜接法兰折弯可以通过设置生成其他的类型。图 3.29 所示为几种不同的选项生成的折弯类型。

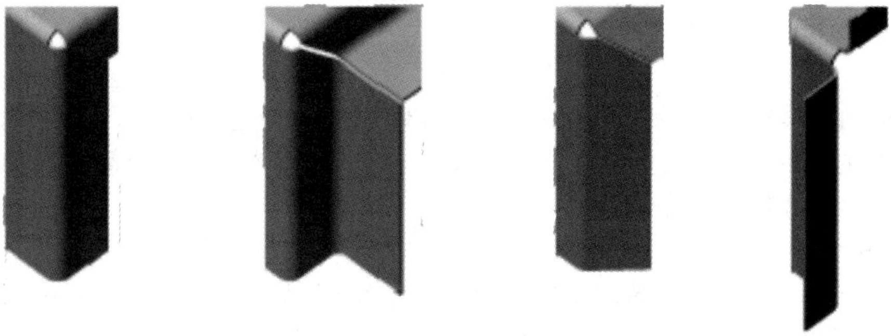

图 3.29 斜接法兰折弯类型

(4) 边线法兰设计。边线法兰用来动态地为钣金零件的边线添加法兰。通过选中一条边线来拖动法兰的尺寸和方向，设置对话框中的参数可改变边线法兰轮廓、法兰长度和法兰位置，缺省的释放槽类型和折弯半径等。图 3.30 所示是边线法兰折弯类型。

图 3.30 边线法兰折弯类型

从菜单中选择:“插入”→“特征”→“钣金”→“边线法兰”，或点击钣金工具栏中相应的工具图标，选择一条竖直的边线并点击命令“边线法兰”，向左拖动光标，点击鼠标左键将其放在模型内部。如图 3.31 所示。

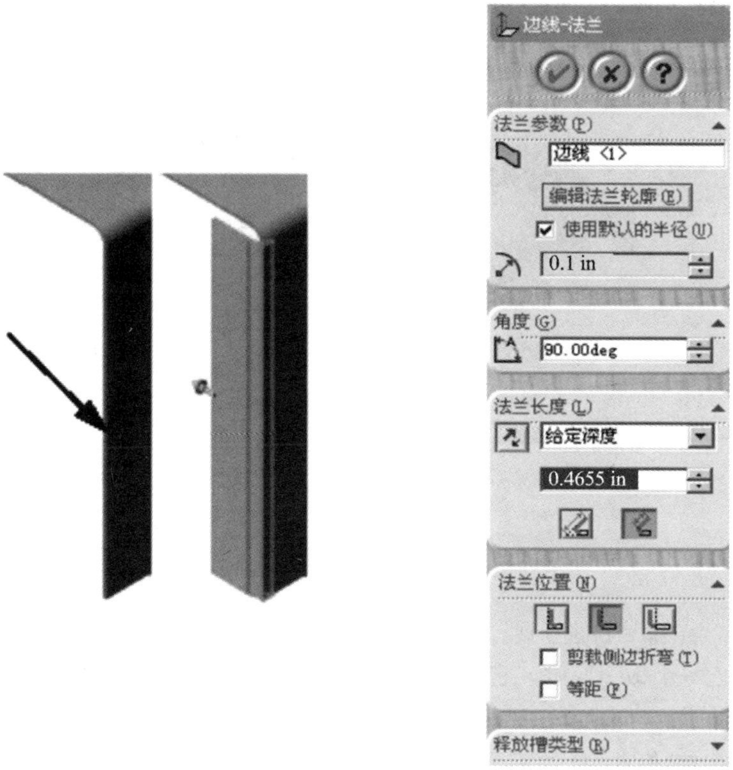


图 3.31　边线法兰设计和设置

通过对话框设置角度和法兰位置：角度设为 90°，法兰位置选择材料在外，法兰长度选择内部虚拟交点，法兰长度类型为给定深度，其值用编辑法兰轮廓来指定。

点击“编辑法兰轮廓”来改变缺省的矩形轮廓，弹出轮廓草图对话框，拖动轮廓并添加尺寸使其完全定义，如图 3.32 所示。

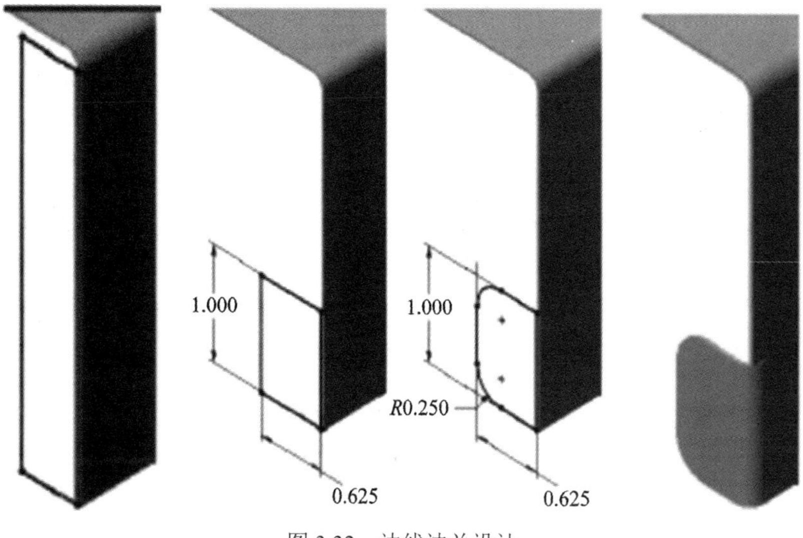


图 3.32　边线法兰设计

用绘制圆角来添加倒圆，在轮廓草图对话框中点击完成。与其他 SolidWorks 特征一样，边线法兰也可以用编辑定义来修改，最终完成边线法兰设计。

第二个法兰用类似的步骤在相反的边上添加另一个边线法兰，轮廓的位置略有不同。如图 3.33 所示。

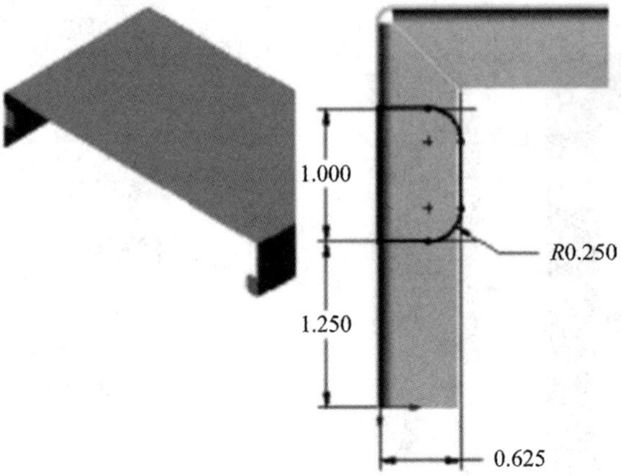


图 3.33　第二个边线法兰设计

(5) 凸起法兰 ( 薄片特征 ) 设计。薄片和基体法兰用来按照在某一面上绘制的草图添加一个凸缘，厚度等于钣金厚度，它没有对话框，因为拉伸方向和厚度都是已知的。薄片是给一个面添加凸缘。

从菜单中选择：“插入” → “特征” → “钣金” → “基体法兰 / 薄片”，或点击钣金工具栏中相应的工具图标。选中由斜接法兰形成的上表面，插入一幅草图。如图 3.34 所示。

添加如图 3.35 所示圆心在模型边线上的圆形轮廓，并标注图示尺寸。

点击“薄片”命令生成薄片特征：薄片 1 方向和深度因模型而定。如图 3.36 所示。

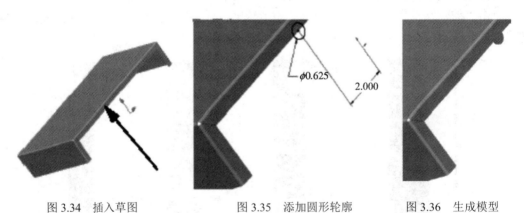

图 3.34　插入草图

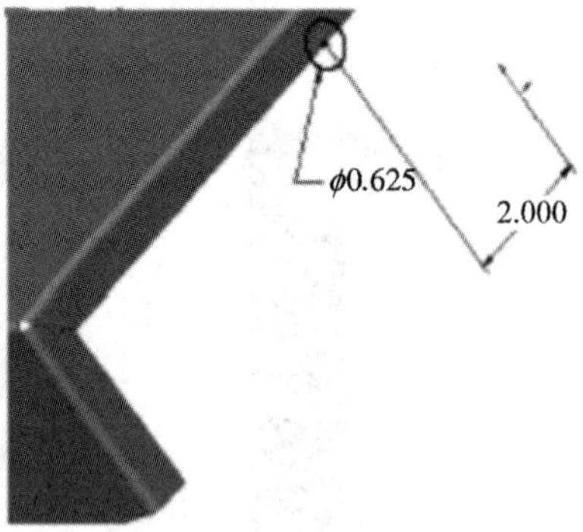


图 3.35　添加圆形轮廓

图 3.36　生成模型

### 3. 钣金展开

钣金展开是平面下料的依据，软件设计中为平板型式。平板型式在模型制作的过程中任何时候都能查看，对平板型式进行解除压缩，即可获得平面展开图。

特征解除压缩有几种方式，最简单的就是右击“平板型式 1”特征选择“解除压缩”。操作如图 3.37 所示，图 3.38 所示为平面展开图。

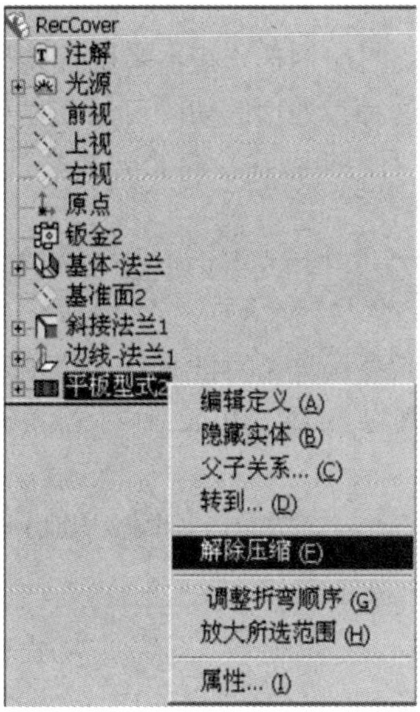


图 3.37　平板型式特征解除压缩

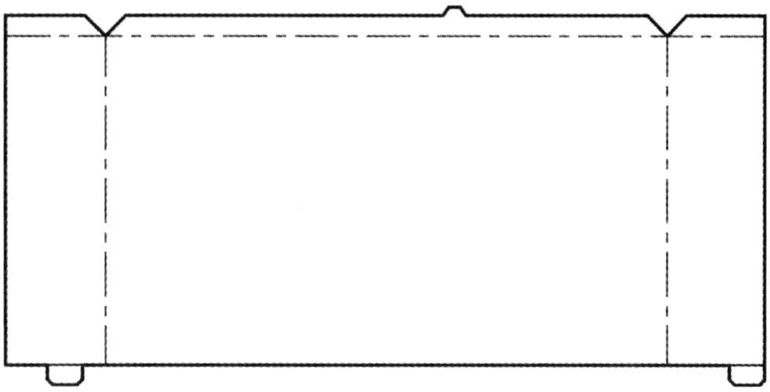

图 3.38　平面展开图

具备相同功能的压缩/解除指令，可以完成平板型式特征和立体特征的切换，模型的折叠状态和展开状态随时实现，同时也可以在平板型式下进行各种设计。

### 4. 切除设计

前面用到的命令都是生成法兰或薄片，都是给零件添加材料。其实在零件的“折叠”和“展平”状态下，还可以进行切除操作。对折叠状态时的零件切除操作可以在任何时间任意表面进行，无需进行特殊的预先处理。

1) 圆孔切除

(1) 选中如图 3.39(a) 所示的表面，实施草图绘制；

(2) 绘制一个 0.25 in 的圆，并与圆形边添加同心约束，如图 3.39(b) 所示；

(3) 做成形到下一面的切除，使用缺省正常切除选项，保证切除正好切掉一个材料厚度，如图 3.39(c) 所示。

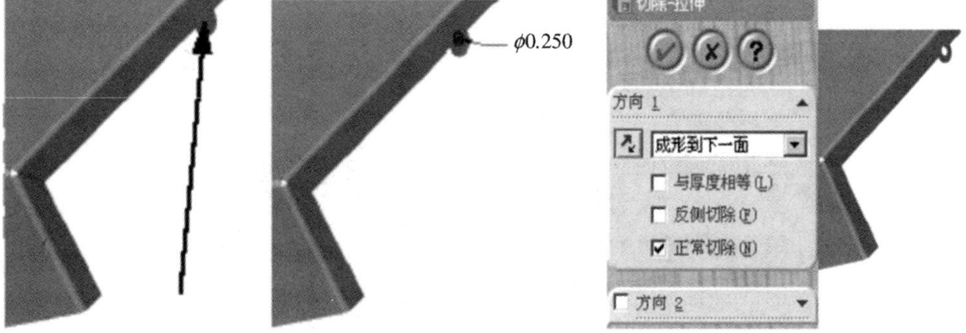


(a) 草图绘制　　(b) 同心约束　　(c) 正常切除

图 3.39　圆孔切除

2) 方孔的角切除

方孔切除和圆孔切除操作完全相同。同理，平面上各类封闭图形均可参考圆孔的切除实施操作。对于转角处的切除，是二维平面的立体操作，这种角处理的切除可以在模型展平状态下进行，即用展开命令展开所需折弯进行切除，然后用折叠命令将折弯折叠回去。操作如下：

(1) 从菜单中选择:“插入”→“特征”→“钣金”→“展开”，或点击钣金工具栏中相应的工具图标；

(2) 点击“展开”命令并点击图示的面作为固定面，点击要展开的折弯，选择图示的折弯，点击“√”，选择的折弯被展平，而固定面位置不变。如图 3.40(a) 和图 3.40(b) 所示展开操作和展平状态；

(3) 在固定面上绘制图示尺寸的草图，做类型为直到下一面的切除。如图 3.40(c) 所示草图切除。

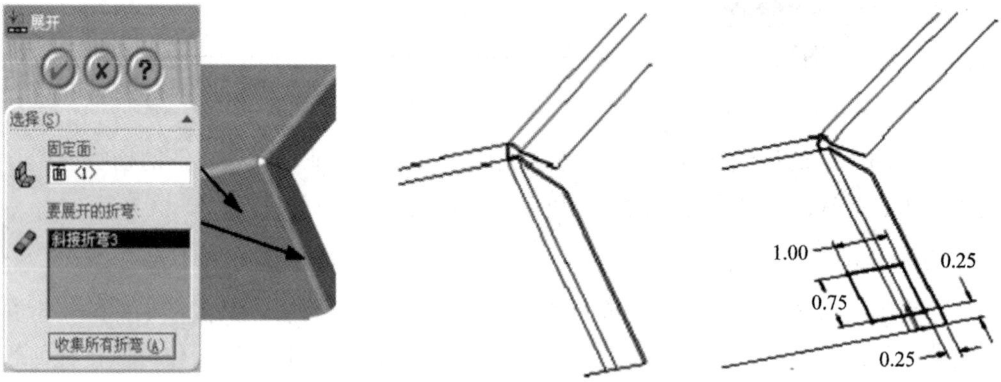


(a) 展开操作　　(b) 展平状态　　(c) 草图切除

图 3.40　方孔的角切除

折叠用来将一个或多个展开的折弯折回。它常常与展开联合使用。

从菜单中选择:“插入”→“特征”→“钣金”→“折叠”，或点击钣金工具栏中相应的工具图标；

使用折叠折回展平的折弯，使用同一个固定面，点击收集所有折弯，SolidWorks 会选中所有展开的折弯。点击确定即可得到图 3.41 所示角切除后折叠的效果。

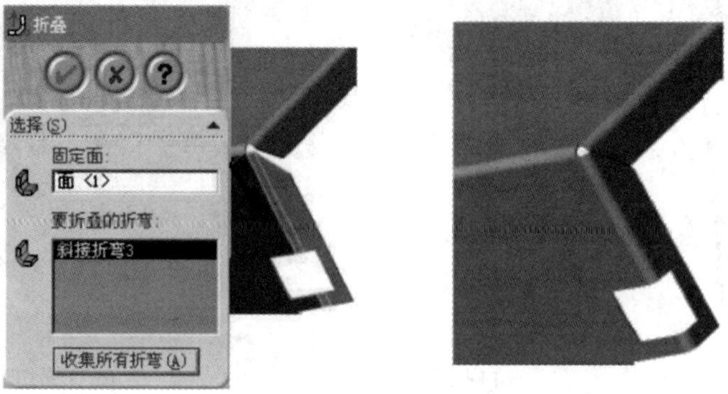


图 3.41　角切除的折叠

【延伸学习】通过课外拓展学习，进一步学习 SolidWorks 软件的成形功能，使用成形工具完成钣金件的 embosses( 凸起 )、extruded flanges( 冲孔 )、louvers( 百叶窗板 )、ribs ( 筋 ) 和 lances( 切开 ) 设计。

5. 平面设计钣金折叠

多数情况下在展平的状态下进行钣金零件的设计比在折弯状态下进行设计更易理解，而且立体状态设计的展开与平面设计后的立体成形常常有差异。

例如，如果设计图 3.42 所示的一头大一头小的折弯托架，如果在折弯状态下进行设计，它的平板型式如图 3.43 所示。

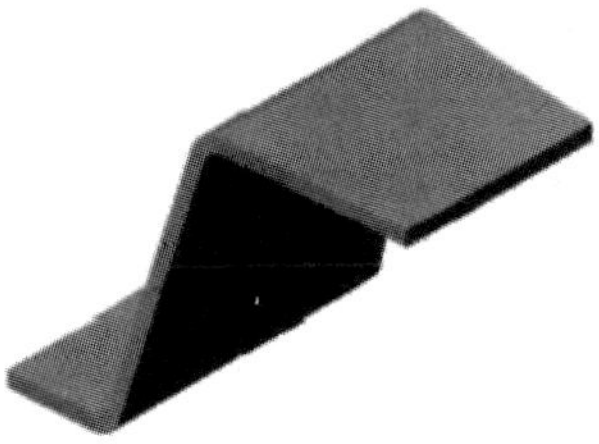

图 3.42　小折弯托架

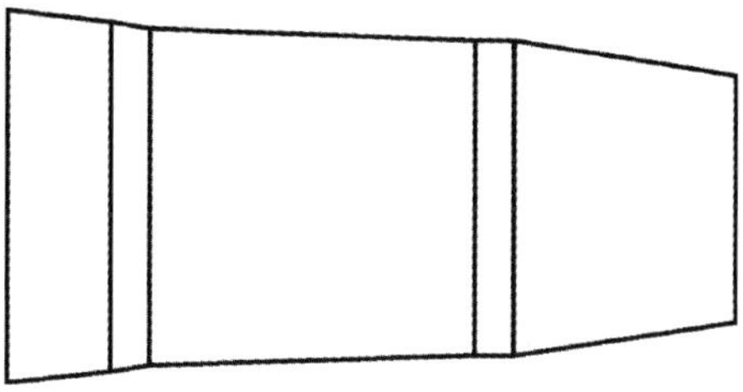

图 3.43　小折弯托架折弯展开

如果从平板状态下进行设计，就得到图 3.44 的简单图形，这样降低了加工成本。

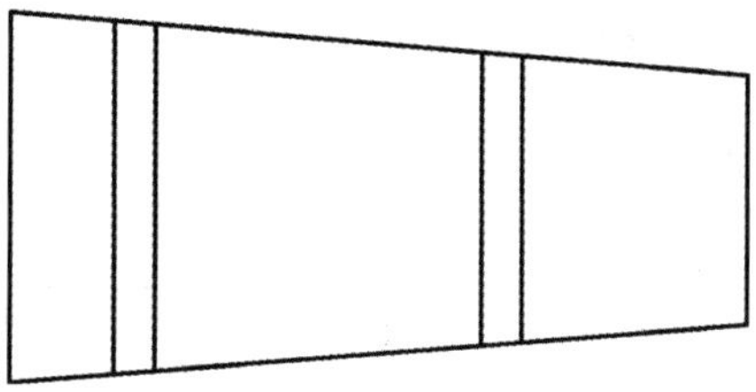

图 3.44　小折弯托架平板设计

SolidWorks 允许从一个平坦的板料上开始进行设计，加入所需的折弯。

(1) 建立一个草图。如图 3.45 所示，选中草图，用“插入基体法兰”命令插入一个厚度为 4 mm 的法兰。

(2) 编辑定义钣金 1 特征。将缺省的折弯半径设置为 4 mm，点击“确定”。如图 3.46 所示。

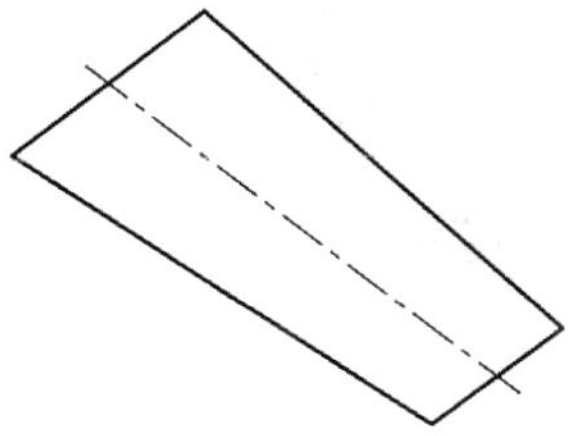

图 3.45　建立草图

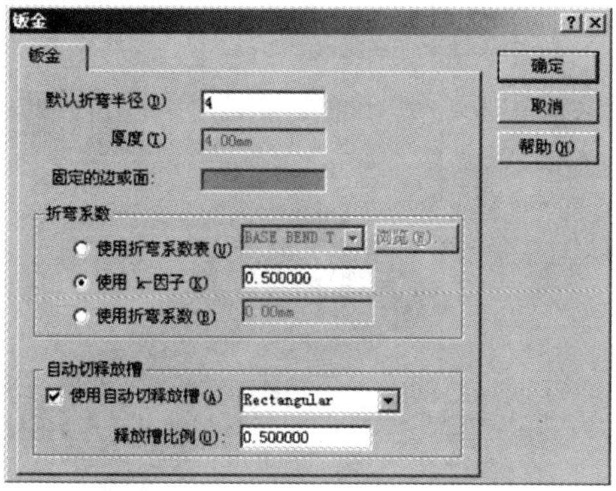


图 3.46　编辑定义钣金 1 特征

(3) 设计第一条折弯线。绘制折弯是用来给钣金的平面部分增加折弯线，完成折弯需要一个包含一条或多条折弯线的草图。在模型上表面上打开一幅草图并添加一条折弯线，如图 3.47 所示，添加图示的竖直尺寸 25。

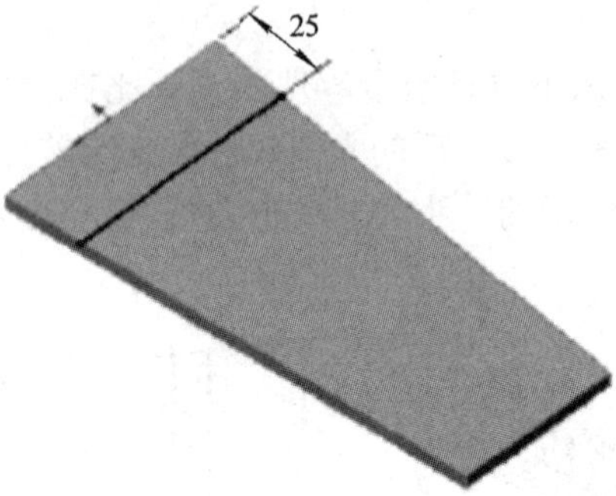


图 3.47　添加折弯线

从菜单中选择:“插入”→“特征”→“钣金”→“绘制折弯”，或点击钣金工具栏中相应的工具图标；

点击“绘制折弯”命令；一个四方形被一个折弯线分成两部分，选择固定面来决定哪个部分在折弯后保持不动，如图 3.48 所示；

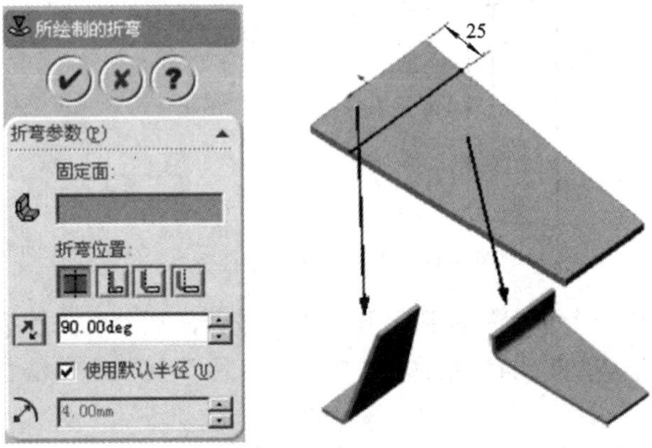


图 3.48　折弯命令和设置

选择较小的面作为固定面，将弯曲角度设为 75°，箭头指示折弯方向，如果需要改变折弯方向，点击图标操作，将折弯位置设为折弯中心线，使用缺省折弯半径，点击“√”。选择的面保持不变，另一个面变成了图 3.49 所示的第一个 75° 折弯。

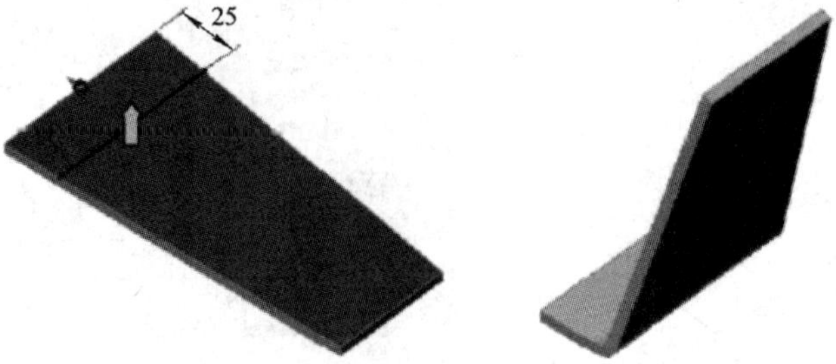


图 3.49　第一个 75° 折弯

(4) 同样的方法添加第二条折弯线。选择中间部分作为固定面并使用同样的角度，折弯方向相反，得到最终产品，如图 3.50 所示。

图 3.50　第二条折弯线和产品

### 3.2.4　弯板设备使用

弯板机 ( 折弯机，折边机 ) 是一种将板材加工成各种角度的弯压成形设备。弯压成形广义上包括各类钣金加工，如折弯、成形、冲孔、冲凸包、冲撕裂 ( 冲桥 )、抽孔 ( 翻边 )、攻螺纹、校平、冲印、沉孔、扩孔等。

弯压成形如果长度或面积较大，则需要动力驱动。一般工业生产大多数是液压动力。航空维修大多数是薄板结构件，通常手工弯曲成形。手动弯板机用于沿板的边缘弯折，适合弯折小的弯边、凸缘、接缝及卷边，此外为适合飞机钣金的各种圆角，这种弯板机配置了可调可更换的多种圆弧半径的压板。如图 3.51 所示为典型飞机维修弯板机。对于一般性的培训机构，为方便练习操作，还有台式的小型弯板机，如图 3.52 所示。

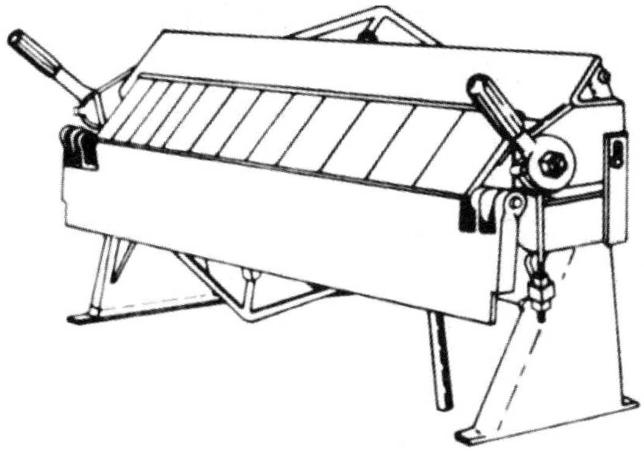

图 3.51　典型飞机维修弯板机

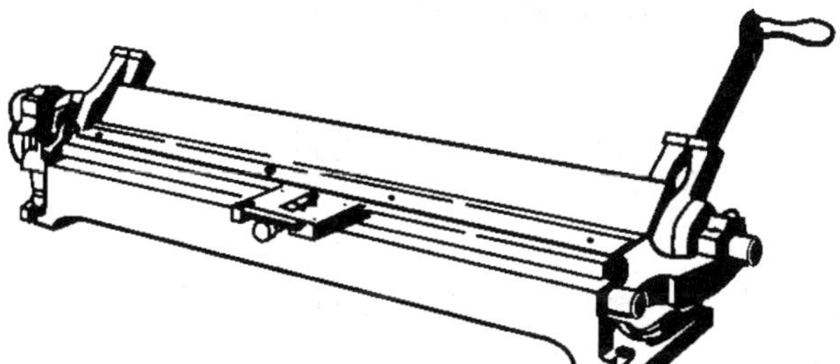

图 3.52　台式小型弯板机

### 1. 弯板机使用方法

弯板机的折弯方法非常简单。插入板材对齐折弯线，压紧板材，转动折弯板，控制折弯角度即可。对于弯板机，一般要求具备可调节性，以满足不同厚度和结构的钣金件，因此，使用弯板机之前需要确认或调整弯板机的压板圆角参数、弯板偏离尺寸等。

目前弯板机种类繁多，功能设置和调节方法差异较大。一般的通用方法是：

(1) 根据弯板的圆角参数选择对应的圆角弯板；

(2) 一般在弯板机两端有可调螺丝或机构，用以调整符合弯板材料厚度的偏离；

(3) 调整好后将所要求厚度的金属板放到弯板机上，对线并压紧；

(4) 把折弯操作手柄抬起直到折刀达到预定角度 ( 注意弹复角 )。

有些弯板机有强制的止动器，一个是弯折 45° 角用的，另一个是弯折 90° 角用的。弯板机上装一个附加的部件，此部件 ( 套环 ) 在机器的能力范围内可将弯曲调节到任何角度。这种装置非常方便批量折弯某一类板材定制的角度。调整好预定的角度，将止动器放到正确的位置，就可以保证折弯的一致性。

许多弯板机或多功能弯板机不仅可以完成单一直线弯曲，还可以通过压板和底板单元化的设计调整开缝，完成立体折弯。如果折弯一个四边形盒子，在弯折前一定要安排好弯折工序，否则可能干涉。

### 2. 弯板机使用安全注意事项

(1) 使用弯板机前，一定要对材料的厚度、弯边宽度、折叠的锐度及折叠角度进行一些调整。严禁使用弯板机弯折超出规定厚度的板材；

(2) 使用弯板机时，一定要注意自身和周围人员的安全；

(3) 因弯折需要而拆除的弯板机的部件，工作后必须马上装回；

(4) 调整折刀偏离以适应不同厚度板材时，调整后的折刀要用小金属板在机器的两端分别试验一下，以保证平行度。

【延伸学习】选择不同厚度的窄条板材，熟悉折弯设备和方法，练习控制折弯尺寸和角度；提升各种折弯设计和计算能力；选择一款机械设计软件，如 Solidworks，拓展练习钣金设计和展开数字化设计与图纸输出。

# 项目训练

## 一、弯板技能训练

### 1. 学习目标

(1) 训练学生阅读图纸，熟练运用公式快速准确计算展开长度。

(2) 训练学生运用钳工技能，规范熟练制备钣金毛坯件。

(3) 训练学生正确使用弯板机完成钣金折弯并对产品整形。

2. 工作任务

展开如图 3.53 所示 4 in 槽型件的平面图形，计算展开长度，下料划线折弯，对产品进行检验。

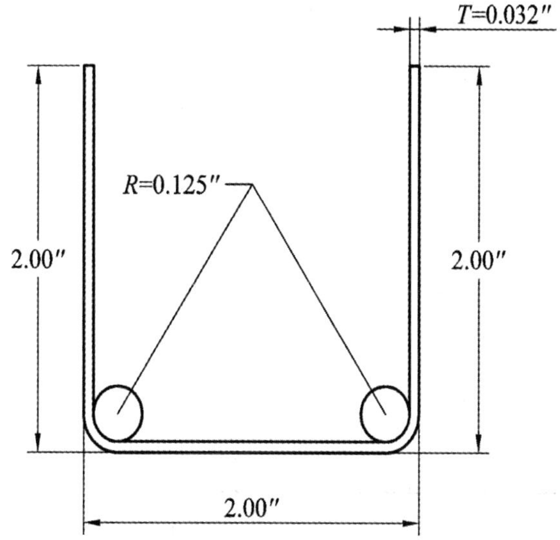


图 3.53　槽型件

3. 实训工具设备

钳工工作台 ( 配台虎钳 )，划线平台，划针，纸胶带，记号笔，方箱，高度游标尺，手锯，锉刀，毛刷，直角尺，整形锉刀，英制游标卡尺，钢直尺 ( 公英制 )，圆角规 ( 公英制 )，弯板机，剪板机。

4. 劳保用品

护目镜，手套，抹布等。

5. 实训步骤

(1) 钣金展开计算。槽形件展开平面图如图 3.54 所示。

收缩段 $= R + T = 0.125 + 0.032 = 0.157$ in；

平直部分 $A = 2.000 - 0.157 = 1.843$ in；

平直部分 $B = 2.000 - (0.157 + 0.157) = 2.000 - 0.314 = 1.686$ in；

平直部分 $C = 2.000 - 0.157 = 1.843$ in；

$90^{\circ}$ 的弯曲加工量 $= 0.218$ in( 查表 )；

弯制槽型件所需板材长度为：$1.843 + 1.686 + 1.843 + 2 \times 0.218 = 5.808$ in。

零件的基本尺寸之和为 6 in，而计算得出的实际下料长度为 5.808 in，减少了约 0.2 in，表明了收缩段和弯曲加工量对材料长度的影响。

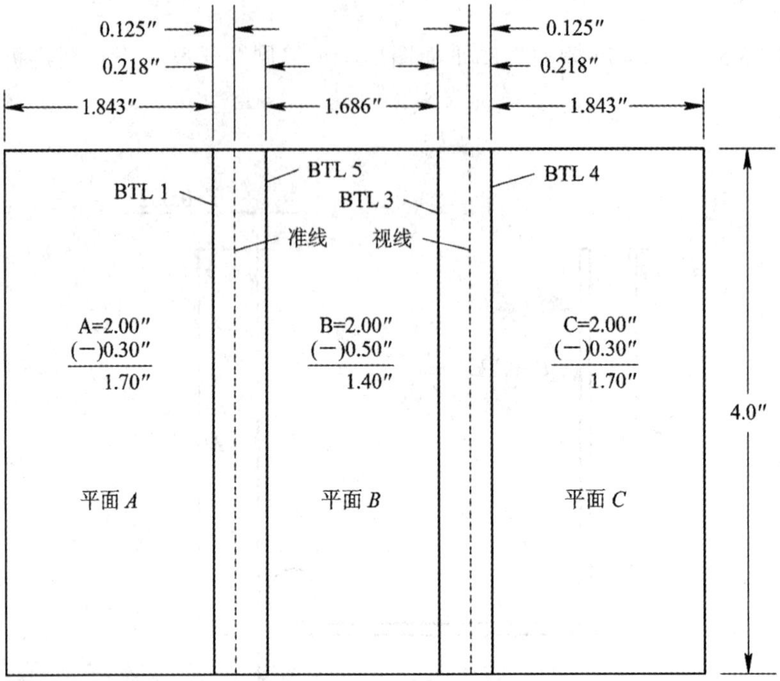


图 3.54　槽型件展开平面图

(2) 下料制板。按照图 3.55 所示折弯材料纹路和展开计算数据切割材料。材料选择时要注意材料纹路与折弯线垂直，标出弯曲切线和准线，在钳工工作台完成外形尺寸加工，检测后以备弯曲。

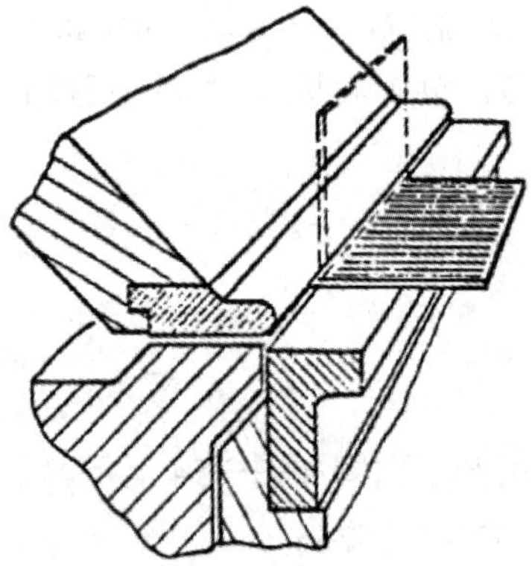

图 3.55　折弯材料纹路

(3) 弯板成型。使用弯板机完成折弯和整形。

(4) 自检。参照图 3.54 所示尺寸对产品实施检测。

### 6. 评估标准

(1) 高度尺寸、开口和底边尺寸误差低于 0.001 in；

(2) 侧边平行度误差低于 0.001 in；

(3) 垂直度误差低于 0.001 in。

## 二、盒型件制作

### 1. 学习目标

(1) 训练学生钣钳一体化技能应用。

(2) 训练学生熟练使用弯板机完成指定产品的制作。

### 2. 工作任务

参照图 3.56 所示，设计制作一个材料为 2024-T3 铝合金，折弯 90° 的盒型件。尺寸要求为：四边高均为 1 in，底面边长为 4 in，板厚为 0.051 in，弯曲半径为 5/32 in。

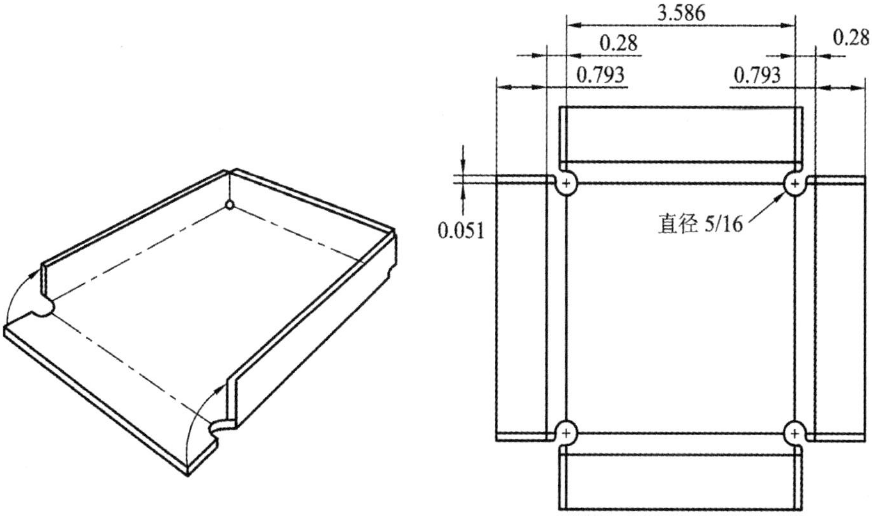


(a) 外观图　　(b) 展开平面图

图 3.56　盒型件

### 3. 实训工具设备

钳工工作台 ( 配台虎钳 )，划线平台，划针，纸胶带，记号笔，方箱，高度游标尺，手锯，锉刀，毛刷，直角尺，整形锉刀，英制游标卡尺，钢直尺 ( 公英制 )，圆角规 ( 公英制 )，气钻，钻头 ( 系列尺寸 )，弯板机，剪板机。

### 4. 劳保用品

护目镜，手套，抹布等。

### 5. 实训步骤

(1) 钣金下料计算。

$$收缩段\ SB = R + T = 0.051 + 5/32 = 0.207\ \text{in}$$

$$四边平直部分的长度 = 边高 - 收缩段 = 1.000 - 0.207 = 0.793\ \text{in}$$

$$底面平直部分的长度 = 底面边长 - 2\ 倍收缩段 = 4 - 20.207 = 3.586\ \text{in}$$

查表得 90° 的弯曲加工量为 0.280 in，则下料尺寸为

$$0.793 + 0.280 + 3.586 + 0.280 + 0.793 = 5.732\ \text{in}$$

(2) 下料。

切割一块 5.732 × 5.732 in 的 2024-T3 铝合金，去除所有毛刺，从四边分别测量 0.793 in 并划线 ( 此线为外弯曲切线 )，注意一定要使用尖的软铅笔，以保证划线准确并不损伤铝合金表面。

(3) 制减压孔。

盒型件的成形涉及两个曲面的相交问题，应采用钻减压孔的方法防止材料变形甚至开裂。只要两个曲面相交，一定要在交点上钻孔，去除部分材料，为边缘的金属留出空间，这些孔称为减压孔。减压孔的目的是防止弯曲时产生变形导致金属开裂，同时也提供了整齐的弯曲。

减压孔的尺寸随板材的厚度而变化，最常用的方法是减压孔的直径等于板材的弯曲半径。当板材厚度为 0.072 ～ 0.128 in 时，减压孔的直径一般选为 3/16 in；当板材厚度小于或等于 0.064 in 时，其孔径不得小于最小允许值 (1/8 in)。

减压孔的中心应位于内弯曲切线的交点处，为了弯曲时可能出现的误差，允许减压孔的中心位于内弯曲切线内 1/32 ～ 1/16 in 处。

参照如上工艺要求，从外弯曲切线向内测量 0.280 in( 此数值为弯曲加工量 )，划出内弯曲切线。在内弯曲切线的四个交点处，图 3.56 标记孔的直径为 5/16 in，则弯曲半径 5/32 in 的折弯采用 5/16 in 直径钻减压孔。

从内弯曲切线向外测量板的厚度 (0.051 in)，划出准线。去除四角准线外的材料，并去除所有毛刺。

(4) 弯曲成形。

弯曲时应考虑材料纹路，非垂直纹路方向进行弯曲时要缓慢弯曲，以防止裂纹产生；

弯曲时要控制角度，防止弯过，杜绝向回弯和反复弯曲；

由于弯板机折弯空间限制，弯曲时最后一个面保留开放。

(5) 自检。

参照图 3.56，按照尺寸要求，对产品实施检测。

### 6. 评估标准

(1) 高度尺寸、开口和底边尺寸误差低于 0.001 in；

(2) 侧边平行度误差低于 0.001 in；

(3) 垂直度误差低于 0.001 in。

【延伸学习】创新设计弯板机附件，通过加装高度块，实现利用普通弯板机折弯成形四边封闭的盒子。

## 三、飞机结构件 Z 字补强装配训练

### 1. 学习目标

(1) 训练学生在结构维修中弯板贴合的技能。

(2) 训练学生飞机结构件补强装配的技术方法。

### 2. 工作任务

完成如图 3.57 所示的双层 Z 字板贴合装配，材料为 2024-T3 铝合金，厚度为 1 mm 和 2 mm，折弯 90°，全面积贴合装配。尺寸要求：宽度 40 mm，装配后两端平齐。

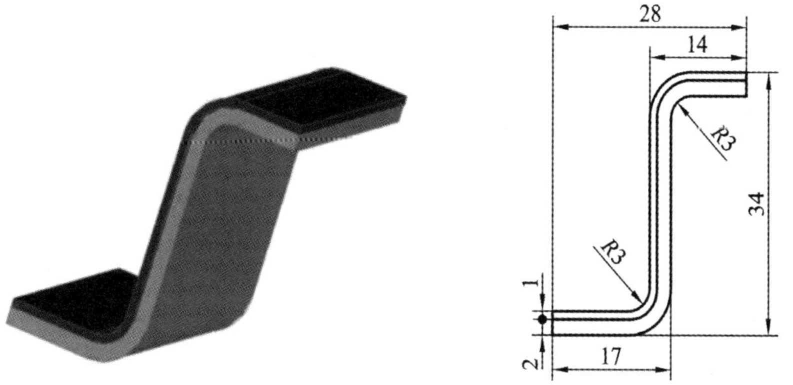


图 3.57　Z 字板贴合装配

### 3. 实训工具设备

钳工工作台 ( 配台虎钳 )，划线平台，划针，纸胶带，记号笔，方箱，高度游标尺，手锯，锉刀，毛刷，直角尺，整形锉刀，英制游标卡尺，钢直尺 ( 公英制 )，圆角规 ( 公英制 )，气钻，钻头 ( 系列尺寸 )，弯板机，剪板机。

### 4. 劳保用品

护目镜，手套，抹布等。

### 5. 实训步骤

(1) 零件图绘制。

参照图 3.57 所示的装配图，完成各自零件图绘制。零件图见图 3.58。

(2) 钣金展开计算。

参照图 3.58 分别计算左右板的展开长度，注意展开长度为中性层的长度。

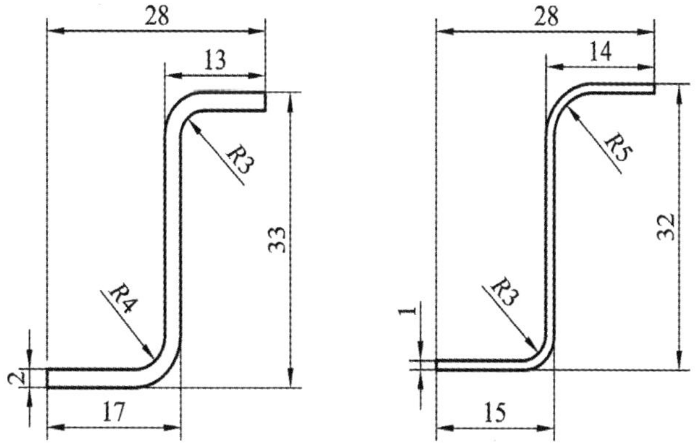


图 3.58　Z 字板零件图

左板的展开长度为

$$11 + 7.854 + 22 + 6.283 + 8 = 55.137\ \text{mm}$$

右板的展开长度为

$$11 + 5.498 + 22 + 8.639 + 8 = 55.137\ \text{mm}$$

则下料尺寸均为 55.137 mm。

(3) 下料和划线。

切割宽度为 50 mm 的厚度分别为 1 mm 和 2 mm 的 2024-T3 铝合金，注意选择材料纹路方向，去除毛刺，表面不得有划伤，长度尺寸保证 55.137 mm。

(4) 弯曲成形。

弯曲时要控制角度，防止弯过，杜绝向回弯和反复弯曲。

(5) 装配自检。

参照图 3.57 对产品实施装配、整形和检测。

**6. 评估标准**

(1) 高度尺寸误差低于 0.1 mm；

(2) 装配贴合密实，通过透光法检测，误差低于 0.01 mm；

(3) 垂直度误差低于 0.01 mm。

【延伸学习】Z 字板贴合装配是钣金件零间隙配合组合件的典型项目，可设计为钣钳一体化竞赛题目。要求在规定时间内，按照竞赛技术组提供的标准板材(长度一致)，按照图纸划线折弯。要求装配后两端平齐，全面积贴合无间隙，折弯角度标准，以完成时间和质量决定名次。

## 四、钣金结构件数字化设计

**1. 学习目标**

(1) 训练学生熟练使用数字化设计软件完成各类钣金结构件设计。

(2) 训练学生准确输出平面展开图，为钣金施工提供规范化图纸。

**2. 工作任务**

(1) 完成图 3.57 所示的双层 Z 字板贴合设计和平面展开；

(2) 完成图 3.56 所示的槽型件设计和平面展开；

(3) 完成图 3.59 所示的折边半开放槽型钣金件设计和平面展开(尺寸通过平面图按照比例测绘)。

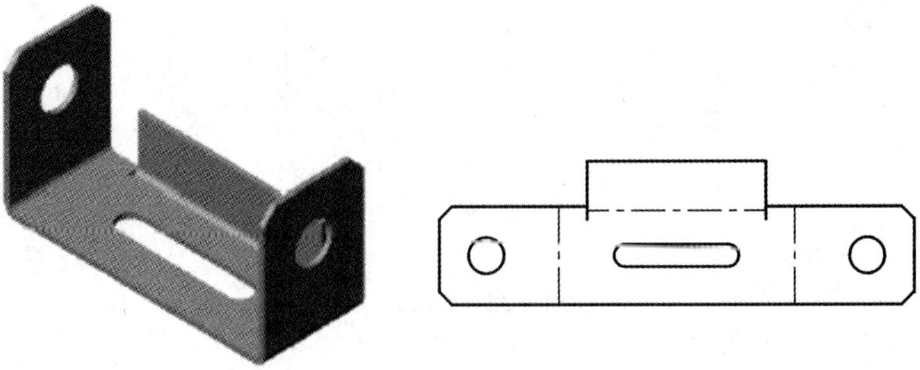

图 3.59　折边半开放槽型钣金件

(4) 完成图 3.60 所示的开半孔槽型件设计和平面展开（尺寸通过平面图按照比例测绘）。

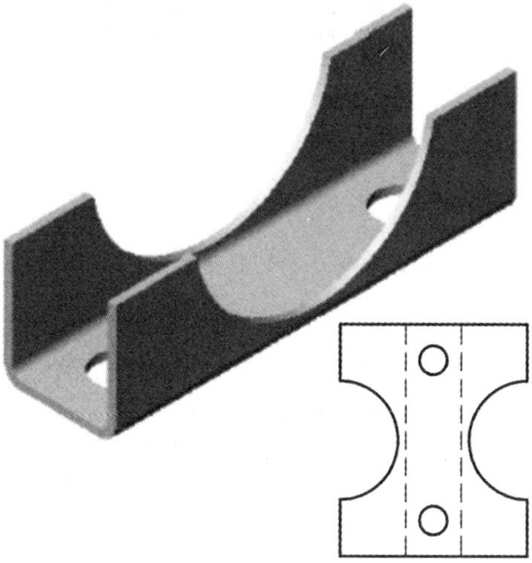

图 3.60 开半孔槽型件

(5) 挑战完成图 3.61 所示的盒型产品设计和平面展开。

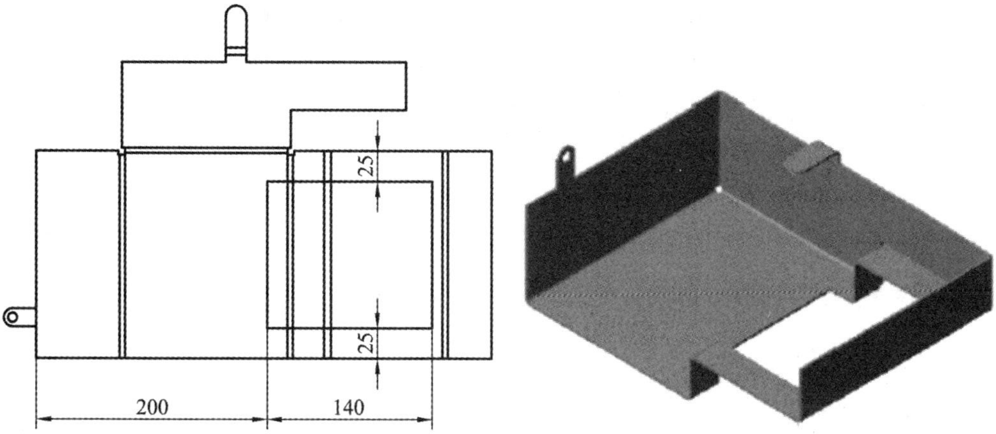


图 3.61 盒型产品

# 项目 4　飞机结构普通铆接

飞机机体结构主要是铝合金薄壁结构，装配连接大多数采用铆接的方法。铆接是不可拆卸的连接形式，工艺过程简单，连接强度稳定可靠，检查和排除故障容易，能适应比较复杂结构的各种金属及非金属材料之间的连接。大多数铆接属于冷变形，手工劳动强度大，劳动条件较差，要求操作人员必须具备良好的技术水平。

航空航天产业的部件、组件、零件及电缆和成品都离不开各种连接方法和连接件，铆接是其中主要的一种连接方法，多用于厚度不超过铆钉直径 3.5 倍的夹层，如连接各种结构件中的桁架和蒙皮等。

按工作方式分，铆接可分为手工铆接和自动钻铆。手工铆接由于受工人熟练程度和体力等因素的限制，难以保证稳定的高质量连接。自动钻铆是航空航天制造领域为满足自动化装配需要而发展起来的一项先进制造技术。自动钻铆技术代替手工，自动完成钻孔、送钉及铆接等工序，集电气、液压、气动、自动控制为一体，在装配过程中不仅可以实现组件的自动定位，同时还可以连续完成夹紧、钻孔、送钉、铆接/安装等一系列工作。自动钻铆可以代替传统的手工铆接技术，能够提高生产率，保证质量稳定，大大减少人为因素造成的缺陷。

目前世界航空工业发达的欧美国家已广泛采用自动钻铆技术，如波音 757 尾段机身 48 段双曲度壁板均采用了自动钻铆技术，占了整个装配铆接工作量的 85%。目前我们国家的飞机装配中，在自动钻铆方面的自动化程度比较低，而欧美发达国家自动钻铆占整个工作量的 90% 以上；尤其是军机，由于保密和各类限制的原因，我们完全依赖手工钻铆，铆接占飞机整个装配时间的 30% 左右，严重制约飞机的量产；同时在装配质量和飞机性能上也差距较大。随着我国航空工业研制的新机种的性能、水平不断提高，在铆接装配中发展自动钻铆技术已经势在必行。我国航天军工自动钻铆的市场需求空间非常大，特别是随着中国最新一代战机的全面列装，对自动钻铆技术的需求十分迫切。

铆接虽然简单，但标准和工艺大多数被国外把控，特别是军机技术，我国一直被技术封锁。近些年我国从国外引进了一些设备和技术，中航工业自力更生突破了现代科技的瓶颈，取得了众多成果，也涌现了许多工匠级的航空制造技术人才，为民族航空工业发展带来了希望。

飞机结构普通铆接是飞机机体制造与维修的最基本工作。本项目从航空专业生产和维修层面，通过一系列的理论讲解和训练，保障学员达到飞机钣金铆接基本技能要求并具备专业素养。

项目目标：规范使用各种铆接工具和设备；熟练完成航空钣金普通铆接工作。

评估标准：具备基本安全意识；达到铆接熟练工操作水平；了解铆接工具设备工作原

理并可以调试和简单维修；在训练成果的基础上可以完成产品的检测评估。

【延伸学习】通过网络拓展学习，深入了解中航工业飞机制造中铆接技术的现状和发展，了解先进铆接技术和工匠级的先进人物，树立爱国主义情怀。

# 任务 4.1　铆接基础

## 4.1.1　铆接基础知识

利用铆钉把两个及以上部件连接在一起的工作称为铆接 ( 见图 4.1)，这种连接是利用铆钉受力变形，铆钉杆端头形成镦头，紧实挤压板材而形成永久性固定的。铆接是飞机装配和维修中重要的连接方式之一。铆接有多种形式，如图 4.2 所示，有单排搭接、单排双重对接、单排对接、双排搭接、双排双重对接以及多重搭接的类型，此外还有角接、单排平面搭接等。

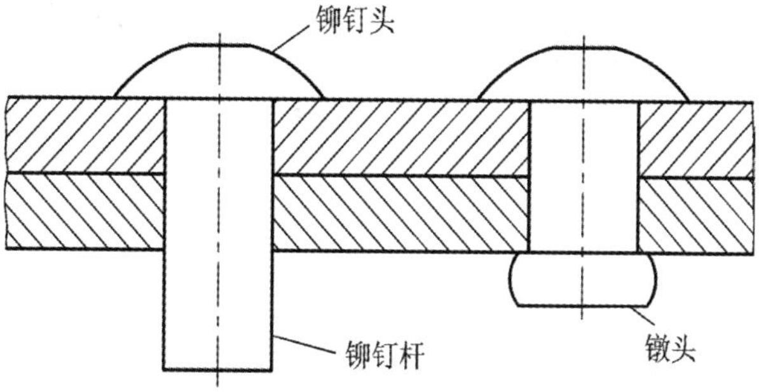


图 4.1　铆接

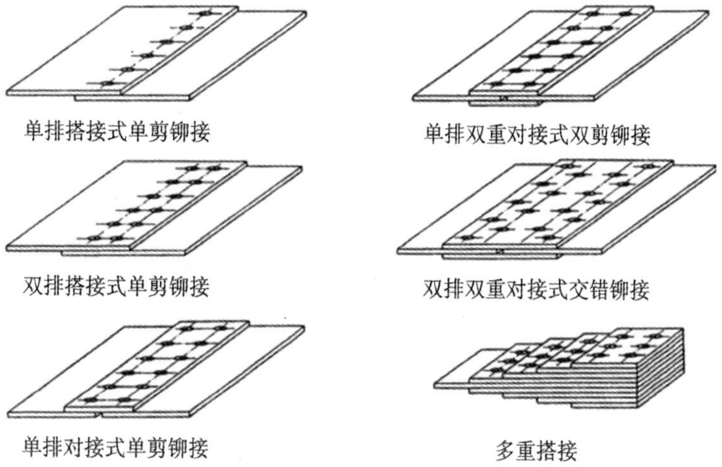


图 4.2　铆接的连接方式

铆接可由手工或气动工具来完成。一般当铆钉直径小于 12 mm(1/2 in) 时，可直接通过外力变形完成铆接，这种铆接也称为冷铆；当铆钉直径大于 12 mm(1/2 in) 时，材料的抗力增大，通常需要把铆钉全部或局部加热后再铆接，这种铆接称为热铆。

飞机维修上的铆接常用于传递较小的分布载荷，铆钉直径一般都小于 12 mm(1/2in)，通常采用冷铆。飞机生产和装配过程中，大直径的铆钉可借助设备冷铆或热铆。

## 4.1.2 铆钉识别及配置

铆钉主要依靠钉杆和铆钉孔的过盈配合承受剪切来传递载荷。飞机结构上需要传递分布剪切载荷并且不需要拆卸的部位，通常用铆钉作为紧固件。比如蒙皮和桁条、大梁缘条和大梁腹板、梁腹板和肋腹板之间的连接角材等，都采用铆钉作为紧固件。

铆钉基础理论

铆接使用的铆钉种类繁多，图 4.3 展示了不同类型的铆钉。铆钉的结构主要为钉头和钉杆，最常用的是通用型、埋头型等 ( 见图 4.4)。铆钉头型的确定取决于安装位置，钉杆类型取决于承力状况。铆钉有空心铆钉和实心铆钉之分，飞机结构中通常使用实心铆钉。

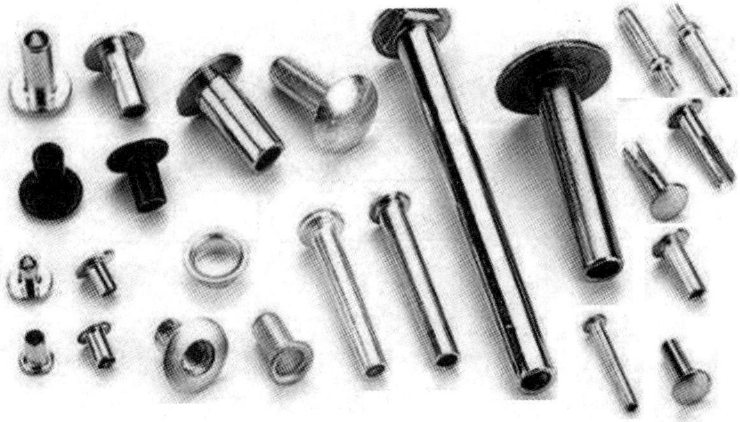

图 4.3　铆钉类型

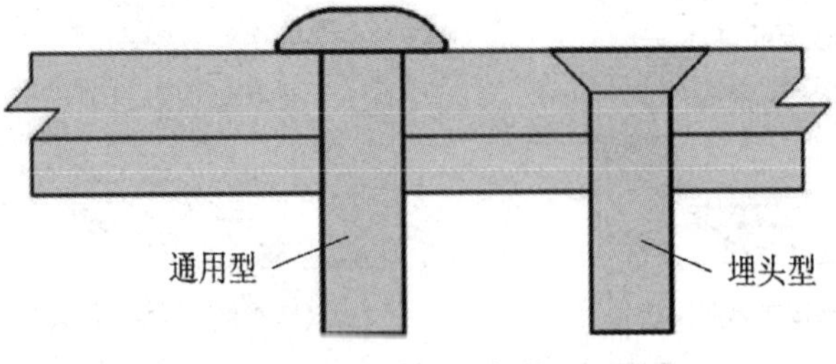


图 4.4　铆钉头型

### 1. 实心铆钉

实心铆钉头型由铆钉头的截面形状而定，航空维修使用的实心铆钉钉头主要有四种型式，如图 4.5 所示。

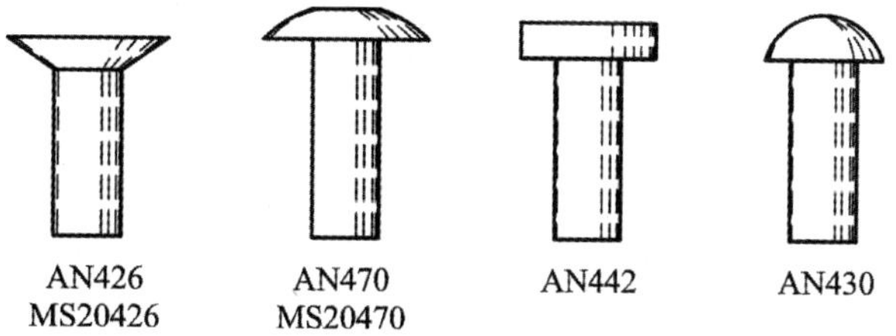


图 4.5　实心铆钉钉头的四种型式

(1) AN426(MS20426)——埋头铆钉，主要用于对气动外形要求严格的机体外表面，如机翼前缘、机翼上表面等部位。埋头铆钉为平顶锥面式头型，与铆钉结合面上的锥形孔或凹窝相配合，以保持铆钉与被连接表面平齐。铆钉的埋头锥角为 78°～120°，通常使用的是 100° 埋头。

(2) AN470(MS20470)——普通头铆钉，强度高，阻力也较小，主要用于受力较大、气动外形要求不太严格的机体外表面。

(3) AN442——平头铆钉，用于机体内部受力较大的部位。

(4) AN430——半圆头铆钉，强度高，阻力较大，也用于机体内部受力较大的部位。

### 2. 铆钉材料及标识

飞机用的实心铆钉材料主要有 2117、2017、2024、5056 及 1100 等铝合金，材质不同应用也不同。为正确和区分使用，不同材质的铆钉制定不同的标识，见表 4.1 所示。每一种材质在铆钉的头部有图案，文字标记有代号和材料系列名称。

**表 4.1　铆钉头部识别标志**

| 图形 | 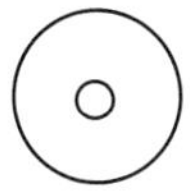 | 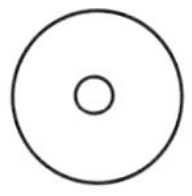 | 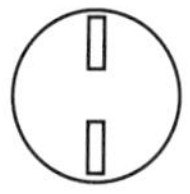 |  | 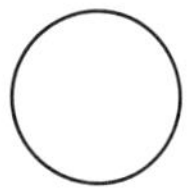 | 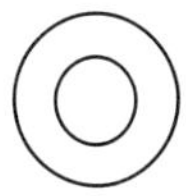 | 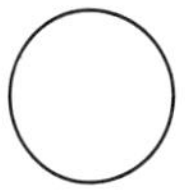 |
|---|---|---|---|---|---|---|---|
| 图案说明 | 凹点 | 凸点 | 凸出双条 | 凸出十字 | 无图案 | 凸出圆圈 | 无图案 |
| 铆钉材料 | 2117<br>(AD) | 2017<br>(D) | 2024<br>(DD) | 5056<br>(B) | 1100<br>(A) | 7050<br>(KE) | 蒙乃尔<br>(M) |
| 剪切强度<br>($kg/mm^2$) | 21 | 24 | 29 | 19 | 7 | | |
| 备注 | | BACR15CED 铆钉头无标志 | | | 软铝铆钉 | | BACR15FV 圆圈标志在铆钉杆端部 |

2117-T 系列铆钉有“外场铆钉”之称，具有即时可用的优点(不需要在施工前进行回火或退火处理)，还有很好的抗腐蚀性能，广泛用于铝合金结构件的铆接。

2017-T 和 2024-T 系列铆钉，应用于需要较高强度的铝合金结构件上。这种铆钉使用前需要退火并置于冰箱内冷冻，在施工时取出铆接。冷冻措施可以使铆钉材质保持柔软达两星期之久；但是如果在此期间内仍未使用，则需要重新进行热处理。2017-T 铆钉要求在一小时内完成铆接，2024-T 铆钉必须在 10 ～ 20 分钟内完成铆接。“冰箱”铆钉在铆接后的 1 小时左右只具有一半的强度，大约四天时间铆钉强度才能达到设计要求。

5056 系列铆钉应用于铆接镁合金结构件。

1100 系列铆钉含纯铝 99.45%，一般用于铆接 1100、3003 和 5052 之类的软铝合金件。

蒙乃尔铆钉用来铆接镍钢合金材料，这种铆钉有时可代替不锈钢铆钉使用。

铆钉所用材料可以由铆钉头部的材料标识来判断。

A 铆钉——用纯铝制成，强度低，但防腐蚀性能好。只能用于一般标牌等的铆接，不能用在结构上。

AD 铆钉——用 2117 铝合金制成，它的强度低于 D 和 DD 铆钉，但这种铆钉即使在淬火时效后仍具有足够的塑性完成对铆钉的铆打。所以，它的热处理已在制造厂完成，铆接前无需再进行热处理，使用非常方便，适合用于外场修理，也称为外场铆钉。

另外，2117 铝合金具有较高的抗腐蚀能力，能与很多类型的金属一起使用。因此，AD 铆钉在飞机结构上得到广泛的应用。

D、DD 铆钉——分别用 2017 和 2024 铝合金制成，强度比 AD 铆钉高，其中 DD 铆钉强度最高。但这两种铆钉在铆打前必须进行淬火处理，并在时效孕育期内完成铆打。生产中，经常将铆钉集中进行热处理，然后放到冰盒里，需要铆打时才从冰盒中取出，并在时效孕育期内铆打完毕，所以这两种铆钉也称为冰盒铆钉。

B 铆钉——用 5056 铝镁合金制成，可以在室温下储存和使用，主要用来铆接镁合金件，防止电化学腐蚀。

M 铆钉——用镍-铜合金制成，称蒙乃尔铆钉，可以在室温下储存和使用。

KE 铆钉——用 7050 铝锌镁铜合金制成，可以在室温下储存和使用。在结构修理中，KE 铆钉可以用来代替 DD 铆钉。

### 3. 铆钉尺寸及标识

铆钉属于航材，按照件号标准规范，铆钉的件号标识应表明铆钉的钉头型式、铆钉材料、直径和长度。件号前面的字母和数字代表序列号，件号后的字母代表材料（常用材料编码如表 4.2 所示）。件号后的数字表示铆钉的直径和长度，其中：第一位数字表示铆钉直径，以 1/32 in 为计量单位，例如 3 表示 3/32 in，5 表示 5/32 in；第二位数字表示铆钉长度，以 1/16 in 为计量单位，例如 3 表示 3/16，11 表示 11/16。凸头铆钉的长度为铆钉杆的长度，埋头铆钉的长度为铆钉的全长。

**表 4.2 铆钉材料编码**

| 材　料 | 编　码 | 材　料 | 编　码 |
|---|---|---|---|
| 1100 和 3003 | A | 7075 和 7050 | KE |
| 2117 | AD | 蒙乃尔合金 | M |
| 2017 | D | 不锈钢 | F |
| 2024 | DD | 钛合金 | T |
| 5056 | B | 铜合金 | C |

比如：AN430AD4-8 铆钉，表示用 2117 材料制成的直径为 4/32 in，长度为 8/16 in 的半圆头铆钉。

又比如：MS20470AD4-4 铆钉，表示用 2117 材料制成的直径为 4/32 in，长度为 4/16 in 的普通头铆钉。

目前飞机使用的铆钉基本是波音与空客的标准，而且标准也不唯一，其中美国的标准依据不同协会和军种而各不相同，有 AN 标准、MS 标准和波音标准等。例如，AN426 或 MS20426(BA) 为 100° 埋头铆钉，AN470 或 MS20470(BB) 为普通头铆钉。又如，波音标准铆钉的件号为：BACR15BB4AD6，其中基本编码 BACR15BB 表示波音标准的普通头铆钉；直径编码 4 表示铆钉直径是 4/32 in；材料编码 AD 表示铆钉材料是 2117-T；长度编码 6 表示铆钉长度是 6/16 in。

用在飞机结构件上的受力铆钉直径为 3/32 ～ 3/8 in，直径小于 3/32 in 的铆钉不能用作受力铆钉。

**4. 铆钉的配置**

在进行飞机结构修理时铆钉的头型由安装位置决定。要求光滑气动外形的地方应当使用埋头铆钉，在其余的大部分位置可使用普通头铆钉。

一般来说，铆钉的直径应当与被铆接件的厚度相对应。如果在薄板材上采用直径过大的铆钉，铆接所需要的力会在铆钉头周围造成不良的皱纹。如果在厚板材上采用直径过小的铆钉，则铆钉的剪切强度不能满足传递连接载荷的要求。一般规律是铆钉直径应当不小于所连接板件中较厚板厚度的 3 倍。在飞机装配和修理中最经常选用的铆钉直径范围是 3/32 in ～ 3/8 in。直径小于 3/32 in 的铆钉不能用在传递载荷的任何结构件上。

铆钉长度应当等于铆接厚度加上成型适当镦头所需要的铆钉杆长度，铆接时形成的镦头尺寸应参照 SRM( 结构修理手册 ) 要求确定，如图 4.6 所示。通常维修工具均配备铆钉剪钳，以获得最佳的铆钉杆长度，保证镦头的尺寸。

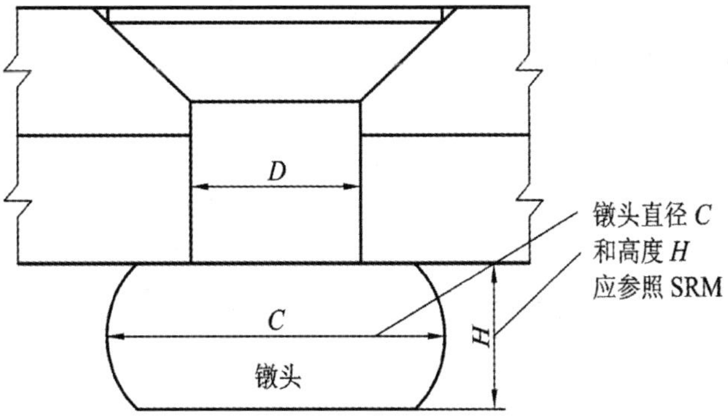


图 4.6　铆钉镦头尺寸

**5. 铆钉的排列**

几乎所有的铆接都不是单一一个铆钉可以完成的，这就涉及铆钉排布设计。

铆钉排列方式有平行排列和交错排列，如图 4.7 所示。一般情况下采用平行排列，交错排列用于需要进行液体或气体密封的结构，例如油箱边界结构，这是因为铆钉的交错排列可以增加油箱的密封性。

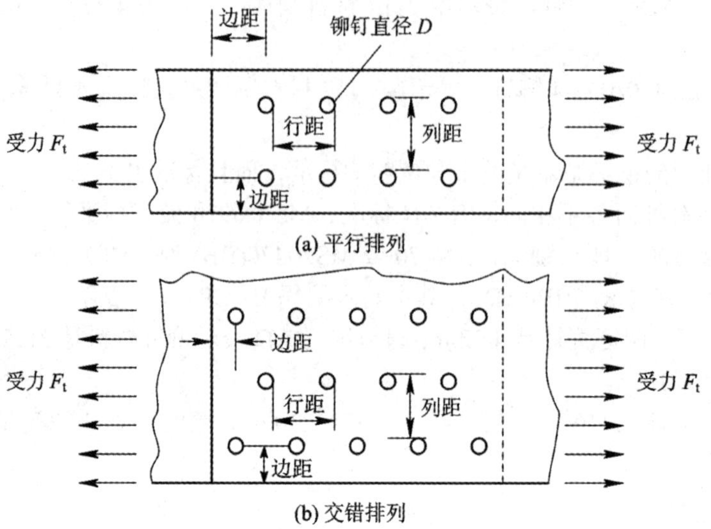


图 4.7　铆钉排列方式

铆钉的布局排列主要涉及边距和间距。

1) 边距

边距是铆钉中心到板材边缘的距离。如果铆钉安排得太靠近板的边缘，板件就可能在铆钉孔处产生剪切破坏，出现裂纹或断开；如果铆钉安排得距板边缘太远，则板的边缘容易翘曲。

一般情况下，铆钉的边距应在 $2D \sim 2.5D$($D$ 为铆钉直径 )。推荐使用 $2.5D$。

2) 间距

铆钉间距是相邻铆钉中心之间的距离。铆钉间距又分为行距和列距。

(1) 行距——垂直载荷方向的两行铆钉之间的间距。一般情况下，铆钉的行距在 $4D$ 到 $6D$ 之间 ( 推荐使用 $5D$) 时，可以满足铆钉连接的强度要求。若铆钉行距过大，结构承受挤压载荷时，可能导致铆钉间的连接件发生失稳变形。若铆钉行距过小，可能导致铆钉之间连接件材料遭剪切破坏。平行排列铆钉的最小行距为 $3D$，交错排列铆钉的最小行距为 $2D$。

(2) 列距——平行载荷方向的两列铆钉之间的间距。一般情况下，铆钉的列距在 $4D$ 到 $6D$ 之间时，可以满足铆钉连接的强度要求。若铆钉列距过大，同样会在结构承受压缩载荷时，导致铆钉间连接件失稳变形。若铆钉列距过小，可能导致连接件被拉断破坏，还会降低结构的疲劳寿命。对于疲劳敏感区，例如机身舱门等大开口周围结构以及机翼下表面蒙皮壁板等结构，铆钉的列距不能小于 $4D$。

### 4.1.3　制孔及设备

#### 1. 钻孔和夹具

铆接制孔与普通的紧固件连接钻孔不同。铆接孔属于配合连接，是铰制孔，配合件对应的孔径和相对位置精度要求高，许多孔还需要沉孔，并且对尺寸和精度要求比较高。

航空钣金装配，特别是维修操作，无法使用先进的数控加工设备，目前主要通过人工方法，也就是通过钻枪和辅助装备完成制孔，如图 4.8 所示。

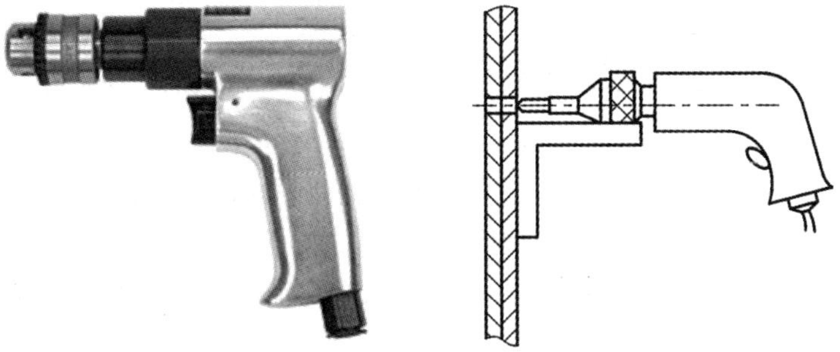

图 4.8　钻枪和装配制孔

装配制孔需要保证装配件不发生错位，通常要使用夹具和定位销等辅助工具。如图 4.9 所示是手动定位销和 C 型夹 ( 含 F 夹 )。利用这些工具可以保证工件在被加工过程中固定不动，同时已加工的孔不会出现错位。

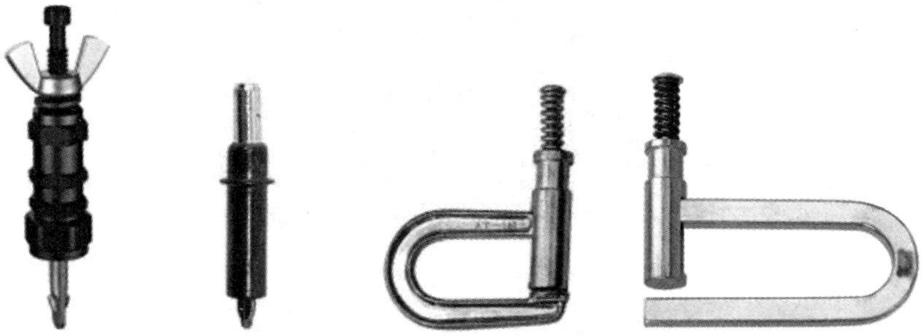

(a) 手动定位销　　　　(b) C 型夹

图 4.9　辅助定位夹具

## 2. 钻孔质量控制

用于飞机结构上的铆钉直径为 3/32 in ～ 3/8 in。一般安装铆钉的终孔直径要比铆钉钉杆直径大 3/1000 ~ 4/1000 in。若终孔直径太小，在将铆钉放入孔中时会划伤铆钉杆表面的氧化膜保护层；若终孔直径太大，在铆钉铆打完成之后，会造成铆钉杆不能充满铆钉孔，从而降低铆钉挤压强度，达不到连接强度要求。

铆钉孔的质量包括尺寸精度和形位精度。装配铆钉孔的直径误差参考表 4.3；形位精度包括形状精度和位置精度，在此主要讨论形状精度，也就是孔的歪斜值和椭圆度。孔歪斜值参考表 4.4，一般孔歪斜值应控制在 0.1 mm 以内，以保证孔和标准铆钉配合良好。孔的椭圆度应在孔的公差范围内，一般孔最大直径应不超过公称直径的 0.15。

**表 4.3　铆钉孔直径偏差**　　mm

<table>
<tr><td colspan="3">铆钉直径</td><td>1.6</td><td>2</td><td>2.6</td><td>3</td><td>3.5</td><td>4</td><td>5</td><td>6</td><td>8</td><td>10</td></tr>
<tr><td rowspan="4">铆钉孔直径</td><td rowspan="2">公称尺寸</td><td>GB1017—67</td><td>1.7</td><td>2.1</td><td>2.7</td><td>3.1</td><td>3.6</td><td>4.1</td><td>5.1</td><td>6</td><td>8.1</td><td>10.1</td></tr>
<tr><td>HB0-40—69</td><td colspan="3"></td><td></td><td colspan="2"></td><td>5.2</td><td>6.2</td><td>8.2</td><td></td></tr>
<tr><td rowspan="2">偏差</td><td>GB1017—69</td><td colspan="3">+0.12</td><td colspan="4">+0.16</td><td colspan="3">+0.2</td></tr>
<tr><td>推荐</td><td colspan="3">+0.1</td><td colspan="4">+0.15</td><td colspan="3">+0.2</td></tr>
</table>

表 4.4　铆钉孔的歪斜值　mm

| 部　位 | 铆接厚度＜5 | 铆接厚度＞5 | 难加工处 |
|---|---|---|---|
| 歪斜值 | 0.1 | 0.15 | 0.5 |

孔钻好以后，要用锉刀或划窝钻将孔边缘的毛刺去掉才能使用。如图 4.10 所示是手动去毛刺专用工具。对于孔边毛刺，也可以使用大直径的钻头作为去毛刺工具。一般去毛刺标准为在孔边形成 0.2 mm 深的倒角。对 LC4 及 30CrMnSiNi2A 材料的孔，在钉头面应制倒角 $R = 0.3$ mm。

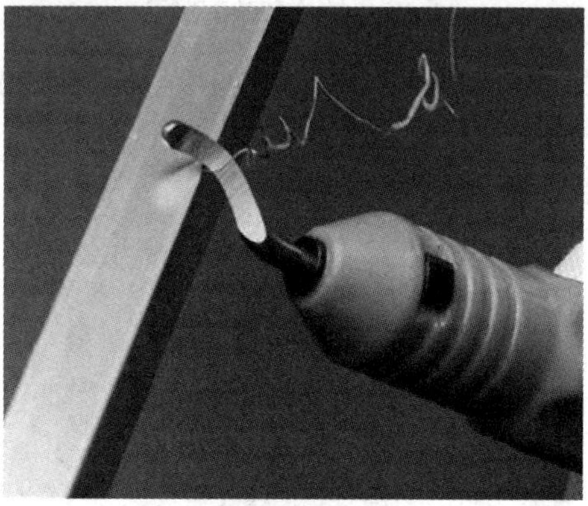

图 4.10　手动去毛刺工具

对于批量化生产装配，铆钉孔的导孔常常用冲压法冲压制得，然后再用钻孔方法将导孔扩钻到所需终孔的尺寸。若直接冲压出最后的终孔，可能有很多缺陷，比如材料硬化、孔边缘粗糙、裂缝等，这些都会降低连接钣件的疲劳强度。冲压的导孔或数控预制的孔形位精度非常高，为扩钻孔奠定了良好的基础。

### 3. 钻孔操作要点

(1) 装夹钻头一定要使用钻头钥匙，严禁用手打钻夹头或用其他方法装卸钻头，以防风钻轴偏心，影响孔的精度。

(2) 右手握紧风钻手柄，中指掌握扳机开关并用无名指控制风量，灵活操纵风钻转速，左手托住钻身，始终保持风钻平稳向前推进。

(3) 钻孔时要保证风钻轴线和水平方向与被钻零件表面垂直 ( 楔形零件钻孔除外 )；

(4) 钻孔时风钻转速要先慢后快，当快钻透时，转速要慢，压紧力要小。在台钻上钻孔时，要根据零件材质调整转速和进刀量。

(5) 使用短钻头钻孔时，根据零件表面开敞情况，在用左手托住钻身的情况下，用拇指和食指，也可用手肘接触被钻零件作为钻孔支点，以保证钻头钻孔的准确位置，防止钻头打滑钻伤零件，当孔钻穿时，又可防止钻帽碰伤零件表面，还可使风钻连续运转，提高钻孔效率。

(6) 使用长钻头钻孔时，一定要用手掌握钻头光杆部位，以免钻头抖动，使孔径超差或折断钻头。

(7) 使用风钻钻较厚零件时，要用目测或 90° 角尺检查垂直度。

(8) 钻孔时要勤退钻头排屑。

#### 4. 铰孔

许多铆接对孔内壁要求较高，钻孔精度无法满足要求，需要进一步精加工。

铰孔是用铰刀对已存在的孔进行精加工的方法，它从零件孔壁切除微量金属层，以提高孔的尺寸精度和达到孔表面粗糙度。

1) 铰孔的工艺要求

对于 LC4 之类的材料铆接，当夹层厚度大于 15 mm，孔径大于 6 mm 时，铆钉孔要进行铰孔加工，以保证孔表面粗糙度值不大于 1.6 μm，孔径尺寸和极限偏差符合规定。

铰孔时优先采用风钻铰孔，也可采用手工完成。铰孔时为保证孔的精度，应采用带导杆的铰刀，选用原则与扩孔钻的相同，也可使用钻模铰孔。

铰孔前一般先经过钻孔或扩孔，留铰孔余量，余量大小直接影响铰孔质量。若余量太小，往往不能把前道工序所留下的加工痕迹铰去；若余量太大，则切屑挤满铰刀的齿槽中，使冷却液不能进入切削区，严重影响表面粗糙度，或使切削刃负荷过大而迅速磨损，甚至崩刃。

2) 铰孔注意事项

在铰孔时应注意：铰刀绝不可倒转，否则会磨钝刀刃、划伤孔壁，铰刀应在旋转状态下退出；铰孔前先用与产品同材料的试件试铰，合格后再正式铰孔；铰孔时应注意铰刀要垂直于零件；铰削一次要清除黏存于刀齿上的切屑碎末；铰完孔后用毛刷刷干净铰刀，涂油后套上护套。

### 4.1.4　制窝及设备

航空铆接大多数在外表面，为保证铆钉头表面与钣件表面齐平，得到光滑的气动外形，需要使用埋头铆钉进行铆接，这样在钣料钻孔后，还要在钉孔制作容纳铆钉头的埋头窝，这就需要使用设备制窝。

制窝有锪窝和压窝两种方法。锪窝是指使用标准锪窝钻加工；压窝有室温压窝和加热压窝两种方法，前者称为冷压窝，后者称为热压窝。如何制窝需要根据蒙皮和骨架的结构选择。表 4.5 列举了按厚度确定制窝方法的原则。

**表 4.5　按厚度确定制窝方法**

| 蒙皮厚度 | 骨架厚度 | 制窝方法 | 图　例 |
|---|---|---|---|
| ≤ 0.8 mm | ≤ 0.8 mm | 蒙皮、骨架均压窝 | 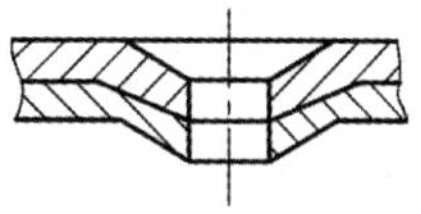 |
| | ＜ 0.8 mm | 蒙皮压窝，骨架锪窝 | 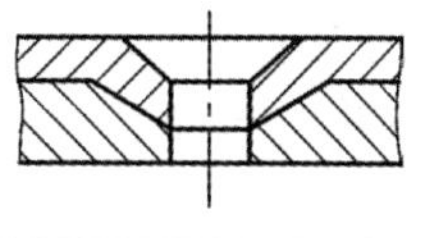 |
| ＞ 0.8 mm | 不限 | 蒙皮锪窝 | 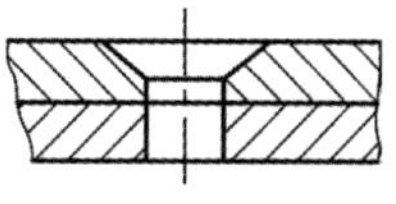 |

一般情况下挤压型材已经变形，不允许再压窝，只能锪窝；多层零件压窝一般应分别进行，当必须一起压窝时，其夹层厚度应不大于 1.6 mm；除了在镁合金、钛及钛合金、超硬铝合金的零件上必须采用热压窝外，一般均采用冷压窝。

**1. 锪窝**

1) 锪窝钻

锪窝钻主体结构是中心带导杆的大钻头，导杆有柱形和球形之分，前者可保证垂直度良好，后者适合斜面等可以灵活控制角度，如图 4.11 所示。对于没有尺寸要求的锪窝，也可以使用大号的钻头代替。

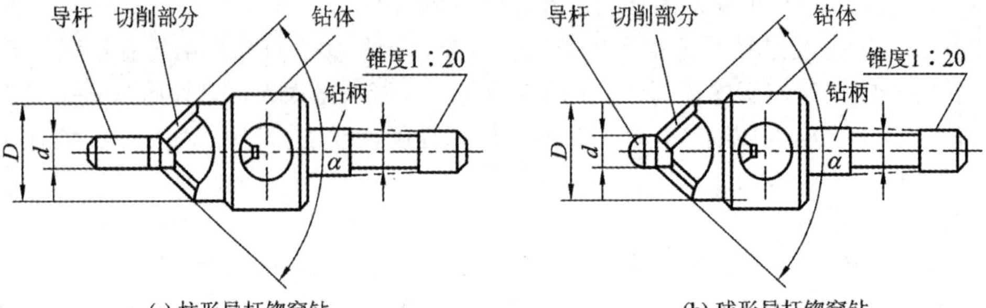


图 4.11　锪窝钻

锪窝钻主要由钻柄、钻体、切削部分、导杆组成，钻柄有锥度，导杆有不同直径系列，锪窝角度可分为 90°，100° 和 120°。

锪窝钻按功用分为蒙皮锪窝钻和骨架锪窝钻两种；按使用对象不同可分为铆钉锪窝钻和螺栓锪窝钻；按照形式可分为锪窝钻和反锪窝钻。

反锪窝钻用于反向锪窝。反锪窝钻主要由刀头和导杆两部分组成，如图 4.12 所示。

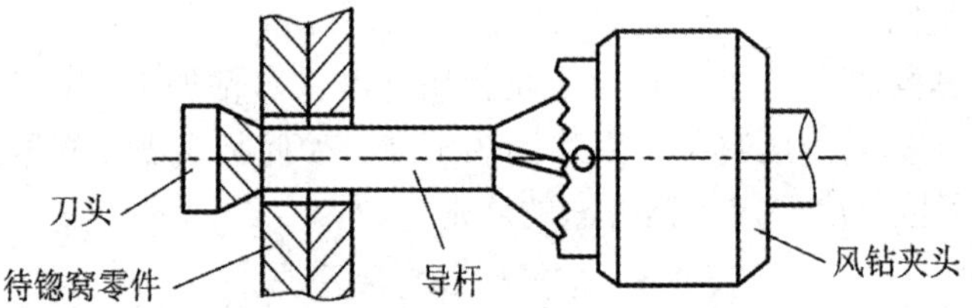


图 4.12　反锪窝钻

反锪窝钻采用快卸式连接。反锪窝钻钻头的切削刃正好与锪窝钻的切削刃相反。由于反锪窝钻的导杆和刀头部是可卸载结构，只要将导杆插入需锪窝的孔内，安上刀头，将导杆夹紧在风钻的钻夹头上，开动风钻开关即可进行反锪窝。

反锪窝钻完成一个锪窝后需要重新安放，生产效率较低；而且采用反锪窝钻锪窝时，不能采用锪窝限动器，锪窝深度难以控制，因此一般情况下尽量不采用反锪窝钻锪窝。

2) 锪窝限动器

锪窝与制孔一样需要保证尺寸精度和形状位置精度，这直接关系到铆接后的平整度。一般沉头窝的深度必须小于铆钉头的最小高度，锪窝表面应光滑洁净，不许有棱角、划伤；窝的轴线应垂直于零件表面；窝的椭圆度不超过 0.03 mm。用标准铆钉检查划窝的质量，钉头不准下凹，允许凸出 0.02 ～ 0.05 mm。图 4.13 所示为沉头窝深度和铆钉凸出示意图。

这个参数是空客标准，对于波音标准，其凸出量最小值要求为 0。

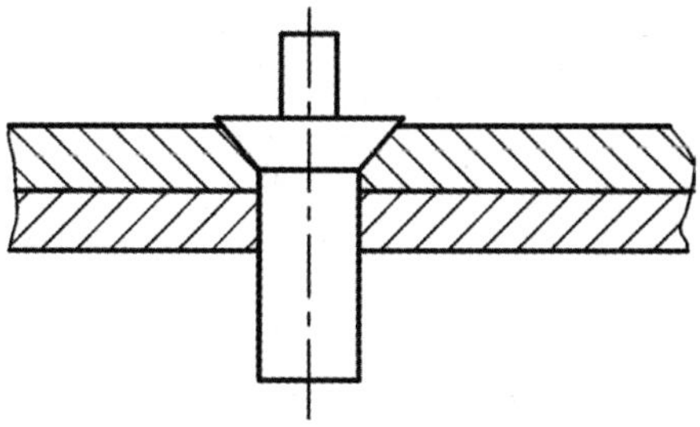

图 4.13　沉头窝深度和铆钉凸出

手工操作要保持锪窝深度统一是非常困难的，通常须配置锪窝限动器，以此保证锪窝标准化加工，图 4.14 所示为锪窝限动器结构示意图。锪窝限动器主要由锪窝钻、调整螺母、螺钉、弹簧、调节圈、销子、带有键的滑套、滚珠和芯轴等组成。调整这种锪窝限动器只要向下移动带有键的滑套，芯轴装卡在气钻钻夹头内，启动钻枪锪窝钻均可工作。压缩弹簧，调整螺母和调节圈就可以改变锪窝的深度。

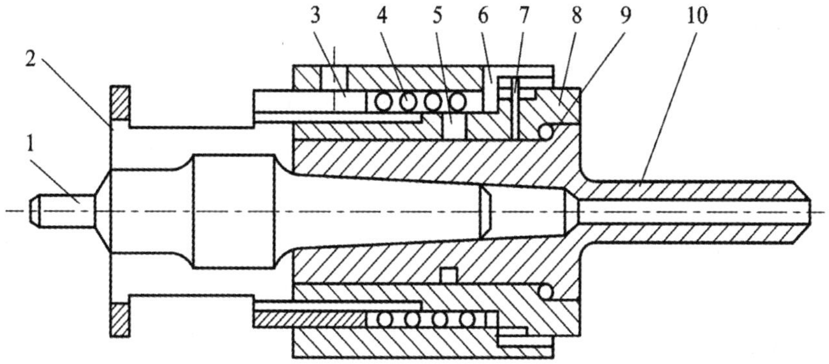


1—锪窝钻；2—调整螺母；3—螺钉；4—弹簧；5—螺钉；
6—调节圈；7—销子；8—滑套；9—滚珠；10—芯轴。

图 4.14　锪窝限动器示意图

锪窝时，将锪窝限动器调整到所需锪窝深度(可试锪几个窝，用铆钉检验窝是否符合要求)，将锪窝限动器的芯轴装夹在气钻钻夹头内，右手握住气钻，左手握住导套，然后将锪窝钻的导杆插入孔内，开动气钻，将气钻往下压，使锪窝限动器的导套紧紧地贴合在蒙皮的表面，并保证锪窝钻轴线与蒙皮表面垂直；否则就会形成偏心窝，使铆钉头与窝不吻合，铆接后铆钉钉头会在一边凸出蒙皮表面。导套与蒙皮不能相对转动，否则容易划伤蒙皮表面。

使用锪窝限动器锪窝时用力要均匀适当，避免锪窝有深有浅，减少蒙皮表面圈状压痕。

采用锪窝限动器制窝，可以保证窝的深度、圆度及表面粗糙度，窝的质量稳定，生产效率高，适合大批量的锪窝生产。

3) 锪窝钻的选择

锪窝的切削主体是锪窝钻。不同直径的铆钉需要不同的沉孔，对应不同直径系列的锪窝钻，其直径与铆钉头直径的关系见表 4.6，对应的锪窝端面尺寸见表 4.7。

表 4.6 锪窝钻直径尺寸 mm

| 沉头窝角度 | 90° | | | | | | | |
|---|---|---|---|---|---|---|---|---|
| 铆钉直径 | 2.6 | 3.0 | 3.5 | 4.0 | 5.0 | 6.0 | 7.0 | 8.0 |
| 铆钉头直径 | 4.6 | 5.2 | 6.1 | 7.0 | 8.8 | 10.4 | 12.2 | 14.0 |
| 锪窝钻直径 | 4.7 | 5.3 | 6.2 | 7.1 | 8.9 | 10.5 | 12.3 | 14.1 |
| 沉头窝角度 | 120° | | | | | | | |
| 铆钉直径 | 2.6 | 3.0 | 3.5 | 4.0 | 5.0 | 6.0 | | |
| 铆钉头直径 | 5.35 | 6.1 | 6.9 | 7.8 | 9.5 | 11.5 | | |
| 锪窝钻直径 | 5.45 | 6.2 | 7.0 | 7.9 | 9.6 | 11.6 | | |

表 4.7 铆钉端面窝直径尺寸 mm

| 铆钉直径 | 2.0 | 2.5 | 2.6 | 3.0 | 3.5 | 4.0 | 5.0 | 6.0 | 7.0 | 8.0 | 10.0 |
|---|---|---|---|---|---|---|---|---|---|---|---|
| 端面窝直径 | 8 | 12 | | | 14 | | 18 | | 20 | | 22 |
| 转接半径 | 1.5 | | | | | | | | 2.0 | | |

4) 在楔形件上锪窝

当在楔形件上锪窝时，应当用带有球形导杆的锪窝钻，并保证锪窝钻垂直于该点零件表面，如图 4.15 所示。进行双面沉头铆接时，铆钉沉头窝和镦头窝应间隔分布，如图 4.16 所示。

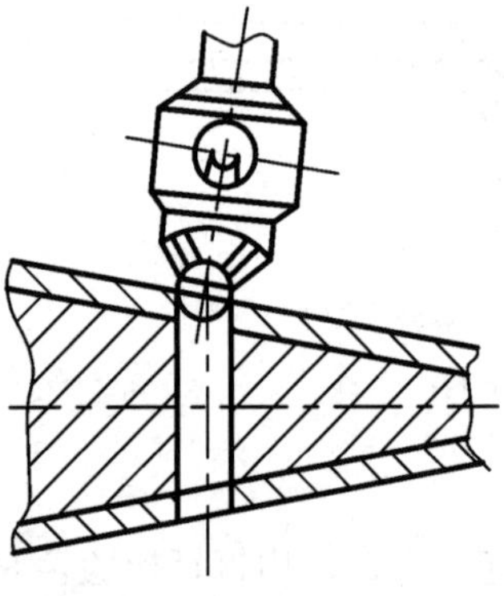

图 4.15 楔形件锪窝图

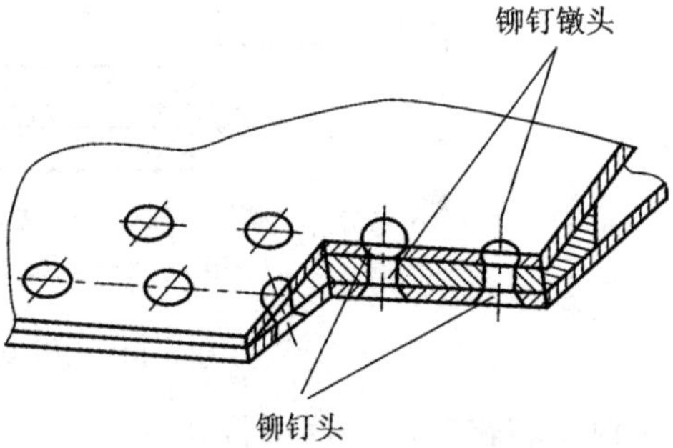


图 4.16 楔形件上铆钉沉头窝和镦头窝分布

当零件的楔形斜角 $\alpha > 10°$ 时，应锪出放置铆钉头或镦头的端面窝，如图 4.17 所示，端面窝直径见表 4.7。

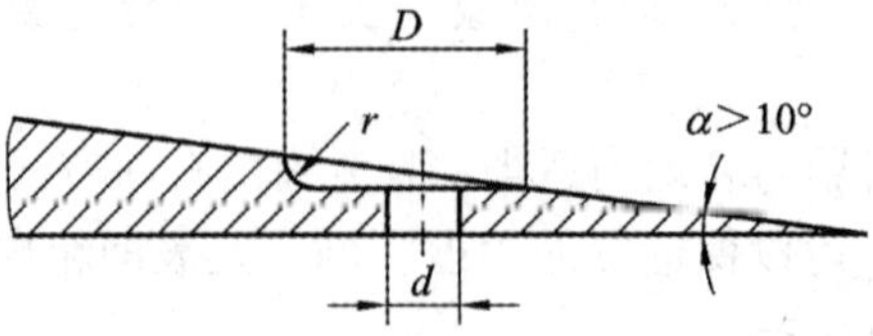


图 4.17 铆钉端面窝

5) 锪窝工艺要求

(1) 蒙皮锪窝时，锪窝钻导杆的直径应与铆钉孔的直径相同；

(2) 在锪窝过程中，气钻不能抖动，进给力要均匀，以保证锪窝精度；

(3) 用不带限动器的锪窝钻锪窝时，进给力要小，勤退锪钻检查窝孔深度；

(4) 在钢制零件和钛合金零件上锪窝时，气钻速度要低；

(5) 在复合材料上锪窝时，应先启动气钻，再进行零件锪窝，以防止表面拉毛；

(6) 锪窝时为防止蒙皮表面产生痕迹，可在蒙皮表面锪窝处垫上专用垫圈，如图 4.18 所示。

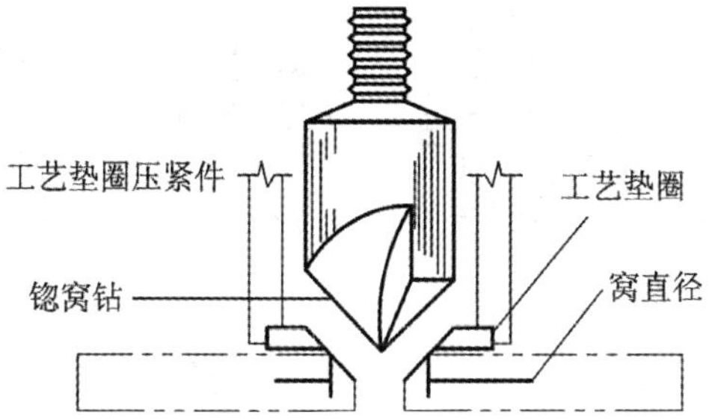


图 4.18　锪窝专用垫圈示意图

锪窝前通常应在试片上试锪合格，然后再在试片上锪出 5 个窝，进行不少于 5 个同直径的铆钉或窝量具的检测，合格后再正式加工。

在生产线上，大多数为钻锪一体化工具，每锪 50 ～ 100 个窝，必须自检一次窝的质量。

### 2. 压窝

在飞机的生产装配上，许多沉孔是在钣金成形过程中一次冷压制备的。这种压窝是通过外力挤压使板材局部变形成窝的，一般有冷压窝和热压窝之分。冷压窝是指在室温下通过使用阳模和阴模压窝；热压窝是指将材料加热到一定温度，通过热压窝设备使窝压制成形。

1) 压窝的技术要求

(1) 窝的角度有 90°、100° 和 120° 三种。航空维修主要使用 100° 进口铆钉。

(2) 蒙皮上窝的深度应比铆钉头最小高度小 0.02 ～ 0.05 mm。

(3) 蒙皮压窝和骨架锪窝时，骨架上窝的深度应比蒙皮上的深，加深量参考骨架厚度、铆钉直径和连接件厚度，通常比蒙皮压窝深度增加 0.15 ～ 0.4。

(4) 双面沉头铆接时，锪窝的镦头窝为 90°，直径见表 4.8；压窝的镦头窝为 120°。

表 4.8　90° 沉头窝的最小直径　　mm

| 铆钉直径 | 2.5 | 2.6 | 3.0 | 3.5 | 4.0 | 5.0 | 6.0 | 7.0 | 8.0 |
|---|---|---|---|---|---|---|---|---|---|
| 镦头窝最小直径 | 3.5 | 3.65 | 4.20 | 4.95 | 5.60 | 7.0 | 8.2 | 9.5 | 10.8 |

(5) 窝的圆度公差值为 0.2 mm，个别允许至 0.3 mm，数量不大于铆钉窝数的 15%。

(6) 窝的轴线应垂直于零件表面，并与孔的轴线一致 ( 楔形件除外 )。窝的轴线倾斜和偏心所引起的铆钉头凸出量应符合各机型设计技术条件。

(7) 锪窝的表面应光滑，不允许有棱角和划伤。

(8) 压窝附近的零件表面不允许有局部高低不平；从零件表面到钉窝表面的过渡应光滑，窝的轮廓线应清晰；扩孔到最后尺寸时，钉窝不允许有裂纹和破边。

(9) 由锪窝限动器和压窝器造成的零件表面的痕迹、凹陷、轻微机械损伤等的深度，应不大于材料包覆层的厚度，且这种窝的数量应不大于铆钉排内窝数的 3%。

2) 压窝工艺

压窝的工艺方法非常多，其基本原理是外力施压产生变形。图 4.19(a) ～ (f) 所示为压窝的基本工艺过程，即：初钻孔→去除孔边毛刺→阳模导销插入零件孔中→阳模、阴模压紧零件→压窝→将初孔扩至铆钉孔最后尺寸。

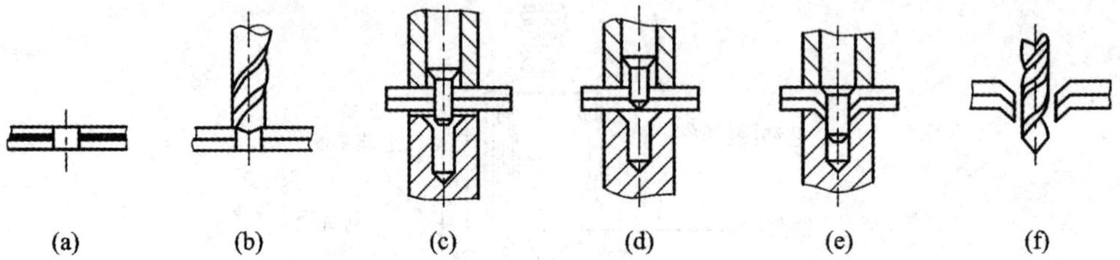


图 4.19　压窝工艺过程

(1) 冷压窝工艺方法。

冷压窝工艺方法比较多，典型的有采用弯边工作原理进行压窝的。压窝器结构如图 4.20 所示的阴阳模、图 4.21 所示的铆钉压模和图 4.22 所示的弯边器压模。

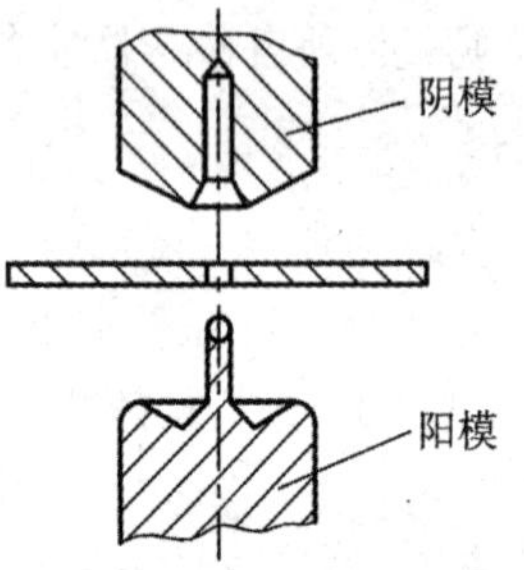


图 4.20　阴阳模方法

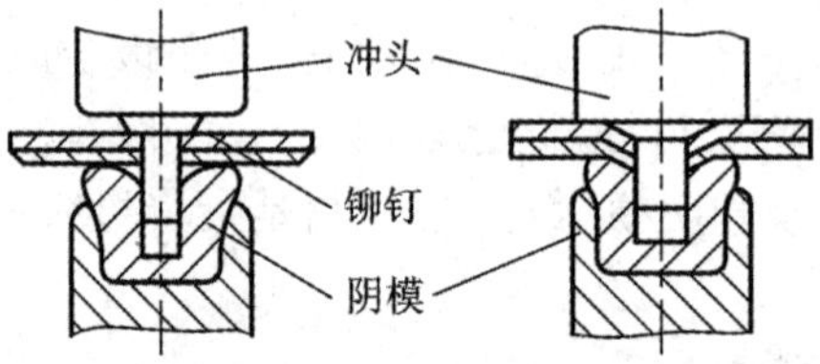


图 4.21　铆钉压模方法

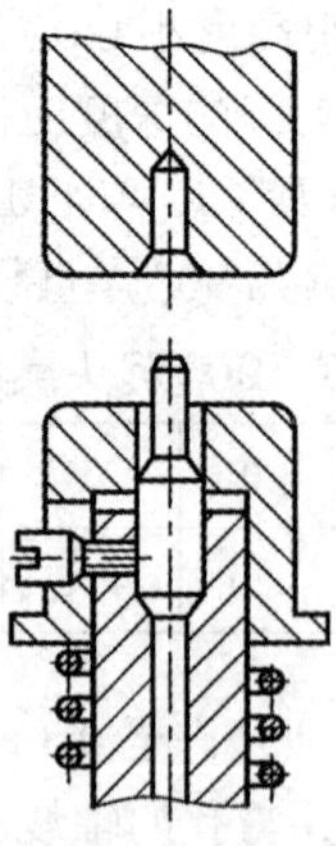

冷压窝工艺方法

图 4.22　弯边器压模

用上述工艺方法压窝的缺点是压窝后板材有凸起现象，窝的周围易产生径向裂纹，压出的窝有些形状不够标准。

另外一种采用拉伸-弯曲工作原理进行压窝的工艺可以改善上述工艺缺陷。图 4.23 所示为拉伸方法的压窝器。图 4.24 所示是采用弯曲压印原理进行压窝的压窝器，用这种方法压窝能获得良好的表面平滑度，但钉窝与板材表面转折处是应力集中点，与平滑转折曲面相比强度有所降低。

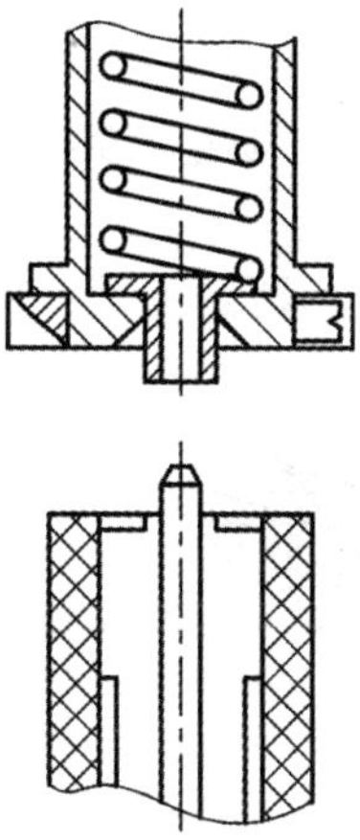

图 4.23　拉伸压窝器

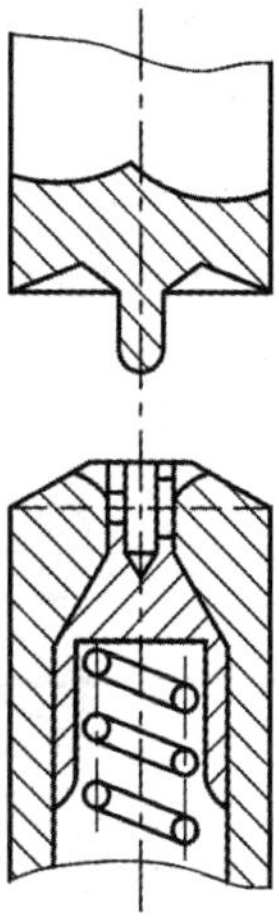

图 4.24　弯曲压印压窝器

冷压窝工艺的关键是力学变形，压力是影响质量的重要参数。压窝力的大小与铆钉直径有关。以压窝材料 LY12-CZ 为例，厚度为 0.5 ～ 0.8 mm 时，冷压窝所需压窝力见表 4.9，显然随着直径的增大，压力呈非线性比例上升。

表 4.9　压窝力与铆钉直径关系

| 铆钉直径 /mm | 2.6 | 3.0 | 3.5 | 4.0 | 5.0 |
|---|---|---|---|---|---|
| 压窝力 /kN | 18.6 | 23.5 | 29.5 | 37.2 | 49.0 |

(2) 热压窝工艺方法。

冷压窝工艺简单但受力变形易产生裂纹，加热的方法可以解决此类问题。热压窝一般在条件许可的批量生产制造环境下进行，加热方法有电阻法和接触法两种。

热压窝的温度与材料种类和热处理状态有关；热压窝的保持时间与材料种类、材料厚度、窝的形状和尺寸及设备有关；对于静压窝设备来讲，还与成形速度和成形压力有关。以电阻加热法压窝为例，一般温度需要 288℃～ 315℃ ( 依据材质和厚度 )，预应力要达到 0.045 MPa，同时要保持 1 ～ 5 秒以保证质量。

## 任务 4.2　结构普通铆接

### 4.2.1　铆接工具和设备

铆接 (riveting) 是利用轴向力将零件铆钉孔内钉杆镦粗并形成镦头，使多个零件相连接的方法。铆接的主要工具是铆枪、铆壳和顶铁。

### 1. 铆枪

铆枪形式和尺寸种类繁多，一般要求质量轻、功率大、尺寸小，便于在各种飞机结构内使用。生产线或装配线使用的铆枪体积大、功能多、精度高，对工人操作要求低；航空维修使用的铆枪一般为手枪式铆枪，灵活方便，能满足各种空间操作。

各类铆枪的结构和工作原理大同小异，这里以手枪式铆枪为例来介绍，其外形结构如图 4.25 所示。工作冲击主要依靠高压空气推动活塞往复运动，产生连续的冲击，击打力通过外装的不同铆壳，把压力传给铆钉使其产生变形，完成铆接。

图 4.25　手枪式铆枪

通常铆枪的前端配置有安全弹簧保护，防止铆壳意外弹出伤人。

铆枪内部结构和工作原理如图 4.26 所示。

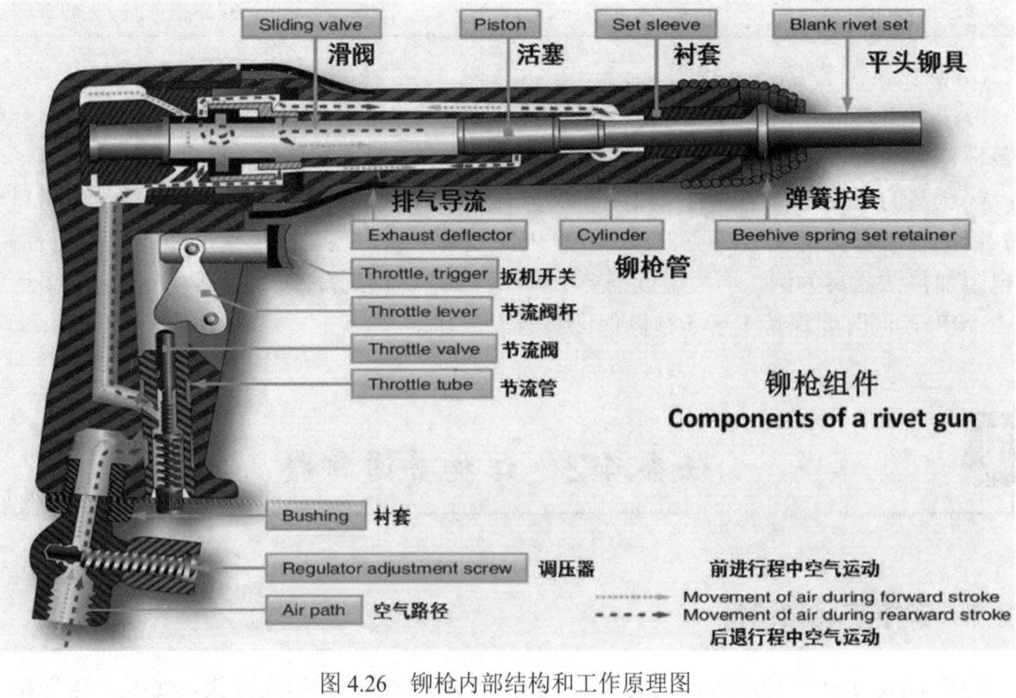


图 4.26　铆枪内部结构和工作原理图

压缩空气经调压器进入铆枪；按动扳机开关后，节流阀杆下降，推动节流管中心的节流阀，控制气体进入铆枪左腔(左、右腔以活塞为界)。左腔的气体经气道使左腔斥力高，活塞右行打击空心铆具。活塞右行将气路改变，推动滑阀左行，又使气路改变。一路气体经气道进入右腔，这样活塞左行。以一定的速度向左行的活塞压缩左腔中的气体，随着体积的减小和活塞速度的降低，左腔气体压力升高，此高压气体作用在滑阀左端环形面上，推动滑阀右行，回复到工作行程的起始位置。这样，活塞、滑阀又处于工作行程状态，进行一次新的冲击。如此反复循环，即可完成快速打击的动作。

### 2. 铆壳(冲头)

铆打不同的铆钉，需要选用合适的铆枪冲头，即铆壳。铆壳形状应和要铆打的铆钉钉头形状相匹配，平头铆钉和圆头铆钉的铆壳不可替换。如图 4.27 所示为平头铆壳和圆头铆壳。

(a) 平头铆壳　　(b) 圆头铆壳

图 4.27　平头铆壳和圆头铆壳

如果铆钉为半圆头铆钉或普通头铆钉 (426 或 470 型铆钉)，铆壳凹处半径应比钉头半径略大一些，以保证铆打时铆壳施加到钉头上的力能集中作用到钉杆中心处。如图 4.28 所示为不同直径的铆钉钉头和铆壳匹配图例。图 4.28(a) 中凹处半径过小，会使力作用到钉头局部区域，将钉头边缘打偏；图 4.28(b) 中凹处半径过大，铆壳会触到被铆接钣件的表面，可能使钉头周围的钣件受到损伤。因此铆壳的选择必须严格，确保铆壳凹处半径适中。

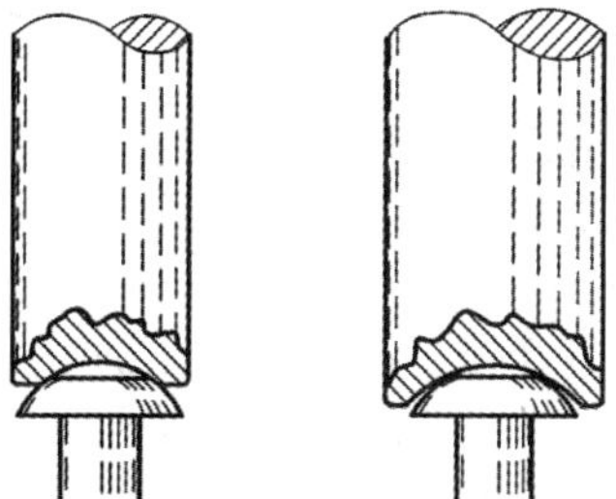

(a)　　(b)

图 4.28　不同直径的铆钉钉头和匹配图例

### 3. 顶铁(顶把)

顶铁是和铆枪配合使用的铆接主要工具之一。铆接时，依靠顶铁重力所产生的反作用力与铆枪的冲击力平衡而使得铆钉杆镦粗形成镦头。

1) 顶把的形状

顶把的形状多种多样，以适应结构件的铆接空间通路需要。顶把的工作表面粗糙度 *Ra* 值一般为 1.6 μm。铆接结构都可以使用的顶把，称为通用顶把。如图 4.29 所示为通用顶把实物图。

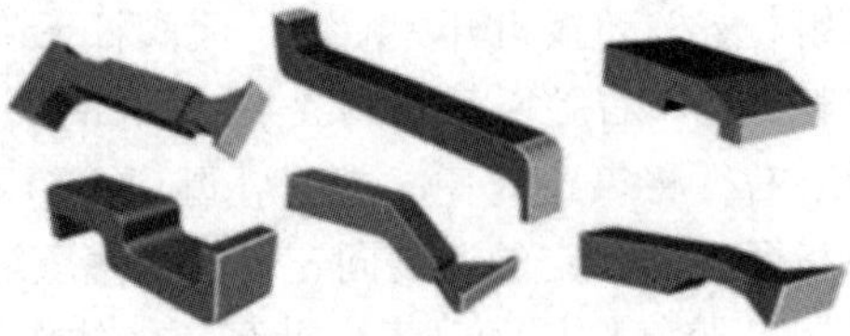

图 4.29　通用顶把实物图

在铆接形状复杂的装配件、铆接通路困难时，必须设计专用顶把才能满足铆接通路需要。专用顶把的形状是奇形怪状、大小不一且各式各样的。它不能完全符合顶把的理论质量的要求，主要为满足形状和通路的要求。如图 4.30 所示为几例专用顶把。

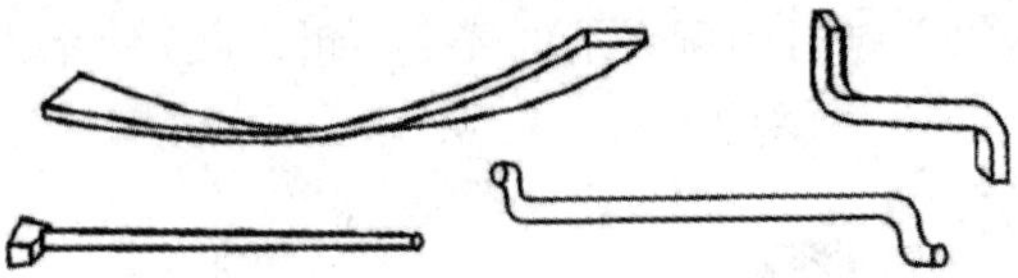

图 4.30　专用顶把

2) 顶把的质量

铆接的方法不同，所用顶把的质量也不同。正铆用的顶把质量大，反铆用的顶把质量较正铆的轻。正铆和反铆的顶把质量可按表 4.10 所列选择。

**表 4.10　顶把质量选择表**

| 铆钉材料 | 铆接方法 | 铆钉直径 / mm | | | | | | |
|---|---|---|---|---|---|---|---|---|
| | | 2.5 | 3.0 | 3.5 | 4.0 | 5.0 | 6.0 | 8.0 |
| | | 顶把质量 /kg | | | | | | |
| 铝合金 | 反铆 | 0.5 ～ 1.0 | 0.6 ～ 1.2 | 0.7 ～ 1.4 | 0.8 ～ 1.6 | 1.0 ～ 2.0 | 1.2 ～ 2.4 | 1.6 ～ 3.2 |
| | 正铆 | 1.2 ～ 1.7 | 1.5 ～ 2.1 | 1.7 ～ 2.4 | 2.0 ～ 2.8 | 2.5 ～ 3.5 | 3.0 ～ 4.2 | 4.0 ～ 5.6 |
| 钢 | 反铆 | 1.0 ～ 1.5 | 1.2 ～ 1.8 | 1.4 ～ 2.1 | 1.6 ～ 2.4 | 2.0 ～ 3.0 | 2.4 ～ 3.6 | 3.2 ～ 4.8 |
| | 正铆 | 2.0 ～ 2.5 | 2.4 ～ 3.0 | 2.8 ～ 3.5 | 3.2 ～ 4.0 | 4.0 ～ 5.0 | 4.8 ～ 6.0 | 6.4 ～ 8.0 |

对应英制单位铆钉，与各种直径铆钉配合使用的顶把质量如表 4.11 所示。

**表 4.11　推荐的铆钉顶把质量**

| 铆钉直径 /in | 铆钉顶把近似质量 / 磅 |
|---|---|
| 3/32 | 2 ～ 3 |
| 1/8 | 3 ～ 4 |
| 5/32 | 3 ～ 4.5 |
| 3/16 | 4 ～ 5 |
| 1/4 | 5 ～ 6.5 |

3) 顶把的操作要领

(1) 根据铆钉材料和直径选择质量适合的顶把，再根据铆接通路选择合适形状的顶把；

(2) 手握顶把时，应注意使顶把的工作表面垂直于铆钉钉杆，以保证不将镦头打歪；

(3) 手握顶把不要握得太紧，但应保持在原地方随活塞撞击频率跳动；

(4) 铆接时，握顶把应与铆枪的锤击密切配合，要求不空打铆枪，以免铆接件变形。

## 4.2.2　铆接操作

飞机铆接主要分为静力铆接和冲击铆接。在生产线开放环境下，压铆设备可以完成大的部件静力铆接，装配和维修则采用便捷的冲击铆接。冲击铆接是顶把和铆枪铆壳发生冲击作用使铆钉变形的过程。根据铆接时所锤击的铆钉位置不同，可将冲击铆接分为正铆法和反铆法。

### 1. 正铆法和反铆法

铆枪的冲击力直接作用在铆钉杆上，另一端顶铁支撑在铆钉头上产生反作用力，从而使铆钉杆形成镦头，这种铆接法称为正铆法，如图 4.31(a) 所示。

铆枪的冲击力作用在铆钉头部，而顶铁的反作用力使铆钉杆变形，形成镦头，这种铆接法称为反铆法，如图 4.31(b) 所示。

正铆和反铆工艺方法

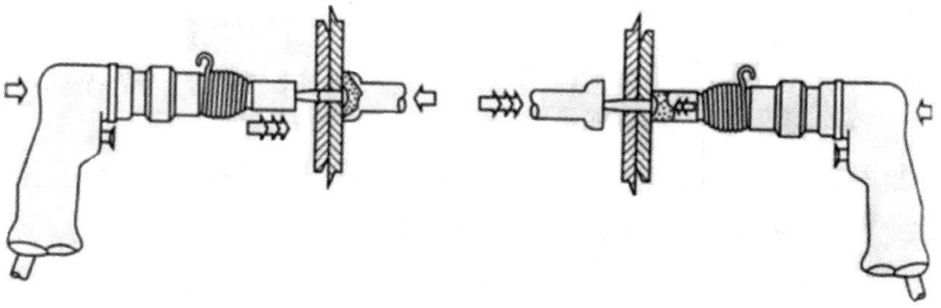

(a) 正铆法　　(b) 反铆法

图 4.31　正铆法和反铆法

### 2. 正铆法和反铆法的特点

1) 正铆法的特点

(1) 正铆法在撞击时，因冲击力直接作用于铆钉杆上，在铆钉杆变形到一定程度后，铆接件才开始吸收撞击能量，因此铆接件变形小，表面质量好。

(2) 铆钉镦头的形成速度快、效率高。

(3) 正铆可以铆接较厚的铆接件。

(4) 正铆所用的顶铁较重，约为反铆用顶铁质量的四倍，同时为防止铆钉头部与蒙皮之间及蒙皮与骨架之间产生间隙，铆接时还要给予较大的顶紧力，因此劳动强度较大。

(5) 正铆法应用范围受结构件的铆接通路限制，对于内部空间小的结构件，不能放入铆枪或较大的顶铁，因此，正铆法适用于开敞性好、蒙皮外表面多采用埋头铆钉的铆接。

2) 反铆法的特点

(1) 反铆法的应用广泛，能铆接通路差的结构件。

(2) 反铆所用的顶铁比正铆所用的顶铁质量轻，便于操作。

(3) 反铆时因铆枪的冲击力直接作用于铆钉头部，起到自动压紧铆接件的作用，可弥补薄壁结构件正铆时容易产生夹层间隙的缺陷。

(4) 反铆时冲击力打在铆钉头上，使冲击力产生的能量有一部分从铆钉头部传到铆接件上，结构越厚，刚度越大，吸收的能量也越大，铆钉镦头成形越困难。因此，铆枪打击冲头的次数也要增多，这样容易造成铆接零件的变形，铆钉处会产生局部凹陷，同时也会产生表面磕伤、不光滑等缺陷。

3. 铆接操作注意事项

冲击铆接的绝大部分工作需要双人配合工作，以保证质量和技术安全。要求两人默契配合，并做到下列几点：

(1) 工作前应检查铆枪所用的铆壳和顶把，根据铆钉的件号选择合适的铆枪及相应的铆壳。铆壳要牢固地安装在铆接装置上，不得有裂纹和毛刺。

(2) 铆枪安装铆壳后，不得将铆枪对着人或产品，以免失手打伤人或产品；铆枪用完之后，立即将铆壳取下，防止冲头从铆枪上弹出，或将冲头用橡皮绳系牢在铆枪头部。

(3) 用铆枪铆接时，不得分散注意力，两人应密切配合；当铆壳压紧在铆钉头上，顶把顶在铆钉杆上的时候，方可开动铆枪。

(4) 使用铆壳时，可以在铆壳和产品表面之间垫上玻璃纸或透明塑料布，以保证产品表面光滑。

(5) 注意调整铆枪速度 ( 每分钟振动次数 )。在按下扳机启动铆枪之前，要牢牢地把铆接装置对着木块加压。在没有抵住铆接装置时，决不能进行操作，因为振动作用可能引起限位弹簧破坏，使铆壳飞出铆枪，造成危险。

(6) 使铆枪与加工件垂直，防止损伤铆钉头或者周围材料表面。

(7) 铆枪不能空打，禁止使用没有限位弹簧的铆枪。

(8) 长时间不使用铆枪时，一定要断开铆枪的气源。

4. 铆接质量检查

铆接质量检查方法主要是外形目视检查和镦头尺寸检查。

一般标准要求：镦头直径为铆钉直径的 1.5 倍，高度为铆钉直径的 0.5( 参照 SRM)；同时要求铆钉头和接触平面没有间隙 ( 通过塞尺检查 )，镦头整体不偏斜，表面平整，铆钉头无压痕损伤，沉头端平整，表面平齐或高出工作面。

铆接质量检查采用的简单方法是使用游标卡尺或钢板尺测量镦头尺寸，通过目视和手感来评估镦头质量。专业检测可利用标准样板尺或样板卡 ( 过不过规 ) 来测量，如图 4.32 所示。过不过规是指按照被测件最大极限尺寸和最小极限尺寸制定的标准样板尺或样板卡 ( 称为过规和不过规，简称过不过规 )。图 4.32(a) 是测量高度尺寸是否在规定尺寸范围内，图 4.32(b) 是测量直径尺寸是否在规定尺寸范围内。

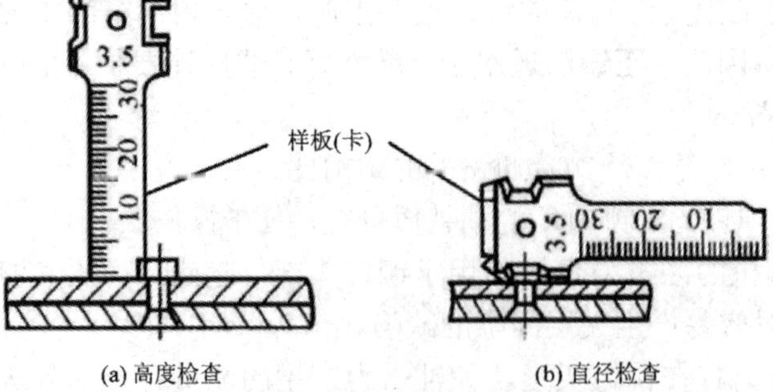


图 4.32　镦头样板尺检查

量化精密检查镦头偏斜、表面不平度、工件表面划痕损伤和沉头高度等可以使用带有表头的专用检测装置，如图 4.33 所示。

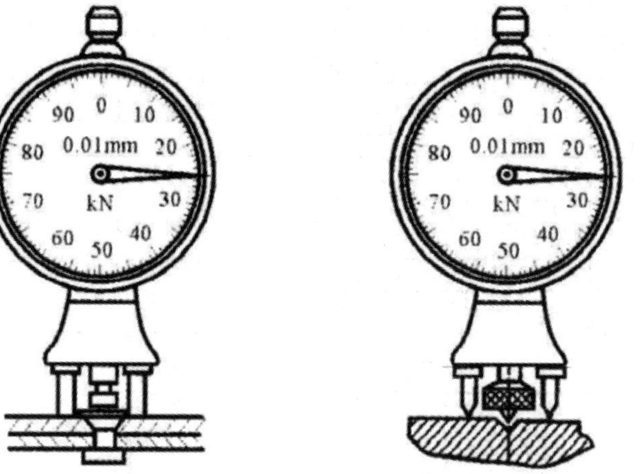


(a) 沉头凸出量检查　　(b) 蒙皮不平度及划伤深度检查

图 4.33　专用检测装置

### 5. 铆接缺陷分析评估

铆接缺陷种类繁多，大体有几类：沉头的高度不合格；镦头的高度和直径不合格；铆接后间隙超标；铆接变形；铆接出现夹层；镦头偏斜；铆钉杆异常变形；铆接造成镦头或钉头损伤等。铆接典型缺陷分析如表 4.12 所示。

**表 4.12　铆接典型缺陷分析**

| 序号 | 缺陷种类 | 图　例 | 原因分析 | 解决方法 |
|---|---|---|---|---|
| 1 | 沉头铆钉头凹进零件表面 | 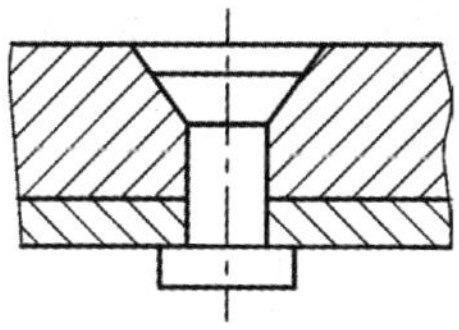 | 1. 窝锪得太深；<br>2. 铆钉头高度太小 | 更换加大铆钉 |
| 2 | 沉头铆钉头凸出零件超过标准 | 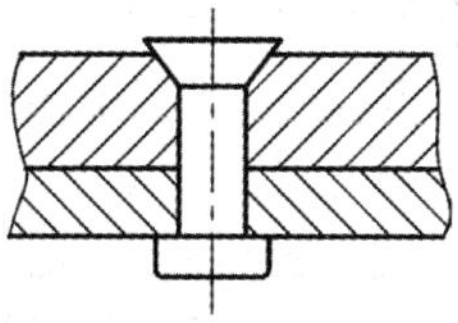 | 1. 窝锪得太浅；<br>2. 铆钉头高度太高 | 更换铆钉或重新锪窝 |
| 3 | 铆钉头与零件接触面有间隙 | 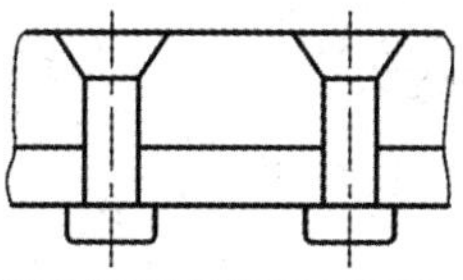 | 1. 钉头与窝的角度不一致；<br>2. 钉窝偏斜 | 用大一号铆钉重新锪窝铆接 |
| 4 | 铆接时，钉杆在钉头下镦粗，造成铆钉头与零件产生间隙 | 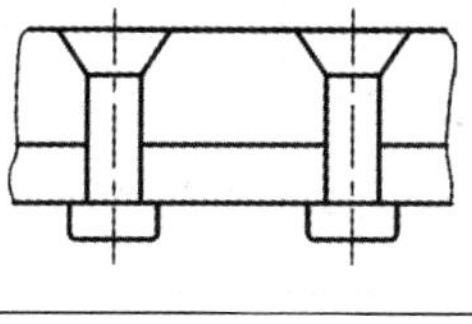 | 1. 铆接时窝头压力不够；<br>2. 顶把压紧力过大 | 更换铆钉或补铆 |

续表

| 序号 | 缺陷种类 | 图　例 | 原因分析 | 解决方法 |
| --- | --- | --- | --- | --- |
| 5 | 铆钉镦头直径过小 | 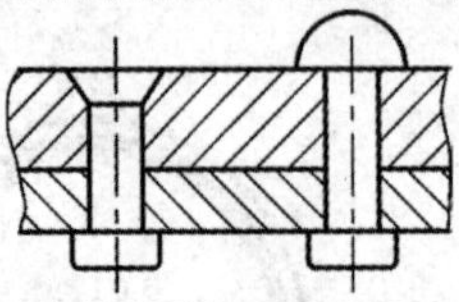 | 1. 铆钉长度不够；<br>2. 孔径过大；<br>3. 铆接力过大 | 更换铆钉或补铆 |
| 6 | 铆钉镦头高度过小 | 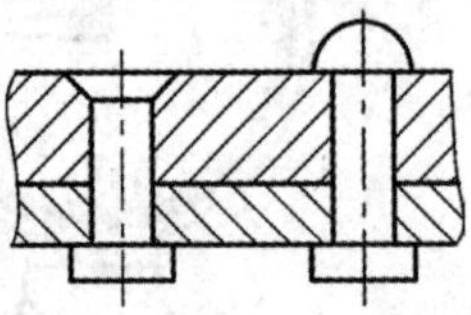 | 1. 铆钉长度不够；<br>2. 铆接力过大 | 更换铆钉 |
| 7 | 镦头呈喇叭形 | 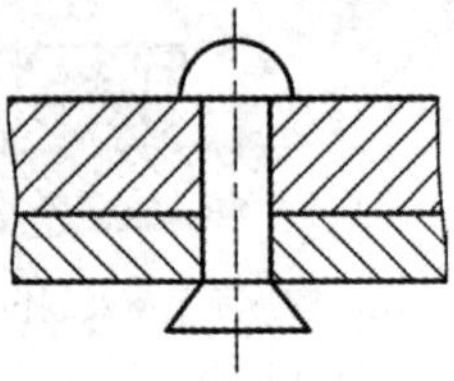 | 1. 铆枪功率过小；<br>2. 气压不够；<br>3. 顶把太轻 | 更换铆钉 |
| 8 | 镦头偏移过大 | 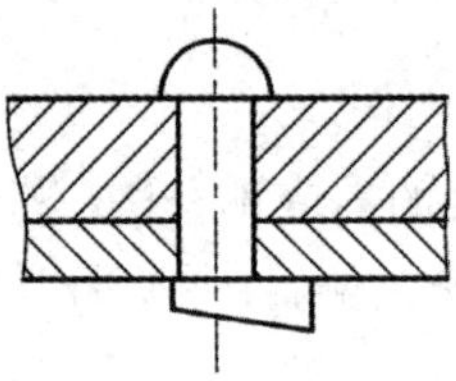 | 1 铆钉过长；<br>2. 顶把顶得不正确；<br>3. 钉孔偏斜 | 更换铆钉 |
| 9 | 镦头偏斜 | 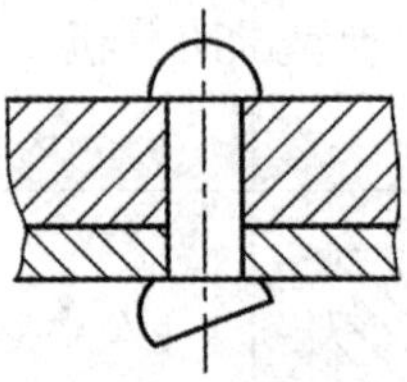 | 1. 顶把面与零件不平行；<br>2. 压铆模工作面歪斜 | 更换铆钉 |
| 10 | 钉杆在零件间被镦粗 | 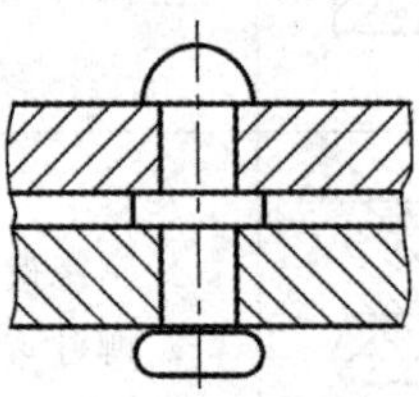 | 1. 铆接时零贴合不好；<br>2. 零件未被夹紧 | 钻掉铆钉排除夹层间隙，再铆 |
| 11 | 铆钉头周围蒙皮下凹 | 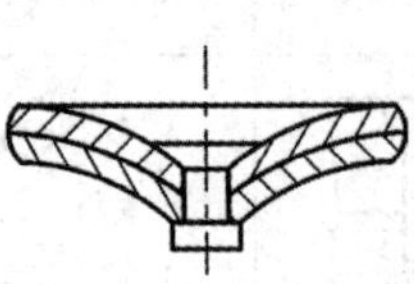 | 1 蒙皮与骨架之间有间隙；<br>2. 操作者配合不协调；<br>3. 顶把质量与铆枪功率不匹配 | 校正敲修 |
| 12 | 蒙皮沿铆缝局部下陷或整个下陷 | 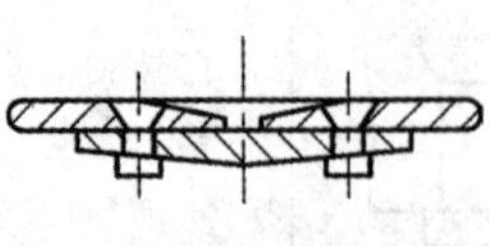 | 1. 操作者配合不协调；<br>2. 顶把质量与铆枪功率不匹配 | 轻则敲修，重则拆除铆钉加垫板以排除塌陷 |

### 4.2.3　铆钉的拆除

飞机装配铆接完成后可能存在部分铆钉不合格，通常需要拆除。飞机运行一段时间后，铆钉可能出现松动。铆钉松动一般多发生在构件受力大、变形大和振动剧烈的部位，这些部位极易引起材料疲劳损伤和应力腐蚀损伤，如加强肋、翼梁腹板、蒙皮的连接处等，这类铆钉也应按规定及时更换，不允许将铆钉重新打紧。上述都涉及铆钉拆除。

铆钉更换与拆除要非常小心，尽量使铆钉孔保持原尺寸和形状，这样可以不用大一号的铆钉去更换。如果铆钉拆除不当，连接强度可能减弱，并且使得更换铆钉出现困难。

通常钉头要比镦头更对称于钉杆，因此在钉头端拆除铆钉对钉孔和周围材料损伤的可能性会小一些。

拆除铆钉推荐的方法是使用手工工具(钻枪)或电钻钻透钉头，并用冲头冲下铆钉的残余部分。操作方法如下：

(1) 在圆形或扁平的铆钉头上锉平一小块面积，并用中心冲在中心冲窝，如图 4.34 所示。对于薄金属来说，为避免在冲窝时把金属板压陷下去，要在镦头端顶住铆钉。由于 2117-T 铆钉有凹窝，因此不需要在铆钉头上锉平和冲窝。

(2) 选择比铆钉杆尺寸小一级的钻头钻出铆钉头，如图 4.35 所示。如使用电钻，可先把钻头顶在铆钉上，用手把钻头转几圈，钻出一个好的起始凹窝，以防止钻头打滑，划伤板材。铆钉头上的孔要钻到铆钉头的深度，而且电钻要始终与工件表面垂直。注意，不要钻得太深，因为这样会使钉杆随钻头旋转而引起划伤。

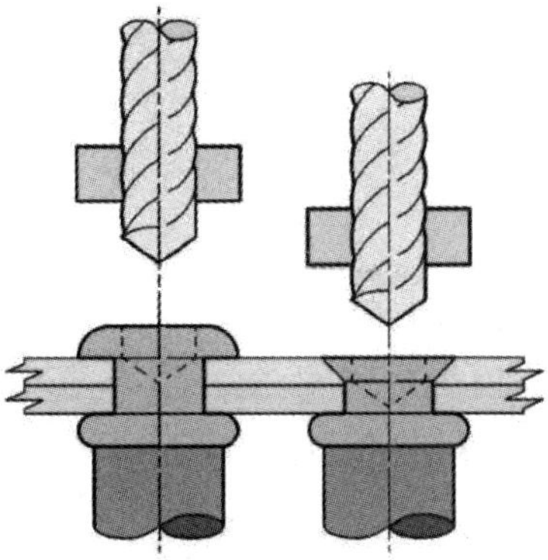

图 4.34　冲窝

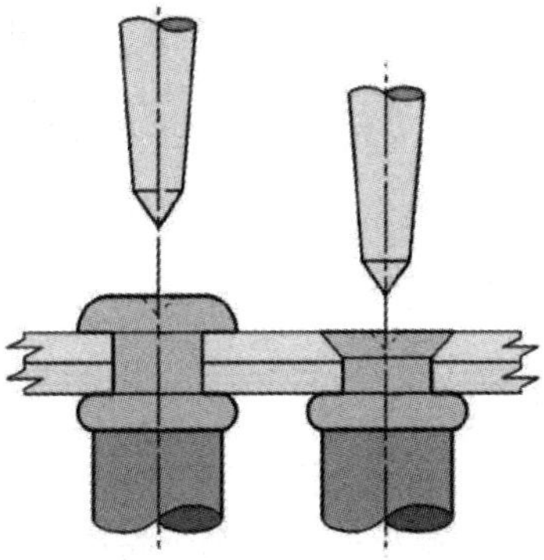

图 4.35　钻铆钉

(3) 拆除铆钉头，如图 4.36 所示。通常手法熟练的操作者，在钻头选择合适、深度控制恰当的情况下，完成钻铆钉后退出钻头时，铆钉头应断开并沿钻杆上升。如果铆钉头没有自行脱离穿在钻杆上，可以把冲头插入孔中，朝任一方向稍稍翘动，即可以把铆钉头脱开。

(4) 用比铆钉杆直径小一级的冲头打出铆钉杆。对于薄金属板或无支承的结构板件来说，当冲出铆钉杆时，要用顶铁在背面支撑板件，如图 4.37 所示。如果拆除铆钉头后，钉杆仍特别牢固，则再深钻铆钉，使深度达到板件厚度的 2/3 左右处，然后用冲头敲击出铆钉的残留部分。

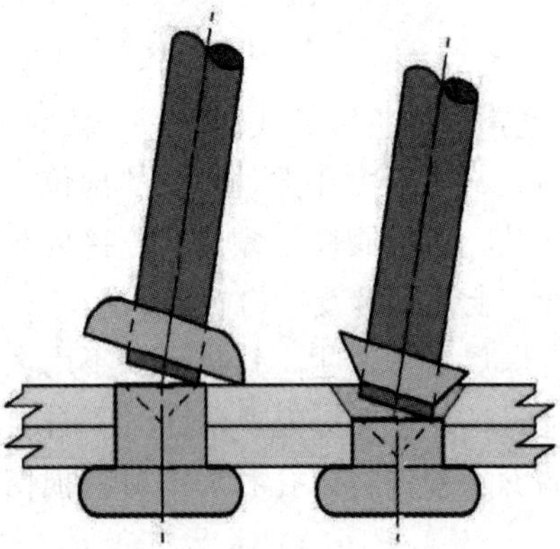

图 4.36　拆除铆钉头

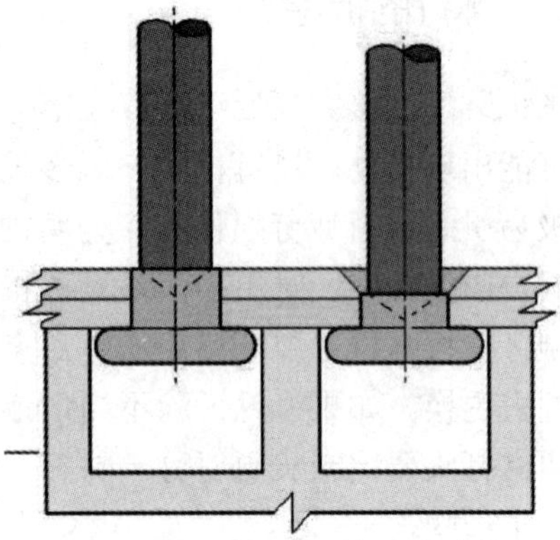

图 4.37　拆除铆钉镦头

【延伸学习】

进阶训练 1，选择 100 × 100 × 2 mm 铝板，取直径为 3.2 mm 的铆钉，按照间距最小设计，均布划线，练习钻孔，要求位置偏差尽量小；

进阶训练 2，在该板材上制沉头窝，要求标准一致；

进阶训练 3，在该板材上练习铆接，要求镦头和沉头标准一致；

进阶训练 4，拆除该板材上的铆钉，要求拆除后铆钉孔无损伤。

该系列训练要求速度和质量同步提升。

# 项目训练

## 一、平面钣金装配件铆接训练

### 1. 学习目标

(1) 训练学生的铆接制孔和制窝技术。

(2) 训练学生的铆接装配技能。

### 2. 工作任务

如图 4.38 所示为四个平面钣金件的铆接组合件，板厚 1.5 mm。该组合件是在图 3.8 所示平面钣金零间隙配合组合件基础上增加了同尺寸的底板，要求完成图示孔位置的铆接。其中六方区域内为埋头铆钉，铆钉为 MS20426 AD 5-6；外侧为普通头铆钉，铆钉为 MS20470 AD 5-6。铆钉布局参考图中标识。

### 3. 实训工具设备

钳工工作台 ( 配台虎钳 )，划线平台，划针，纸胶带，记号笔，方箱，高度游标尺，手锯，锉刀，毛刷，直角尺，整形锉刀，英制游标卡尺，钢直尺 ( 公英制 )，圆角规 ( 公英制 )，钻枪 ( 套装 )，铆枪 ( 含固定夹顶铁套装 )，剪板机，塞尺。

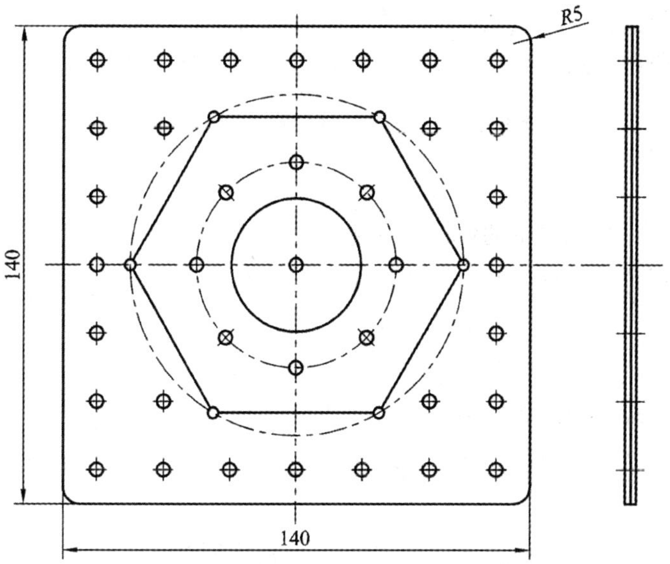


图 4.38　平面钣金铆接组合件

4. 劳保用品

护目镜，手套，抹布等。

5. 实训步骤

(1) 底板制作。按照图 4.38 所示下料，划线后加工外形正方形至尺寸 140 mm × 140 mm，与上板适配；

(2) 制孔和制窝。按照图 4.38 所示，夹紧后制孔和制窝；

(3) 铆接。采用正铆法铆接，铆接顺序可参考图 4.39 所示的几种实例。图 (a)、(b) 所示铆接顺序从中心向外辐射，称为中心法。图 (c)、(d) 所示铆接顺序从一侧向另一侧延伸。图 4.38 所示组合件的铆接顺序推荐采用中心法实施铆接，这样可以最大限度地保证四边等距外延。

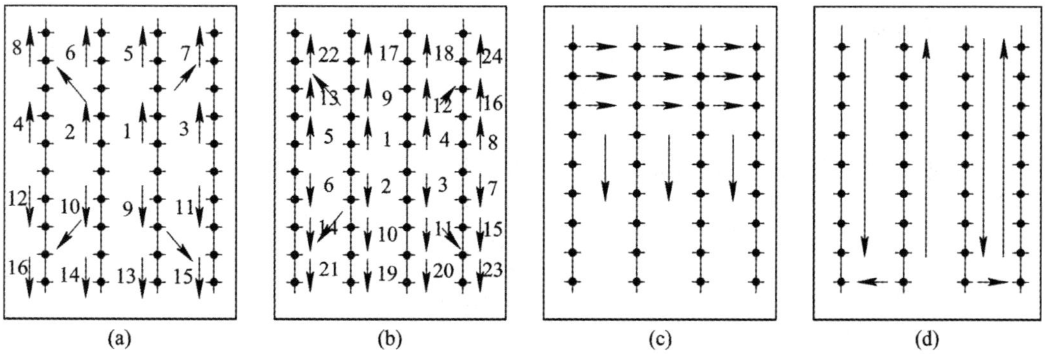


图 4.39　铆接顺序图例

(4) 自检评估。完成铆接后自检，不合格的铆钉需要拆除后重新铆接。

6. 评估标准

(1) 外形尺寸误差低于 0.1 mm；

(2) 铆钉外形无损伤，沉孔无塌陷，钉头高出表面 0.02 ~ 0.05 mm；

(3) 镦头均匀平整一致，高度 0.5*d*(*d* 为铆钉直径)，铆钉头与平面间隙低于 0.01 mm。

## 二、立体钣金装配件 Z 字板补强铆接训练

### 1. 学习目标

(1) 训练学生在结构维修中的弯板补强铆接设计能力。

(2) 训练学生的飞机结构件补强装配铆接维修技术。

### 2. 工作任务

在图 4.40 所示的双层 Z 字板贴合装配基础上，完成结构维修中弯板补强铆钉排布设计。参考图 4.40 完成 4 个圆头铆钉的铆接。Z 字板材料为 2024-T3 铝合金，厚度为 1 mm 和 2 mm，全面积贴合装配。要求：宽度为 40 mm，铆接后两端平齐，无变形，贴合保持良好。

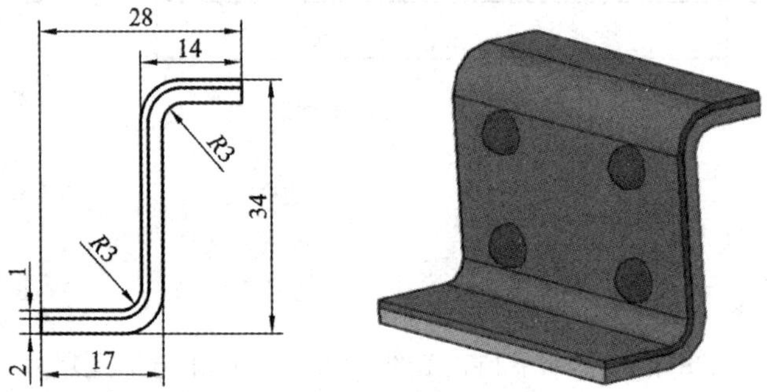


图 4.40　Z 字板贴合装配

### 3. 实训工具设备

钳工工作台 ( 配台虎钳 )，划线平台，划针，纸胶带，记号笔，方箱，高度游标尺，手锯，锉刀，毛刷，直角尺，整形锉刀，英制游标卡尺，钢直尺 ( 公英制 )，圆角规 ( 公英制 )，钻枪 ( 套装 )，铆枪 ( 含固定夹顶铁套装 )，塞尺。

### 4. 劳保用品

护目镜，手套，抹布等。

### 5. 实训步骤

(1) 参照钣金展开图设计铆钉布局，划线并检查，如图 4.41 所示。

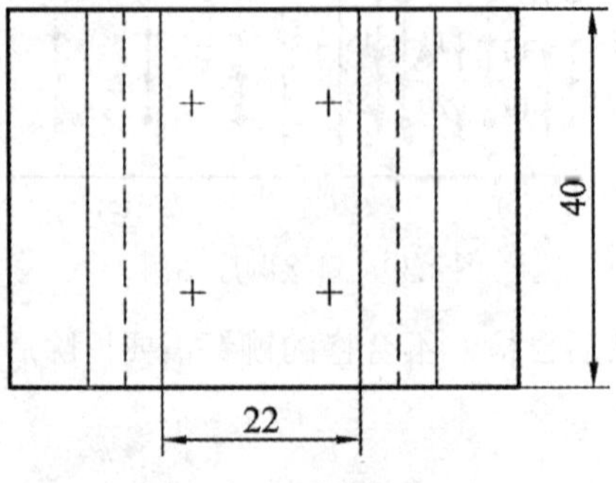


图 4.41　Z 字板展开图

(2) 钻孔。夹紧装配件，完成定位后的四个孔加工。

(3) 铆接。使用 MS20470 AD 5-6 铆钉完成铆接。

(4) 整形和自检。对完成的铆接件检查，同时对变形进行校整。

### 6. 评估标准

(1) 外形尺寸误差低于 0.1 mm；

(2) 铆钉外形无损伤，Z 字板组合件无开口，贴合良好，整体无变形；

(3) 镦头均匀平整一致，高度 0.5*d*(*d* 为铆钉直径 )；铆钉头与平面间隙低于 0.01 mm；装配贴合密实。

【延伸学习】Z 字板贴合装配及铆接是钣金组合件装配的典型项目，可设计为钣钳铆一体化竞赛题目，要求在规定时间内，按照竞赛技术组提供的标准板材 ( 长度统一 ) 和指定铆钉 ( 埋头和普通头 )，按照图纸划线折弯，折弯角度标准；装配后实施铆钉布局设计，铆钉质量良好，完成后要求两端平齐，全面积贴合无间隙。以最短完成时间和质量决定名次。

## 三、飞机结构维修铆装训练

飞机结构件由于受力和腐蚀等需要维修更换，受损的钣金件要拆除，替换件需要安装，这些操作需要专业技术人员完成。

### 1. 学习目标

(1) 训练学生按照维修标准拆除飞机上损伤的钣金件。

(2) 训练学生合作完成钣金件的在翼铆接。

### 2. 工作任务

如图 4.42 所示为飞机蒙皮和隔框的支撑板的位置图，需要拆除该支撑板并重新装配一个新的支撑板。支撑板毛坯件为如图 4.43 所示的平面钣金件。要求现场测绘，确定折弯高度，适配安装后确定铆钉孔位置，进行钻孔和铆接。

图 4.42　支撑板位置

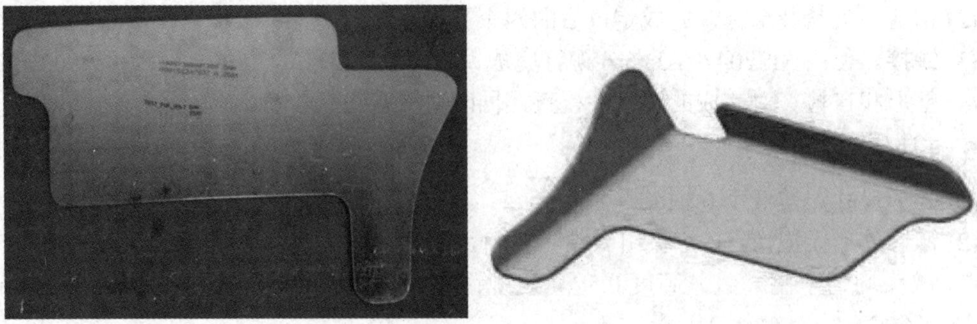

图 4.43　平面钣金件及其折弯效果图

该工作任务需要二人及以上合作协同完成。

**3. 实训工具设备**

钳工工作台(配台虎钳)，划线平台，划针，纸胶带，记号笔，方箱，高度游标尺，手锯，锉刀，毛刷，直角尺，整形锉刀，英制游标卡尺，钢直尺(公英制)，圆角规(公英制)，钻枪(套装)，铆枪(含固定夹顶铁套装)，塞尺，折弯机。

**4. 劳保用品**

护目镜，手套，抹布等。

**5. 实训步骤**

(1) 备料。领取如图 4.43 所示的平面钣金件，检查尺寸和表面质量。

(2) 弯板。测量图 4.42 所示支撑板的折弯高度，划线确定折弯线，完成折弯。

(3) 装配铆接。将完成的折弯件适配安装，固定后钻孔并完成铆接。

**6. 评估标准**

(1) 表面无划伤；整体无变形，贴合部分无间隙。

(2) 沉孔端无塌陷，凸出高度合格。

(3) 镦头均匀平整一致，高度 $0.5d$($d$ 为铆钉直径)；铆钉头与平面间隙低于 0.01 mm；装配贴合密实。

# 项目 5　飞机结构特殊铆接

在飞机装配或维修过程中，经常会有一些普通铆接无法满足的特殊要求，如单面不开敞通路区的连接问题，多层板配合高强度铆接等。为了解决飞机铆接装配技术中存在的特殊问题，特种铆接应运而生。

特种铆接的种类有环槽铆钉铆接、高抗剪铆钉铆接、螺纹空心铆钉铆接、抽芯铆钉铆接以及钛合金铆钉铆接和干涉配合铆接等。虽然这些铆接方式是特殊铆接，但在飞机结构中被广泛应用，占据了铆装钳工一定的工作量。

项目目标：熟悉各类特殊铆接铆钉组成结构和工作原理；熟练完成特种铆接操作。

评估标准：具备基本安全意识；达到钳工熟练工操作水平；了解工具、设备的工作原理；可在训练成果的基础上改进或创新设计；可完成铆接质量自评检测。

【延伸学习】传统结构设计的普通铆接是飞机生产和维修的主流，对于一些特殊结构或空间状况，需要使用特殊铆接。通过课外网络拓展学习，了解更多特殊铆接的种类和发展现状，拓宽知识面，提升专业能力。

## 任务 5.1　环槽铆钉铆接

环槽铆钉铆接

### 5.1.1　环槽铆钉

环槽铆钉 ( 环槽钉 ) 如图 5.1 所示，由带环槽的铆钉和钉套组成，国外称 Huck( 哈克钉，虎克钉 )。该类型铆钉连接强度高，耐疲劳性能好，被各大生产厂广泛使用。

环槽铆钉按受力形式分为抗拉型环槽钉和抗剪型环槽钉；按铆接方法分为拉铆型环槽钉和镦铆型环槽钉。图 5.1 所示的为环槽铆钉结构和铆接原理，图中为双边铆接，许多航空环槽铆钉配置衬套后可以成为单边铆接。

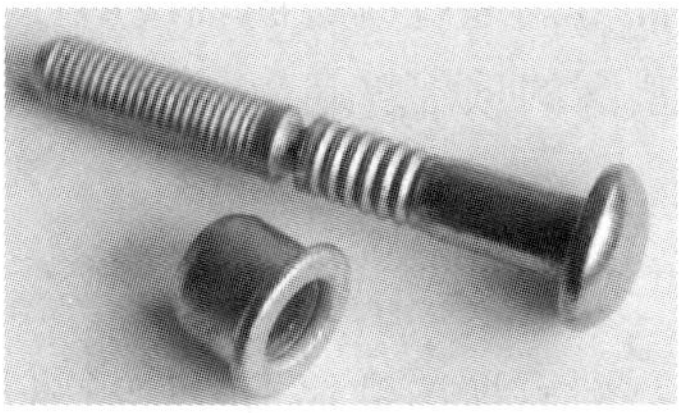

(a) 组成结构

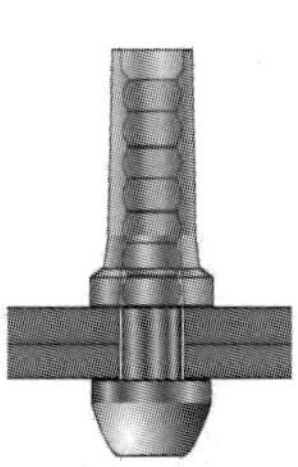

(b) 铆接原理

图 5.1　环槽铆钉结构和铆接原理

### 1. 环槽铆钉铆接技术要求

(1) 铆钉孔的直径与铆钉直径相同，公差带为H10，表面粗糙度 *Ra* 值不大于 1.6 μm。

(2) 孔间距的极限偏差为 ±0.1 mm，边距极限偏差为 +1、−0.5 mm。

(3) 沉头窝的角度和深度与铆钉头一致，钉头高出零件表面的凸出量应符合设计技术要求。

(4) 钉套成形后不得松动，表面应光滑，钉套与夹层之间不允许有间隙。

(5) 允许铆钉头与零件表面不完全贴合，其单面间隙应不大于 0.08 mm。

(6) 环槽铆钉适用于在 7° 以内的斜面或半径不小于 50 mm 的内、外圆弧面上直接进行铆接，铆接时要将钉套放置在斜面上或圆弧面上。当环槽铆钉安装在大于 7° 的斜面上时，要在钉套一面加垫斜垫片或者将端面锪平。

### 2. 铆钉光杆长度的选择

铆钉光杆的长度是与连接件接触的长度，一般为连接件总厚度或比其多 1 mm。

由于夹层误差而使铆钉光杆露出夹层的长度超过 1 mm 时，允许垫上厚度不大于 1 mm 的垫圈，垫圈放置的位置如图 5.2 所示。垫圈材料参见表 5.1。

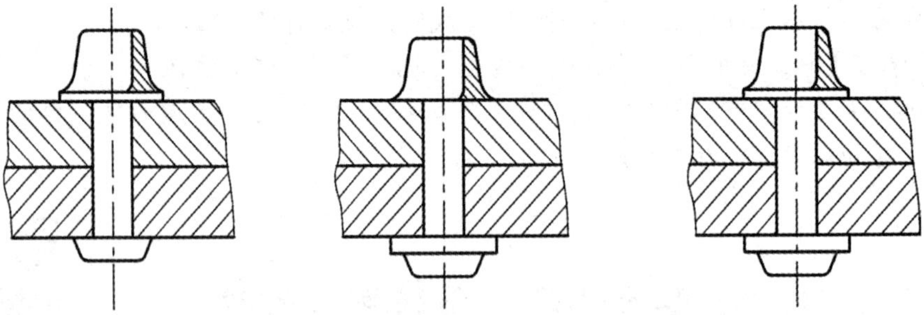

(a) 合格　(b) 合格　(c) 不合格

图 5.2　环槽铆钉垫圈放置

表 5.1　环槽铆钉垫圈材料

| 夹层材料 | | 铝合金 | 合金钢 | 钛合金 | 镁合金 |
|---|---|---|---|---|---|
| 环槽铆钉材料 | 钉杆 | 合金钢 | | | |
| | 钉套 | 铝 | 钢 | 钢或铝 | |
| 垫圈材料 | | 20 | | 1Cr18Ni9Ti | LT21-M |

如果钉套安装在斜面上，则应在垂直于斜面方向通过铆钉的轴线用样板检查钉杆凸出量。如果钉套底部有垫圈，则钉杆凸出量应从垫圈的顶部算起。

## 5.1.2　环槽铆钉铆接工艺

环槽铆钉铆接工艺有拉铆成形和镦铆成形，前者使用静拉力，后者采用冲击力，两种成形方式的工具不同，但铆接接头相同。拉铆还可以附加衬套实现单边盲铆。无论采用何种环槽铆钉铆接，首先需要获得标准孔以保证铆接质量。铆钉孔的制孔方法及尺寸见表 5.2。

表 5.2　环槽铆钉孔的加工

| 环槽铆钉直径 | 初孔 | 钻孔 | 扩孔 | 铰孔 (H10) |
|---|---|---|---|---|
| | 孔　径 | | | |
| 4 | | 3 | 3.8 | 4 |
| 5 | 2.5 | 4 | 4.8 | 5 |
| 6 | | 5 | 5.8 | 6 |

1. 拉铆成形

拉铆型环槽铆钉铆接时使用拉枪和专用拉枪头拉铆成形。施铆工艺过程如图 5.3(a) ～ (d) 所示，标准配合的铆钉穿过预制孔，钉套入位后，拉枪施力挤压钉套，达到预定变形后，铆钉环槽口截面断裂，铆接完成。全部过程和质量均由钉套和环槽结构保证，对操作者技术水平要求非常低。

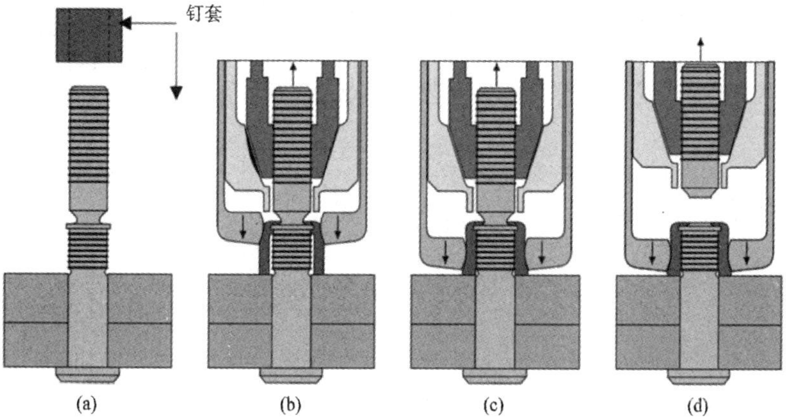


拉铆型环槽
铆钉铆接

图 5.3　拉铆型环槽铆钉铆接工艺过程

如图 5.4 所示为通过附加衬套的单边盲铆式拉铆型环槽铆接，左边为圆头结构，右边为平头结构。

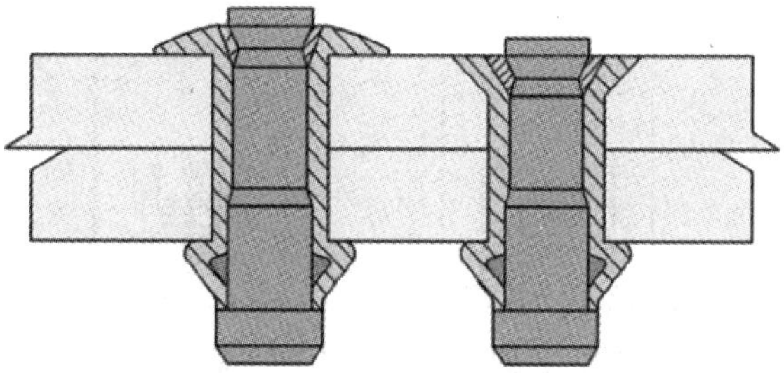

图 5.4　拉铆型环槽单侧铆钉铆接

2. 镦铆成形

镦铆型环槽铆钉铆接采用铆枪或压铆机镦铆成形。施铆过程如图 5.5 所示。

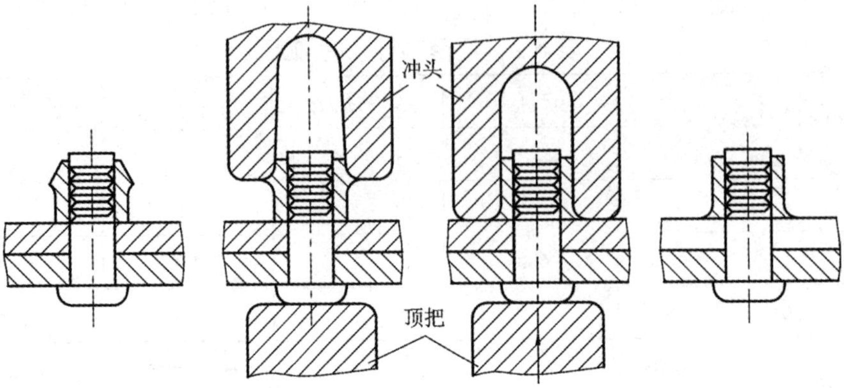


图 5.5　镦铆型环槽铆钉铆接

首先安装铆钉和钉套，然后将顶把和冲头对正施力。经过铆打后，最终形成镦头。

镦铆型环槽铆钉铆接

### 3. 铆接操作注意事项

(1) 拉铆时拉枪的头部要保持垂直于零件表面，并施以足够压力使钉套贴靠零件；

(2) 拉铆型环槽钉铆接时，其动力部分的功率及拉枪头必须符合铆钉的规格和形状要求；

(3) 铆钉插入或打入孔内的动作，必须轻而稳；

(4) 开始拉铆时要将拉枪头部推到底并稳稳地把好拉枪；

(5) 拉铆完的铆钉，如果钉头与构件不靠合，绝不允许再将钉头打靠。

### 4. 质量控制

(1) 环槽铆钉头与铆接件接触，表面应贴合，允许有不大于 0.08 mm 的单向间隙存在；

(2) 铆接时，模腔相对环槽铆钉轴线的倾斜度不应超过 3°；

(3) 铆接后在钉杆的端头涂上 H06-2 环氧锌黄底漆或密封剂；

(4) 沉头环槽铆钉的最大凹进量和最大凸起量应符合产品设计及技术文件的要求；

(5) 钉套与铆接件接触面应贴合，不允许有间隙存在，且表面光滑；

(6) 钉杆和镦头需要用检验样板的过端和止端检查，如图 5.6 所示。

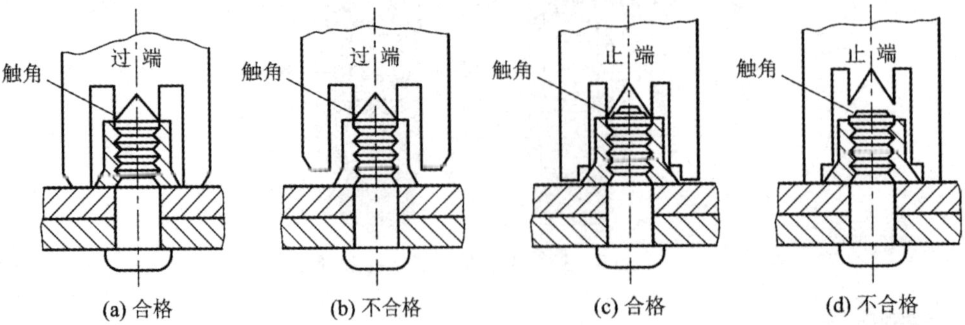


图 5.6　样板检测合格对比

### 5.1.3　环槽铆钉拆解

与普通铆接一样，不合格或损坏的环槽铆钉需要拆解，其核心工作是拆钉套。如图 5.7 所示，图 (a) ～ (c) 为使用錾子破坏钉套，图 (d) 为用铆钉冲将钉杆从孔中冲出。注意錾除钉套后要用锉刀去除钉杆毛刺，以保证钉杆冲出顺畅。

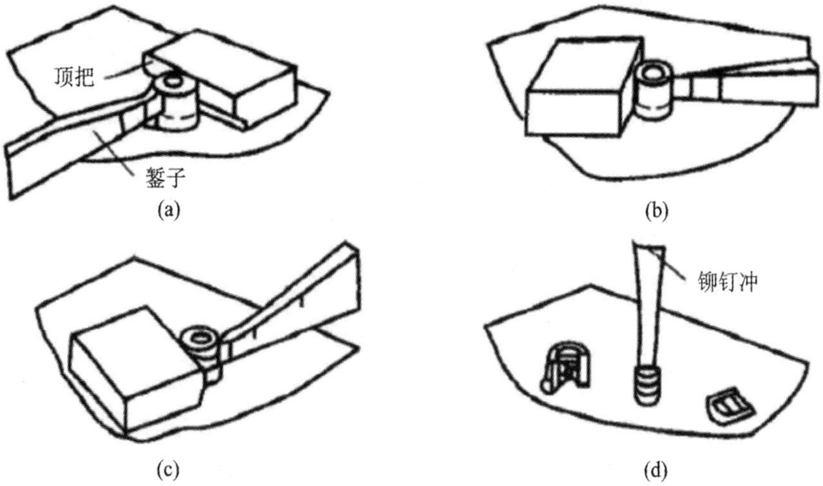


图 5.7　拆解环槽铆钉过程

拆钉套时还可以用手动拆套钳将钉套剪开，或用空心铣刀将钉套铣掉。手动拆套钳和空心铣刀如图 5.8 所示。

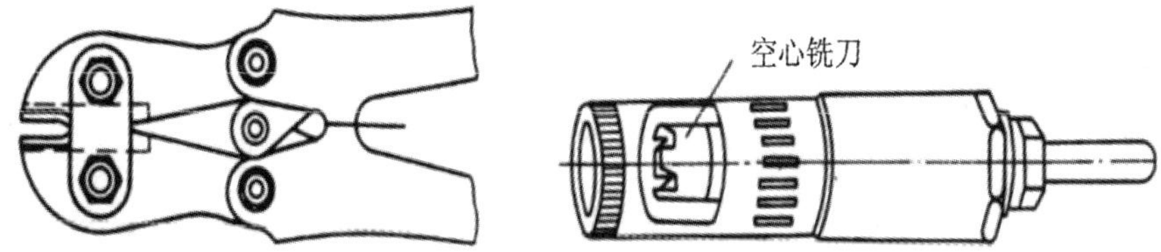


图 5.8　手动拆套钳和空心铣刀

【延伸学习】通过网络拓展学习，深入了解拉铆型环槽铆钉铆接工艺方法和镦铆型环槽铆钉铆接工艺方法；学习环槽铆钉的检测方法和拆解工艺。

## 任务 5.2　高抗剪铆钉铆接

高抗剪铆钉
铆接

高抗剪铆钉是一种适用于承受剪切应力的紧固件，顾名思义，其抗剪能力突出，因此广泛应用于机身、机翼的受剪部位，能有效提高受剪部位的疲劳性能，增加强度。

不同结构形式的铆钉，其铆接方法不同。高抗剪铆钉按铆接方法分为拉铆型螺纹抽芯高抗剪铆钉和镦铆型高抗剪铆钉。

## 5.2.1 拉铆型螺纹抽芯高抗剪铆钉

抽芯铆钉 (blind rivets) 是一类单面铆接用的铆钉，铆接时铆钉钉芯由专用铆枪拉动，通过抽取钉芯使铆体膨胀，形成镦头，完成铆接。这类铆钉特别适合不便于采用普通铆钉 ( 须从两面进行铆接 ) 铆接的场合，故广泛用于建筑、汽车、船舶、飞机、机器、电器、家具等产品上。

螺纹抽芯高抗剪铆钉的钉芯采用螺纹结构，通过旋紧螺纹使铆体膨胀实现铆接。螺纹抽芯高抗剪铆钉由螺栓、衬套和螺帽组成，螺帽分六角头和沉头两种，如图 5.9 所示。衬套套装在螺栓杆底部，铆接时螺栓杆通过螺帽的旋转抽出，螺栓杆头压缩衬套变形，带锥螺帽相对挤压，最终螺栓杆在预制的断裂槽处断裂，形成双向镦头。

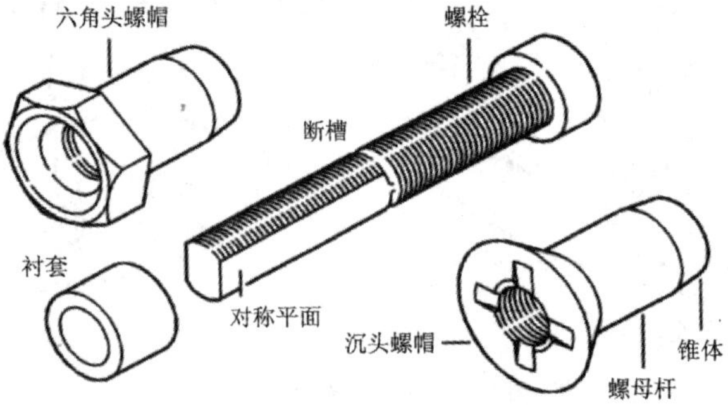


图 5.9　螺纹抽芯高抗剪铆钉

图 5.10 所示是螺纹抽芯高抗剪铆钉铆接原理，图 5.11 所示为螺纹抽芯高抗剪铆钉六角头镦头和沉头镦头示意图。

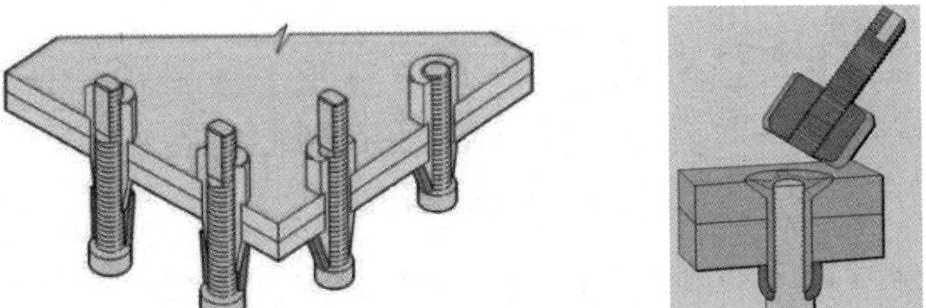

(a) 六角头铆钉铆接　　(b) 沉头铆钉铆接

图 5.10　螺纹抽芯高抗剪铆钉铆接原理

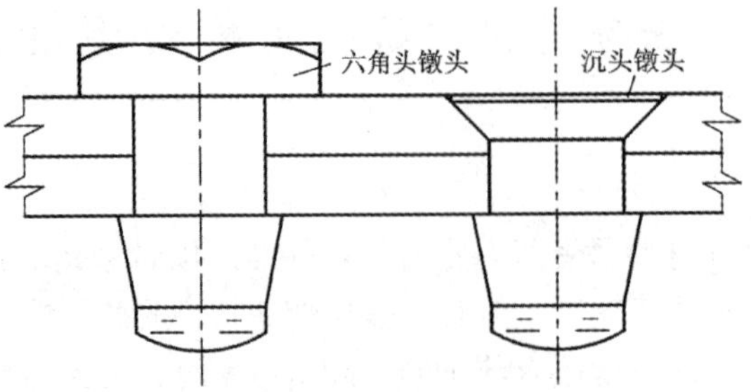


图 5.11　螺纹抽芯高抗剪铆钉镦头示意图

#### 1. 螺纹抽芯高抗剪铆钉铆接技术要求

(1) 铆钉孔的直径应与铆钉直径相同，公差带为 H11，表面粗糙度 *Ra* 值不大于 1.6 μm。

(2) 铆钉光杆部分长度要超出夹层表面 1.0 mm。

(3) 螺栓凸出铆钉体头部表面的量不得大于 0.2 mm，在非气动表面部位不得大于 0.5 mm；凹进铆钉体头部的表面量不得大于 0.5 mm。

(4) 铆钉镦头的环圈应呈喇叭形，允许环圈呈双喇叭形，但不得超过锁钉排钉数的 10%。

(5) 铆接时应顺时针方向转动转矩扳手，注意不允许逆时针方向转动。

#### 2. 螺纹抽芯高抗剪铆钉铆接工艺

螺纹抽芯铆接制孔与普通铆接相同，一般优先采用风钻铰孔，正式铆接前应先进行试铆。组装高抗剪铆钉时，应在螺钉上涂 ZL7-2 润滑脂，保证润滑条件以减少力矩。

六角头铆钉施铆时，使用六角方孔转接头套在铆钉体头上；120° 沉头铆钉施铆时应使转接头对准铆钉体头部的十字槽，铆接工具的转接头应垂直且贴紧零件表面。图 5.12 所示为手动螺纹抽芯铆接扳手结构示意图。

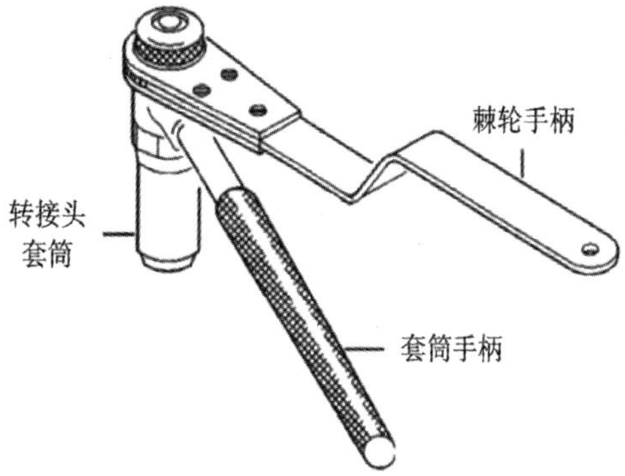


图 5.12　手动螺纹抽芯铆接扳手

### 5.2.2　镦铆型高抗剪铆钉

镦铆型高抗剪铆钉的施铆

镦铆型高抗剪铆钉结构和普通铆钉基本相同，不同的是钉杆头部进行了特殊处理，如图 5.13 所示，钉杆头有环状弧形槽，镦铆时可容纳衬套变形，最终形成复合结构的镦头。这种镦头不同于钉杆头自身变形形成的镦头，其体积大，变形小，可实现大直径铆接且属于高抗剪铆钉，施铆方便，质量易于控制。

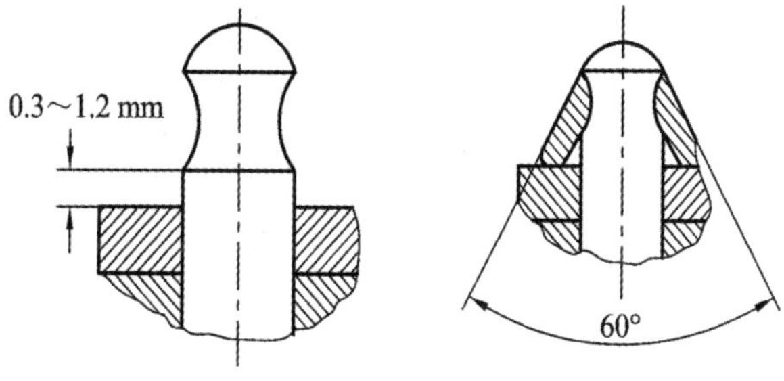


图 5.13　镦铆型高抗剪铆钉和镦头

### 1. 镦铆型高抗剪铆钉铆接技术要求

(1) 铆钉孔的直径与铆钉直径相同，孔的公差带为 H11，表面粗糙度 *Ra* 值不大于 1.6；

(2) 安装铆钉后，光杆凸出夹层的伸出量为 0.3 ～ 1.2 mm，如图 5.13 所示；

(3) 铆钉镦头应呈馒头形，形成镦头的环圈相对铆钉中心的偏移量应不大于 0.5 mm；

(4) 铆接后铆钉头部间隙小于 0.1 mm，沉头平齐，间隙小于 0.07 mm；

(5) 形成镦头的环圈的周边处被冲头挤出的压边应不大于 0.8 mm，环圈在任何方向均不允许呈鼓形。

### 2. 镦铆型高抗剪铆钉铆接工艺

镦铆型高抗剪铆钉可采用正铆法或压铆法铆接，操作工艺与普通铆接相似，铆枪型号和顶把质量参考表 5.3；铆接时须使用带 60° 窝的专用冲头。施铆工艺过程如图 5.14(a) ～ (d) 所示，安装铆钉→对正铆枪和顶把→镦打→最终镦头。

表 5.3　铆枪型号和顶把质量表

| 铆钉直径 / mm | 5 | 6 | 8 |
|---|---|---|---|
| 顶把质量 /kg | 6 | 7 | 10 |
| 锤击功 /J | 4 ～ 5 | | 7 |

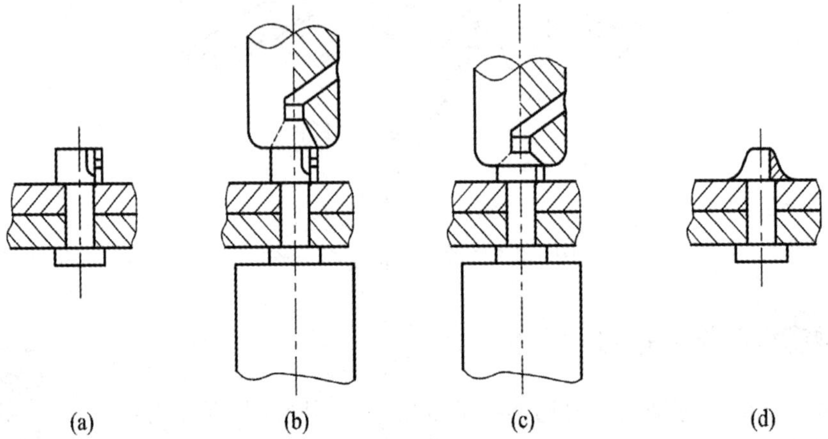


图 5.14　镦铆型高抗剪铆钉的施铆过程

### 3. 高抗剪铆钉的拆解方法

高抗剪铆钉拆解方法和环槽铆钉基本一样，主要是分解成形部位。主要方法有：

(1) 冲击法：将专用导套放在环圈上面，冲头沿导套引向铆钉尾端，铆钉头那面用空心顶把顶住，铆枪轻叩，将钉冲出。如图 5.15 所示；

(2) 钻机法：将钻套放在环圈上面，用与铆钉直径相同的钻头钻铆钉尾端，钻削的深度以钻通铆钉细颈区为限，然后用铆钉冲将铆钉冲出。如图 5.16 所示；

(3) 环圈拆除法：用空心铣刀铣切环圈，在铣去足够量的环圈材料后，用铆钉冲将铆钉冲出，参考图 5.8；

(4) 环圈劈开法：用小錾子沿纵向劈开环圈，然后用铆钉冲将铆钉冲出，参考图 5.7 所示。

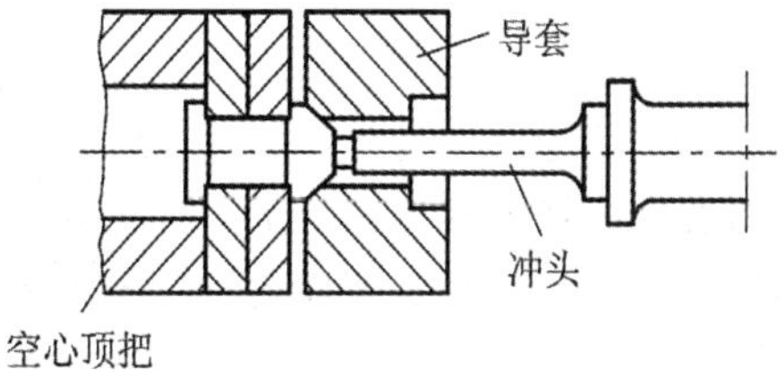


图 5.15　冲击法拆解铆钉

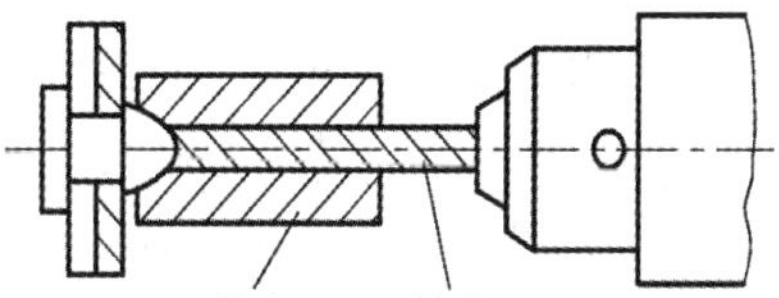


图 5.16　钻机法拆解铆钉

# 任务 5.3　螺纹空心铆钉铆接

螺纹空心铆钉铆接

## 5.3.1　螺纹空心铆钉

### 1. 螺纹空心铆钉结构

空心铆钉是一种带通孔或盲孔的铆钉，主要用于单面通路和受力较小部位的铆接，如软油箱槽内蒙皮的铆接。螺纹空心铆钉是端头带螺纹的空心铆钉，它有平锥头和 120° 沉头两种，如图 5.17 所示。

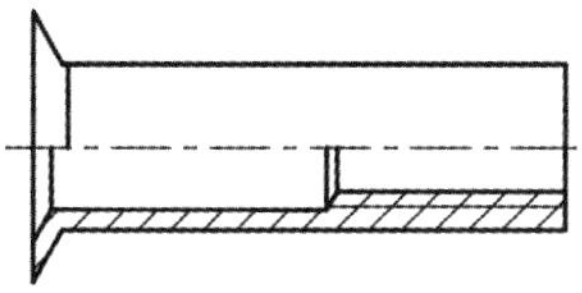

(a) 120°沉头螺纹空心铆钉

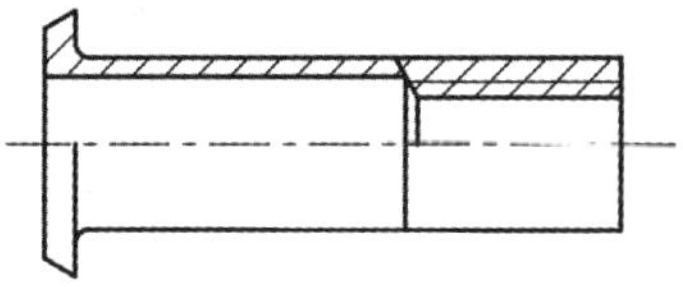

(b) 平锥头螺纹空心铆钉

图 5.17　螺纹空心铆钉

### 2. 技术要求

(1) 螺纹空心铆钉孔的直径及要求应符合普通铆钉孔的规定；
(2) 用于安装平锥头铆钉的孔，在铆钉头一侧应制出深 0.2 mm 的 45° 倒角；
(3) 通孔铆钉钉杆长度为夹层厚度 + 9 mm，盲孔铆钉为夹层厚度 + 12 mm；
(4) 镦头鼓包最大位置直径与铆钉杆直径对应关系见表 5.4。

表 5.4　镦头直径表　mm

| 铆钉杆直径 | 4 | 5 | 6 |
|---|---|---|---|
| 镦头鼓包最大直径 | 5.5 | 6.5 | 8 |

## 5.3.2 螺纹空心铆钉铆接工艺

螺纹空心铆钉铆接工艺

螺纹空心铆钉制孔一般采用钻孔方法，铆接前检查孔径，选择铆钉并保证计算的铆钉长度；根据铆钉的形状、直径和长度选择抽钉工具。典型的抽钉工具为抽钉钳，如图 5.18 所示，图 (a) 为抽钉钳，主要工作部位为前端的工作螺母，图 (b) 为长柄抽钉钳，工作螺母在顶部。使用抽钉钳抽铆螺纹空心铆钉时通过调节制动螺母和止动块距离来控制工作螺钉的行程；使用长柄抽钉钳时通过调节工作头的螺母来控制工作螺钉的行程。在产品上施铆前应在试片上试铆，检查工具并确定工具的使用参数。

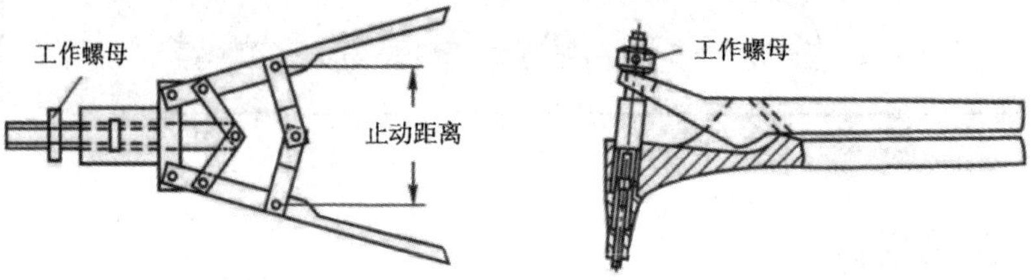


(a) 抽钉钳　　(b) 长柄抽钉钳

图 5.18　螺纹空心铆钉抽钉钳

安装通孔螺纹空心铆钉时，使带螺纹的芯杆稍微凸出铆钉的尾部；安装盲孔螺纹空心铆钉时，使带螺纹的芯杆尾部拧到盲孔底。如图 5.19 所示。

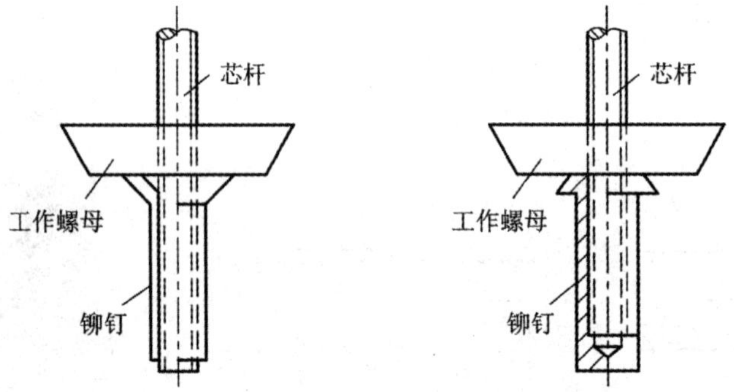


(a) 通孔螺纹空心铆钉安装　　(b) 盲孔螺纹空心铆钉安装

图 5.19　螺纹空心铆钉安装

螺纹空心铆钉施铆过程如图 5.20(a) ～ (d) 所示。抽钉钳工作头应垂直且贴紧工作表面，加力旋转，工作螺钉上升，铆钉变形，直到镦头鼓包达到预定尺寸，铆接即告完成。

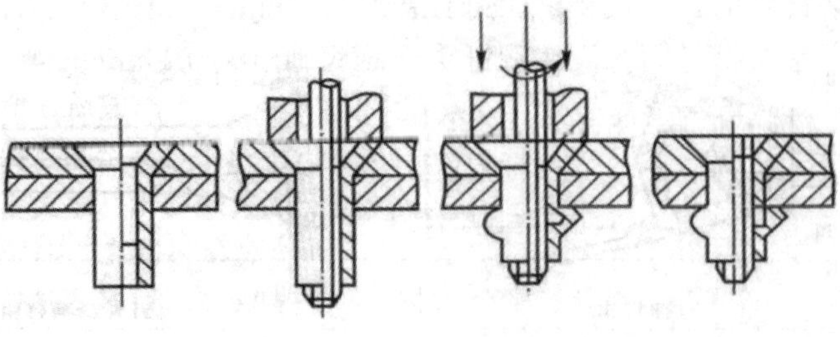

(a)　(b)　(c)　(d)

图 5.20　螺纹空心铆钉施铆过程

# 任务 5.4　抽芯铆钉铆接

抽芯铆钉
铆接

抽芯铆钉 blind rivets，是一类单面铆接用的铆钉，一般由铆体和芯杆组成。铆接时，铆钉芯杆由专用拉铆枪(手动、电动、气动)拉动，使铆体膨胀，起到铆接作用。

这类铆钉特别适用于不便采用普通铆钉(须从两面进行铆接)的铆接场合，故广泛用于各类产品。其中以开口型扁圆头抽芯铆钉应用最广；沉头抽芯铆钉适用于表面平滑的铆接场合；封闭型抽芯铆钉适用于要求较高载荷和具有一定密封性能的铆接场合。

抽芯铆钉由空心铆钉和芯杆两部分组成。用拉钉钳进行铆接的工作原理是钳头外套顶住铆钉头，钳子内的拉头将芯杆抓住往外拉，直到将芯杆拧断为止；然后把露出钉头的多余部分去掉并修平，在修平处涂上防腐剂。这种形式的抽芯铆钉主要应用在机身和机翼上的非主要受力部位。

抽芯铆钉的铆接形式主要有鼓包型和拉丝型两种。

## 5.4.1　鼓包型抽芯铆钉

### 1. 鼓包型抽芯铆钉结构

鼓包型抽芯铆钉由芯杆、钉套和锁环组成，如图 5.21 所示。施铆时用拉铆枪拉芯杆，与此同时钉套尾端受压失稳而形成鼓包形镦头，将锁环压入钉套与芯杆之间，防止芯杆松脱。

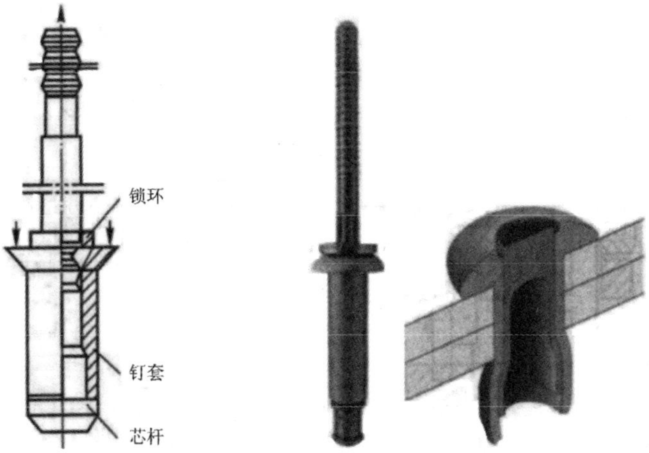


图 5.21　鼓包型抽芯铆钉

### 2. 鼓包型抽芯铆钉铆接工艺

将铆钉塞入拉铆枪的拉头内，拉头端面应与钉套上的垫圈相贴合，拉头内的卡爪将芯杆夹住（注意，此时的铆钉不可从拉头内退出，若要退出，必须分解拉头）。将铆钉放入孔内，使拉枪垂直于结构件表面并压紧，以消除结构件之间的间隙，如图 5.22 所示。

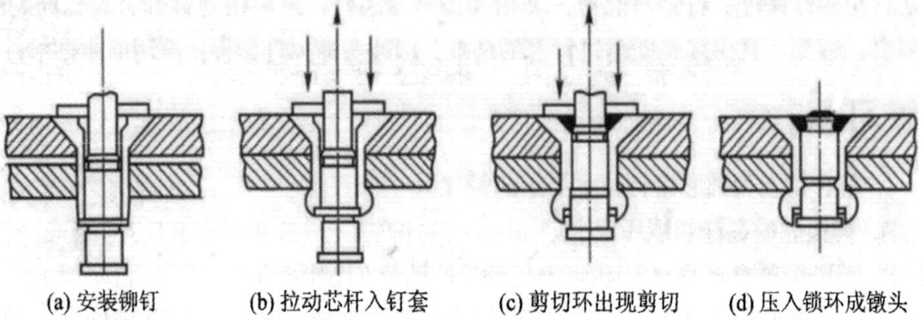


图 5.22　鼓包型抽芯铆钉铆接过程

铆钉安装完毕后，扣动扳机，拉头紧顶住垫圈，芯杆被向上抽拉，拉入钉套；继续拉芯杆，剪切环被剪切；最后压入锁环，形成镦头。拉铆枪继续抽拉芯杆，钉套尾端失稳，形成鼓包镦头，然后将锁环挤入芯杆与钉套之间的空腔，锁紧芯杆。拉铆枪再继续抽拉，直到把芯杆拉断，被拉断的残尾杆从拉铆枪中自动弹出。最后把露在零件外边的多余部分铣掉。

铆接后的芯杆和锁环应平整，钉套不允许有裂纹，锁环锁紧要牢靠，且不允许松动。

### 3. 质量标准

抽芯完成后芯杆断裂，断槽形成的台阶与钉套的相对尺寸是确定铆接质量的标准。以平头铆钉为例，参数要求 (A320，SRM 手册标准 ) 参考图 5.23。其中 *A* 为高出表面的尺寸，最大允许值为 0.25 mm；*B* 为低于表面的尺寸，如果铆钉直径大于 3.2 mm 时，最大允许值为 0.5 mm，直径等于 3.2 mm 时，最大允许值为 0.38 mm。

此外，铆接后钉套不允许出现裂纹，锁环无偏斜，无松动等。

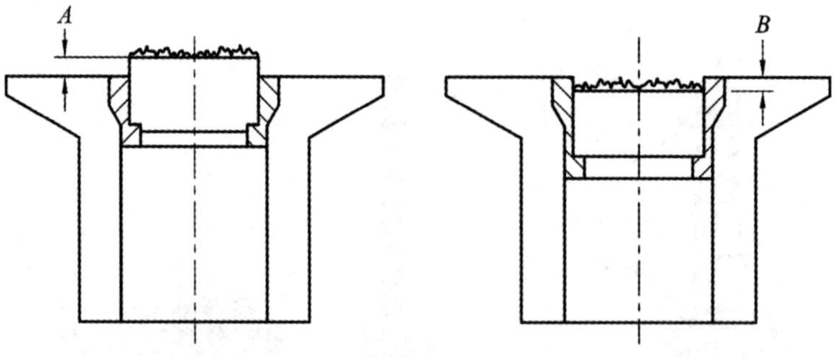


图 5.23　芯杆拉断质量标准

### 4. 抽芯铆钉拆解

鼓包型抽芯铆钉由芯杆、钉套和锁环三部分构成，各部分材料不同，变形复杂，干涉量小，镦头结构复杂，拆解有一定难度。拆解过程如图 5.24 所示。

拆解时首先冲中心孔，然后用与芯杆同直径的钻头钻孔，直到可以取下锁环，再把芯杆冲出（该步骤可视情况实施）；再使用与钉套同直径的大钻头钻孔，拆解钉套头，最后冲出钉套，完成拆解。

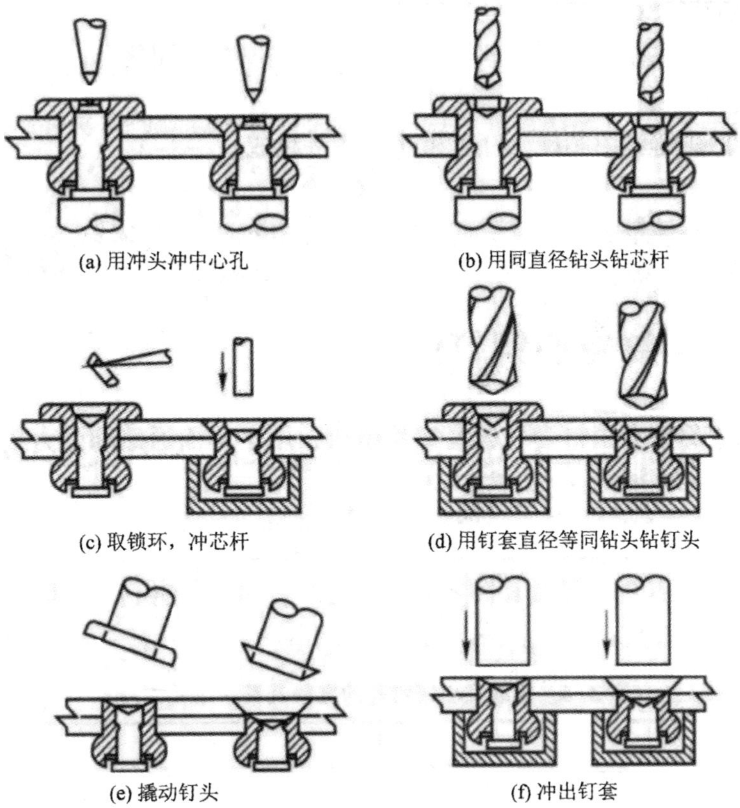


图 5.24 抽芯铆钉拆解过程

## 5.4.2 拉丝型抽芯铆钉

拉丝型抽芯铆钉又称口杯型抽芯铆钉，是一种结构独特、铆接强度较高的新型紧固件。

拉丝型抽芯铆钉的芯杆设计了特殊的环槽，其被拉进铆体后，在专用铆钉枪枪头环切 ( 凸出 ) 结构的作用下，芯杆断钉处锁环会翻边入铆体凹槽内，形成口杯型“机械外锁”锁紧芯杆。如图 5.25 所示为口杯型锁环。

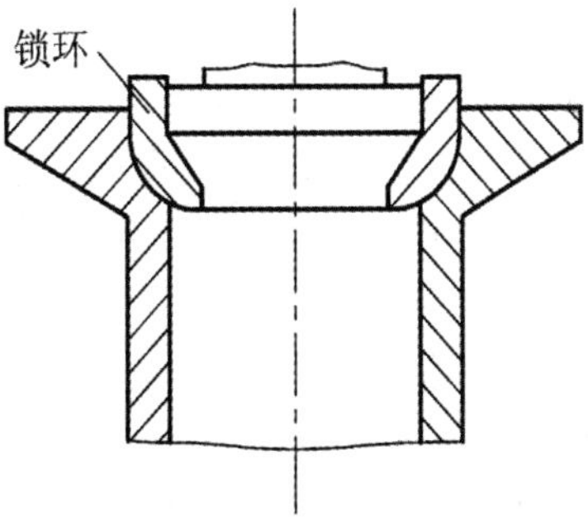


图 5.25 拉丝铆接锁环

拉丝型抽芯铆钉铆接填充性能和气密性好，适用于表面要求高、铆接强度要求高，对密封性能有较高要求的铆接领域。

### 1. 拉丝型抽芯铆钉结构

拉丝型抽芯铆钉能提高结构的疲劳寿命，保证连接件本身的密封性，使铆钉孔和铆钉杆之间形成干涉配合，适合于夹层较厚的零件锁接。图 5.26 所示为拉丝型抽芯铆钉，分为 100° 沉头和平锥头两种结构；图 5.27 所示为国外拉丝型 ( 胡克 ) 铆钉。

(a) 100° 沉头　　(b) 平锥头

图 5.26　拉丝型抽芯铆钉

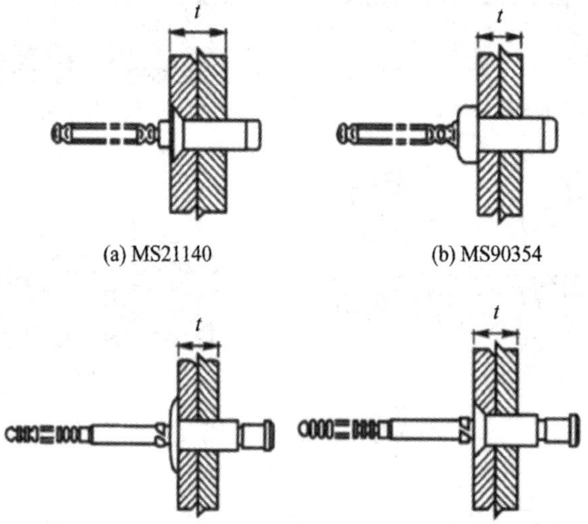


(a) MS21140　　(b) MS90354

(c) NAS1919　　(d) NAS1921

图 5.27　国外拉丝型抽芯 ( 胡克 ) 铆钉

### 2. 拉丝型抽芯铆钉铆接工艺

施铆时将组合好的芯杆放置在拉铆枪头部的孔内，并夹持住。在试片上调整拉枪行程，保证锁环填充良好，达到紧固力要求和无松环现象。工艺过程如图 5.28(a) ～ (e) 所示。

施铆时拉铆枪头部应垂直贴紧工作表面，将芯杆拉入钉套中，扣动扳机，芯杆被向上拉，使芯杆尾端较粗部分进入钉套内，将钉套由下而上地逐渐胀粗，钉套填满钉孔。

当拉铆枪继续抽拉芯杆到一定位置时，结构件被紧紧地贴靠在一起，消除了结构件之间的间隙。继续抽拉抽芯杆，产生了形似拉丝的动作，并完成了孔的填充动作，形成镦头。

此时芯杆的断口处已停留在与钉头面齐平处。压入锁环 ( 拉铆枪的第二个动作 )，将锁环推入芯杆与钉套的锁紧环槽内。芯杆被拉断，完成拉铆。

拉丝型铆钉铆接工艺方法的特征术语是拉丝，通常指在不加热的情况下，把金属材料拉制成条状或丝状物，这种拉拔也叫拔丝，是金属拉拔成型 ( 细铁丝或铜丝等 ) 的主要工艺方法。拉丝型铆钉最终拉拔结果是芯杆被拉断，其断开表面不平整，一般要用铣平器铣平芯杆的断口，铣切到符合要求为止，并在断口处涂 H06-2 环氧锌黄底漆。

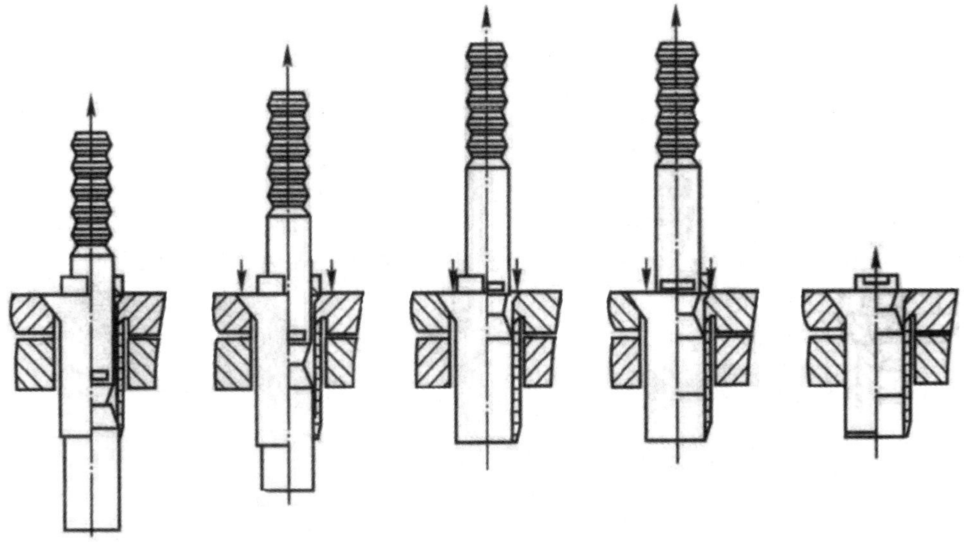


图 5.28 拉丝型抽芯铆钉铆接工艺

### 3. 质量标准

抽芯完成后芯杆断裂，铆接后芯杆断面及锁环与台肩尺寸参数要求符合下列标准：

(1) 芯杆断面光滑台阶面，*B* 平面不高于钉套上表面 0.5 mm，不低于 0.25 mm，如图 5.29 所示；

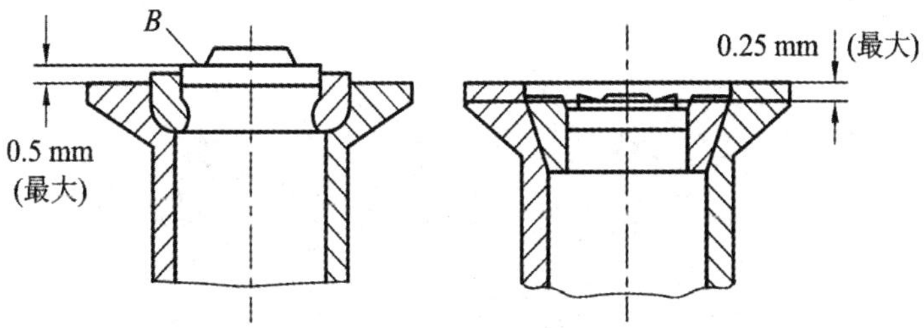


图 5.29 铆接后芯杆断面台肩尺寸

(2) 如果芯杆断面光滑台阶面高出钉套上表面，锁环不得高出上表面 0.5 mm，如图 5.30 所示；

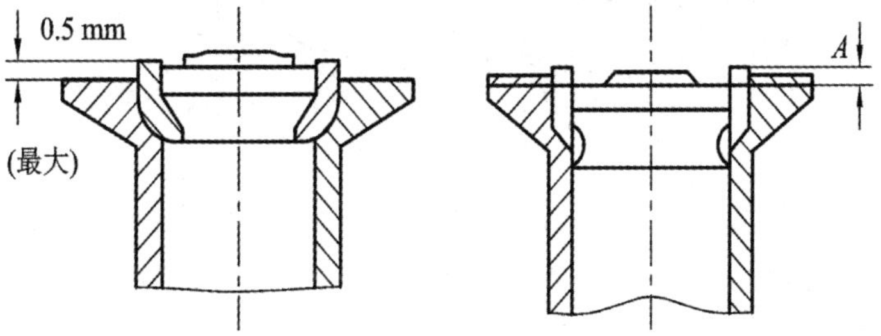


图 5.30 铆接后锁环与台肩尺寸

(3) 芯杆断面光滑台阶面与钉套上表面平齐或低于它，锁环凸出量 *A* 最多为 0.6 mm。

# 任务 5.5 Hi-lock 紧固件

Hi-lock 紧固件是一种断帽式高锁螺栓，结构原理等同于螺纹抽芯高抗剪铆钉，在国外归属于 Threaded Pin 系列。这种类型最常见的是 Hi-lock，其升级版为 Hi-lite。

高锁螺栓具有足够的强度，能承受较大的剪切和挤压载荷，它能从单面紧固，一般用于普通螺栓难以安装的地方和要求紧固扭矩值严格并且很少拆卸的场合。

## 1. Hi-lock 紧固件结构

Hi-lock 紧固件如图 5.31 所示。图 5.32 所示为飞机结构应用实例，图 5.33 所示为 Hi-lock 紧固件装配图。

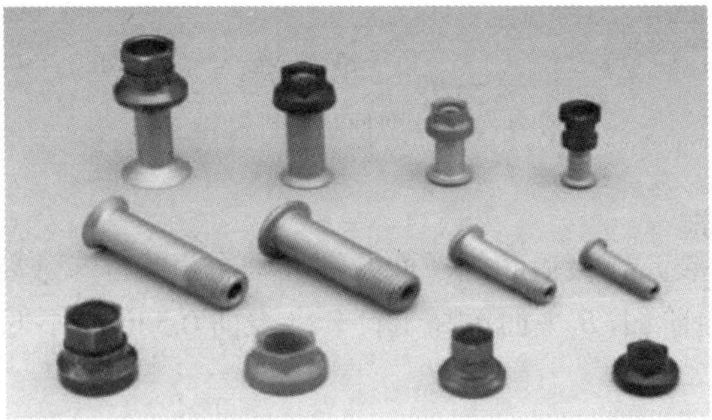

图 5.31　Hi-lock 紧固件

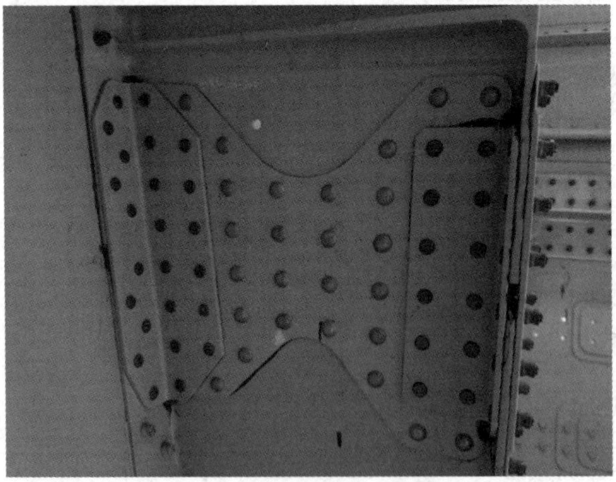

图 5.32　Hi-lock 紧固件飞机装配实例

Hi-lock 的螺帽称为高锁帽 (Collar)，是 Hi-lock 配合的紧固件，常用的有红色、蓝色、黄色和绿色。装配的 Collar 件号：BACC30M( 红色 )，用于标准的和加大一级的 Hi-lock；BACC30R( 蓝色 )，用于加大两级的 Hi-lock；BACC30BL( 黄色 )，适用于 BACB30V 系列的 Hi-lock；绿色的，仅用于 BACB30N 系列；绿色的螺帽是钢制的，可以拆下重复利用；红色的是铝制的，拆下后不能再利用。

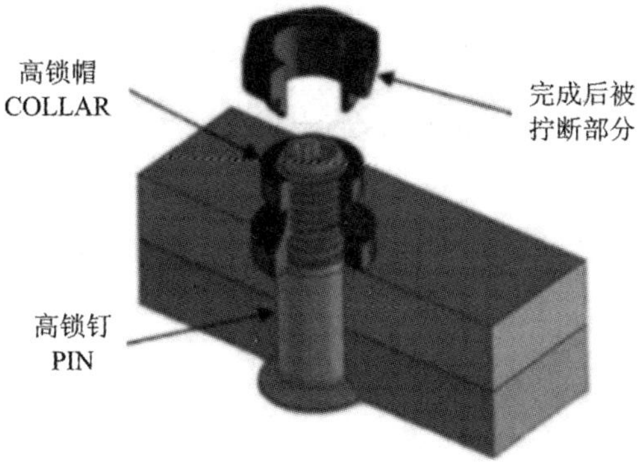


图 5.33　Hi-lock 紧固件装配图

Hi-lock 紧固件完成施工无需力矩扳手检测。本身设计即可满足强度要求，可用于非铝合金修理件，修理材料厚度超过原有紧固件两倍直径处。在航空器结构修理中，对于厚度在 0.08 in 以上的构件，通常采用 Hi-Lock 螺栓作为紧固件，安装时需使用 BMS5-95 密封胶湿装。在航空器结构上，不能使用直径小于 3/16 in 的 Hi-lock 螺栓。

Hi-lock 紧固件安装

### 2. Hi-lock 紧固件铆接工艺

Hi-lock 的铆接工艺过程如图 5.34(a) ～ (e) 所示，安装紧固件并拧紧高锁帽，注意要对正无偏斜。然后利用 Hi-lock 扳手手动旋紧，操作示意图如图 5.35 所示。当螺帽到位并挤压变形到一定程度，螺帽上端沿预制缝断裂，铆接完成。

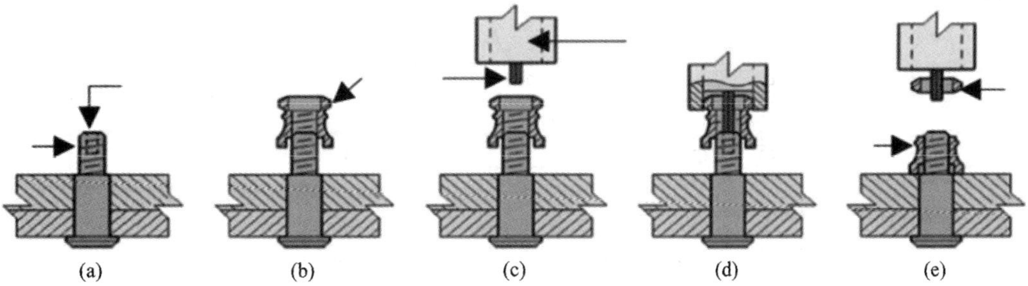


图 5.34　Hi-lock 紧固件铆接工艺过程

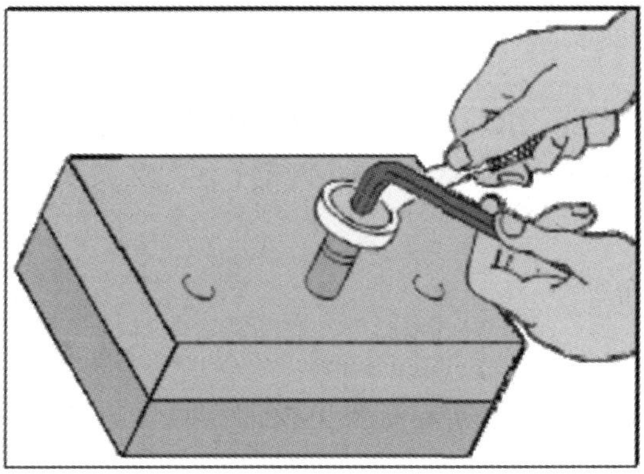

图 5.35　Hi-lock 紧固件扳手操作方法

# 项目训练

## 飞机结构特殊铆接综合训练

### 1. 学习目标

(1) 训练学生深入理解各种特殊铆接技术规范。

(2) 训练学生各种特殊铆接操作技能。

### 2. 工作任务

将图 5.36 所示的铆接组合件作为维修件，拆除部分铆钉，分别用拉铆型环槽铆钉、镦铆型环槽铆钉、螺纹抽芯高抗剪铆钉、镦铆型高抗剪铆钉、螺纹空心铆钉、鼓包型抽芯铆钉、拉丝型抽芯铆钉、Hi-lock 紧固件完成铆接工作。

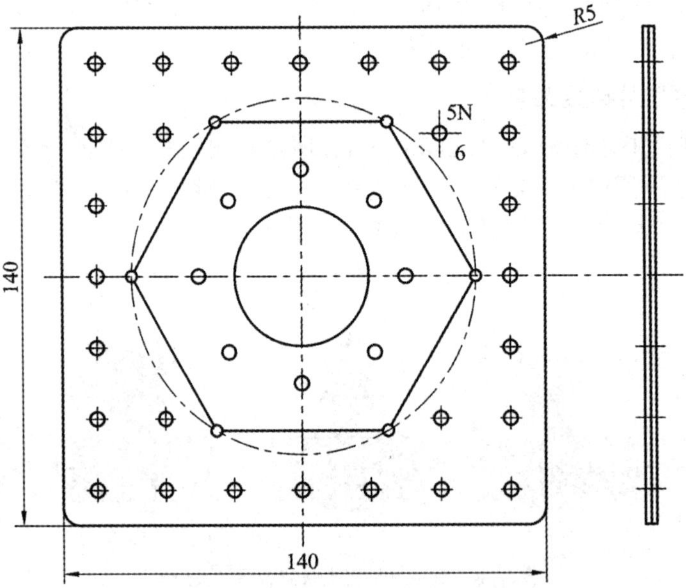


图 5.36　平面钣金铆接组合件

### 3. 实训工具设备

钳工工作台 ( 配台虎钳 )，纸胶带，记号笔，锉刀，毛刷，直角尺，整形锉刀，英制游标卡尺，钢直尺 ( 公英制 )，钻枪 ( 套装 )，铆枪 ( 含固定夹顶铁套装 )，塞尺。

### 4. 劳保用品

护目镜，手套，抹布等。

### 5. 实训步骤

(1) 拆解和铆接：按工作任务选定需要更换的铆钉，拆解后检查铆钉孔，完成各类铆接。

(2) 自检评估：完成铆接后自检，不合格的铆钉需要拆除后重新铆接。

# 项目 6　飞机结构干涉配合铆接

飞机结构干涉配合铆接的铆钉通常能紧密地充满钉窝及钉孔，并使钉孔均匀而适量地胀大，形成钉杆对钉孔的“支撑效应”，所以干涉配合铆接在疲劳寿命和密封性方面优于普通铆接，大型客机 C919 和支线客机 ARJ21 在机翼壁板铆接装配中大量使用无头铆钉干涉连接，以满足连接质量要求。随着飞机制造效率及精度需求的不断提高，以自动钻铆系统为代表的自动化连接设备在壁板装配中得到了大量应用，尤其在无头铆钉干涉连接过程中必须尽可能使用自动化设备。

项目目标：了解干涉铆接的重要性；熟练完成各种干涉铆接操作。

评估标准：规范设计干涉量；规范标准完成干涉铆接施工。

【延伸学习】干涉配合铆接是一种连接强化技术，能显著提高结构的疲劳寿命，获得良好的密封性。通过课外网络拓展学习，深入了解干涉配合铆接的机理和应用，理解干涉配合铆接可以提高疲劳强度的原因。

## 任务 6.1　干涉配合铆接基础

### 6.1.1　干涉配合铆接

干涉配合铆接是指在钉孔的配合间隙中提高精度，有控制地镦粗铆钉杆，填满钉孔间隙并使孔胀大，从而形成干涉配合。这是一种连接强化技术，能显著提高结构的疲劳寿命，并能获得良好的密封性。干涉配合铆接时要根据结构件的材料和铆钉直径的大小来选择相对干涉量。相对干涉量，即铆接后钉孔直径与铆接前钉孔直径之差同铆接前钉孔直径之比的百分数。一般来说，相对干涉量最好在 1% ～ 3%，太大会产生应力腐蚀和铆接件变形，太小达不到预期效果。

干涉配合铆接

干涉配合铆接按所用的铆钉分为普通铆钉干涉配合铆接、无头铆钉干涉配合铆接、冠头铆钉干涉配合铆接。由于铆钉结构不同，其铆接工艺方法也不相同。

图 6.1 所示为普通的平锥镦头和沉镦头干涉配合铆接，和普通铆钉不同的是干涉配合铆接对铆钉孔的尺寸公差以及铆接后的尺寸 ( 如镦头直径 *D*) 有严格要求。

普通的紧固件连接，构件承载孔周边会产生很高的应力集中，这对结构疲劳寿命非常不利。干涉配合铆接是过盈配合，内孔存在一定的预应力，在交变载荷作用下孔附近的应力幅度会显著减少，疲劳寿命也会随之大幅提高，通常疲劳寿命能提高约 5 倍。但应力如果过大将引起应力腐蚀，因此干涉配合铆接必须控制干涉量。

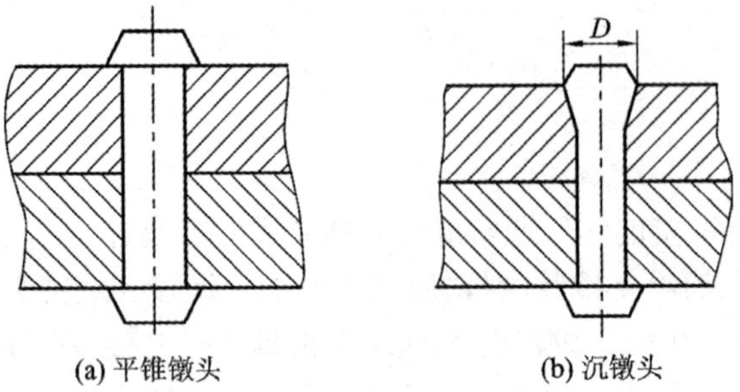


普通铆钉干涉配合铆接工艺

图 6.1　普通干涉配合铆接

干涉配合干涉量是铆接后形成的，施工时铆钉杆镦粗膨胀，对孔壁造成径向压缩，铆钉孔壁受铆钉杆挤压而产生一种径向压应力，形成干涉配合。干涉配合产生挤压强化，受工艺过程、铆钉杆直径和压力分布影响。干涉量是干涉配合铆接的技术量化指标，通过计算和测量标定。评定指标有绝对干涉量和相对干涉量，通常为方便不同直径的铆钉对比，大多数使用相对干涉量。

### 6.1.2　干涉配合铆接制孔要求

干涉配合铆接与普通铆接的区别主要是夹紧和确定孔位，制孔是干涉产生的关键。

(1) 普通铆钉、冠头铆钉干涉配合铆接的定位销间距，在曲面上不大于 150 mm，在平面上不大于 200 mm；

(2) 无头铆钉、冠头铆钉干涉配合铆接的边距不得小于 2 倍铆钉直径，间距不得小于 4 倍铆钉直径；

(3) 无头铆钉干涉配合铆接时，必须先用铆钉定位。孔位可按产品图样编制程序，由机床自动完成；

(4) 普通铆钉干涉配合制孔要求孔的圆度位于孔径极限偏差以内，轴线应垂直于零件表面，其偏斜应不大于 2°，孔表面粗糙度 *Ra* 值不大于 3.2 μm，不允许有棱角、破边及裂纹；

(5) 孔边的毛刺应清除，允许在孔边形成不大于 0.2 mm 深的倒角；

(6) 普通铆钉干涉配合铆钉孔的加工优先采用风钻铰孔，铰刀一般应带前导杆；

(7) 孔壁上不允许有明显划伤。

### 6.1.3　干涉配合铆接制窝要求

(1) 冠头铆钉的沉头窝角度应与铆钉头角度一致。蒙皮窝的深度应比铆钉头最小高度小 0.02 ～ 0.05 mm，用铆钉检查时，铆钉头相对零件的凸出量为 0.02 ～ 0.10 mm。

(2) 窝的圆度应在其直径极限偏差内，表面不允许有棱角、划伤、破边及裂纹。

(3) 零件表面由锪窝钻套造成的压痕、凹陷和轻微的机械损伤是允许的，但其深度应小于材料包覆层，数量不大于铆钉排内窝数的 3%。

(4) 锪普通铆钉沉头窝和冠头铆钉沉头窝时，一般应使用可调锪窝限动器。冠头铆钉沉头窝应使用整体锪钻 ( 即导杆和刀刃为一体 ) 制窝。

# 任务 6.2　干涉配合铆接工艺

## 6.2.1　普通铆钉干涉配合铆接

普通铆钉干涉配合铆接在铆接过程中，用控制各工艺参数的办法，保证铆钉杆和钉孔获得预定的干涉量。传统的铆接方法，不管是压铆、正铆和反铆，都只能在局部位置获得干涉量。一般在镦头附近，干涉量可达 3% 左右，但在夹层中间和埋头窝附近，干涉量很小或有间隙，如图 6.2 所示。

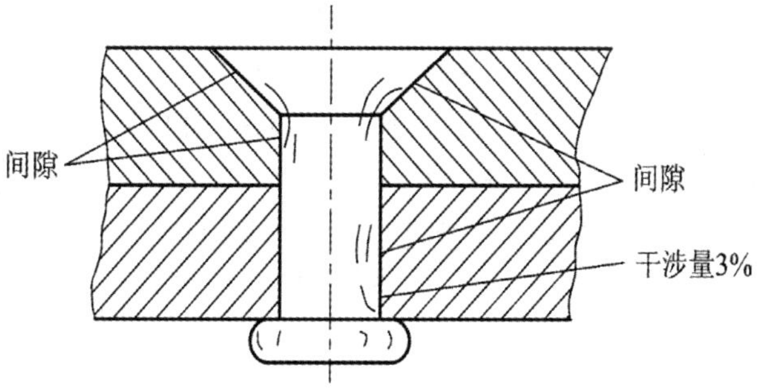


图 6.2　普通干涉配合铆接

干涉配合铆接的工艺参数包括钉孔直径，埋头窝尺寸和精度要求，钉杆外伸量，铆模形状，钉头直径、高度和形状等。

### 1. 普通铆钉干涉配合铆接铆钉长度的选择

沉头镦头形铆钉长度按下列公式计算；

$$L=\sum\delta+\left(1.0\sim1.1\right)d$$

平锥镦头形铆钉长度按下列公式计算：

$$L=\sum\delta+\left(1.1\sim1.2\right)d$$

式中：$L$——铆钉长度 (mm)；

$\delta$——铆接件厚度 (mm)；

$d$——铆钉直径 (mm)。

### 2. 普通铆钉干涉配合铆接工艺

普通铆钉干涉配合铆接应优先采用单个压铆机压铆或用正铆法铆接，与普通铆接不同的是要使用专用带凹坑的冲头，沿钉杆轴线方向均匀胀粗逐渐产生干涉量，干涉量的大小只能通过控制铆接力及镦头的大小来间接控制。工艺流程如图 6.3(a) ~ (f) 所示。

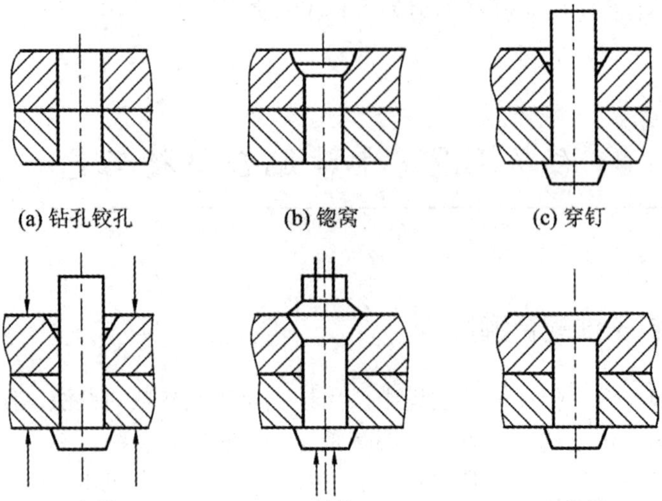


图 6.3　普通铆钉干涉配合铆接工艺

沉镦头普通铆钉干涉配合铆接，沉镦头的凸出部分可用带专用限制器的铣刀铣平。铆接的干涉量须通过在相应的试片上进行试铆确定，试片的材料、厚度，所用铆钉、工具和工艺方法等参数应与产品相同，并要求试片随同产品一道施工。

此外，为保证铆接质量，制孔时需要注意保证孔垂直度、精度和孔壁光滑并用孔量规检验；锪窝要使用锪窝限动器，并用窝的量规检验；铆壳及铆枪必须按规定选用，以保证达到预定的干涉量。

## 6.2.2　无头铆钉干涉配合铆接

### 1. 无头铆钉干涉配合铆接

无头铆钉干涉配合铆接是将没有铆钉头的实心圆杆作为铆钉，铆钉在压铆过程中镦粗，同时在两端形成凸头和镦头，然后把凸出蒙皮表面的多余部分铣掉。从加工方法上看，与普通铆接没有很大差别。如图 6.4 所示为平头型无头铆钉以及形成的镦头 ( 虚线部分 )。

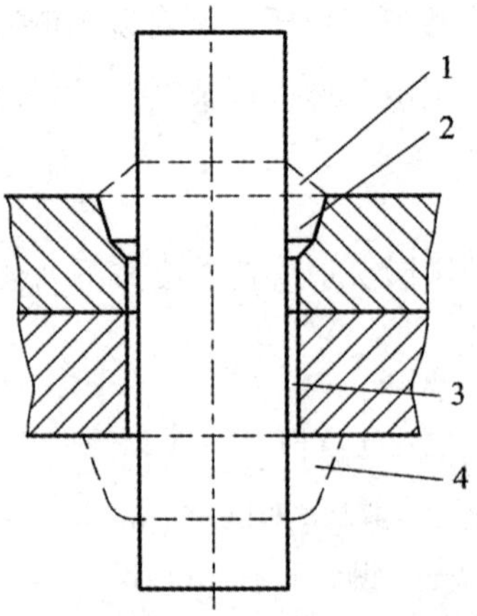


1—凸头；2—埋头窝；3—间隙；4—镦头。

图 6.4　平头型无头铆钉图

### 2. 无头铆钉干涉配合铆接制窝

无头铆钉的埋头窝制成 82° 和 30° 两个锥度，锥度比 90° 埋头窝要小，如图 6.5 所示为双锥度埋头窝，图中 $H$ 为板件在埋头窝一边的材料厚度，埋头窝尺寸取决于铆钉直径，其最小值为 $0.6D$，大于埋头窝深度 $h(0.4D)$。这种埋头窝既保证铆钉具有一定的连接强度，而埋头窝的锥度又要尽量小，易于填满埋头窝，保证密封性能和干涉配合均匀；同时可以减少压铆力，否则压铆力太大，铆钉容易出现裂纹，且易引起工件变形。

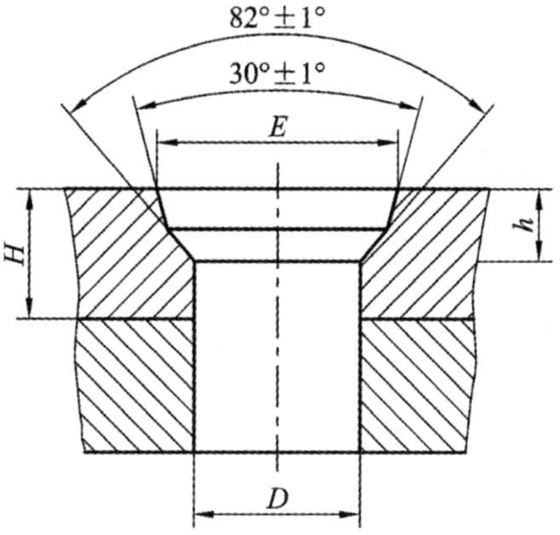


*H*—板材厚度；*h*—埋头窝深度；*E*—埋头窝直径。

图 6.5　双锥度埋头窝

除此之外，还有 120° 和 60° 的双锥度埋头窝，也是用于无头铆钉铆接，这种埋头窝填充的金属重量要大得多，相应的压铆力要大。

### 3. 无头铆钉干涉配合铆接工艺

无头铆钉的孔及其沉头窝最好是在自动钻铆机上采用复合锪钻一次完成。此外自动钻铆机上也可以完成由制孔到铣平镦头等全部工序。

无头铆钉外伸量取决于铆钉长度，一般为板厚加 2 倍铆钉直径。铆钉长度如果太小，则不足以形成所要求的钉头和镦头，同时得不到预期的干涉量。增大外伸量，会使干涉量变大。

无头铆钉铆接工艺过程如图 6.6 所示。无头铆钉铆接后沿钉杆全长可形成均匀的干涉配合，并能够可靠地保证铆钉自身的密封性。铆接前选取与产品相同的材料和厚度尺寸的试片进行试铆，并测出试件的干涉量；如果符合要求则应固化设备及各种铆接工艺参数，再铆接产品。

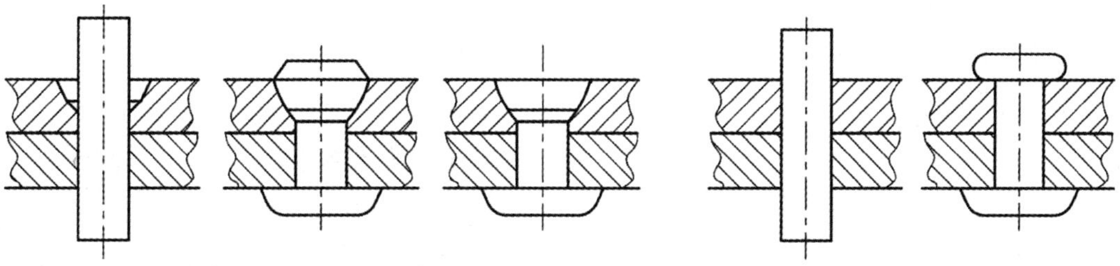

(a) 平头型无头铆钉铆接　　(b) 凸头型无头铆钉铆接

图 6.6　无头铆钉铆接图

无头铆钉铆接工艺过程不仅铆钉镦粗变形，被连接件也因钉杆膨胀和镦头挤压而产生不同程度的变形，同时被连接件多为薄壁件，刚度小、易变形，大量的铆钉连接会使薄壁件产生更加复杂的装配变形和残余应力，增加了连接结构的脆性，降低了飞机的疲劳寿命。

另外，干涉配合的无头铆钉铆接，要求钉孔表面粗糙度低于普通铆接，规定为 $Ra3.2$，孔壁允许的划伤深度为 0.04 mm，在接近零件表面处不允许有划伤，这些划伤虽然不影响干涉量，但裂痕会降低疲劳寿命和气密性能。

无头铆钉干涉配合铆接对大型飞机壁板的精准装配和使用寿命的提高具有重要作用。

### 6.2.3 冠头铆钉干涉配合铆接

#### 1. 冠头铆钉

冠头铆钉是普通沉头铆钉的衍生产品，与普通沉头铆钉不同的是其钉头端面有不同类型的冠头，钉杆长度比普通铆钉短小，如图 6.7 所示为典型的冠头铆钉。

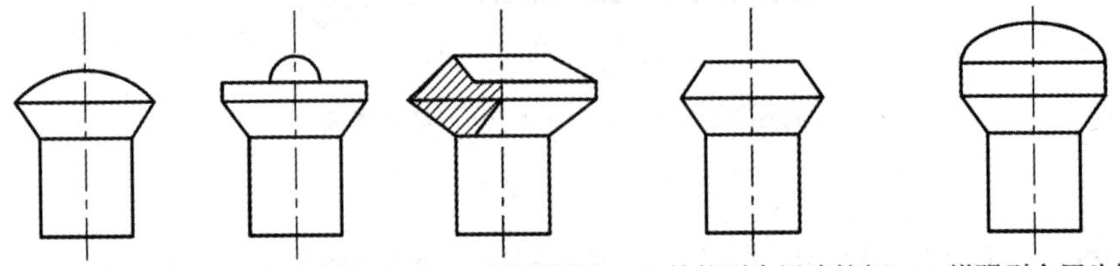

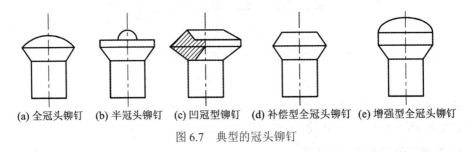

(a) 全冠头铆钉　(b) 半冠头铆钉　(c) 凹冠型铆钉　(d) 补偿型全冠头铆钉　(e) 增强型全冠头铆钉

图 6.7　典型的冠头铆钉

根据冠状参数不同，冠头铆钉又分为半冠、全冠、凹冠。带补偿头铆钉（补偿型全冠头），它将头部改为锥形突起。其中全冠比半冠形成的干涉量大；凹冠铆钉因为头部有个平顶面，铆接时不会打偏，所以这种铆钉的工艺性较好；此外还有增强型全冠头铆钉。

冠头铆钉施铆时冠头部分的金属几乎全部被压入沉头窝和孔中，引起铆钉两面变形，在钉头和镦头区都形成干涉，所以疲劳寿命有较大的提高。因为铆头的形状使铆接时与工具接触面积很小，力量集中在铆钉中心线附近，保证沿钉杆有较均匀的干涉量，且使沉头部分紧密地充填窝孔，所以具有较好的密封性。

冠头铆钉材料一般为 2A10，主要用在飞机受拉力、受剪力的具有气密性、油密性的结构上，如叠层厚度较小的气密舱壁板和组合件等。

#### 2. 冠头铆钉铆接工艺

冠头铆钉铆接工艺方法一律采用反铆法，铆钉长度选择参考表 6.1 的推荐值。

表 6.1　冠头铆钉长度选择参考表　mm

| 铆钉直径 $d$ | 3 | 3.5，4 | 5，>5 |
|---|---|---|---|
| 铆钉长度 | 总板厚 + $1.4d$ | 总板厚 + $1.3d$ | 总板厚 + $1.2d$ |

铆枪的功率和顶把的质量均应比普通铆接高一级，为使零件和铆钉头不受损伤，在平冲头与铆钉之间应垫上玻璃纸，允许单个压铆，不允许成组压铆。

产品铆接所达到的干涉量应作试片确认，其方法与普通铆钉干涉配合铆接确认方法相同。

铆接完成后的镦头为标准镦头，镦头高度大于 0.4 倍铆钉直径。

# 项目训练

## 飞机结构干涉配合铆接综合训练

### 1. 学习目标

(1) 训练学生深入理解各种干涉配合铆接技术规范。

(2) 训练学生各种干涉配合铆接操作技能。

### 2. 工作任务

将图 6.8 所示的铆接组合件作为维修件，拆除部分铆钉，分别用普通铆钉干涉配合、无头铆钉干涉配合、冠头铆钉干涉配合完成铆接工作。

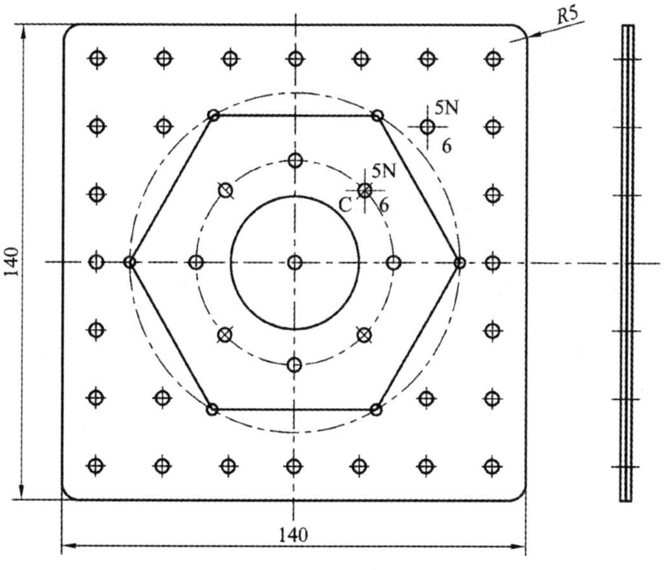


图 6.8　平面钣金铆接组合件

### 3. 实训工具设备

钳工工作台 ( 配台虎钳 )，纸胶带，记号笔，锉刀，毛刷，直角尺，整形锉刀，英制游标卡尺，钢直尺 ( 公英制 )，钻枪 ( 套装 )，铆枪 ( 含固定夹顶铁套装 )，塞尺。

### 4. 劳保用品

护目镜，手套，抹布等。

### 5. 实训步骤

(1) 拆解和铆接：按工作任务选定需要更换的铆钉，拆解后检查铆钉孔，完成各类铆接。

(2) 自检评估：完成铆接后自检，不合格的铆钉需要拆除后重新铆接。

### 6. 评估标准

参考上述各种铆接质量标准评估。

# 项目 7　飞机结构密封铆接

飞机在高空飞行时，气压随高度的增加而降低，为了使座舱内有一定的气压，保证乘坐人员工作、生活环境的舒适性，舱体就必须密封。这就要求铆接的结构具备密封性，整体结构应能承受一定的内外气压差。

密封铆接是指在铆缝处添加密封物或铆钉与钉孔过盈配合，使铆缝具有密封性的一种铆接方法。密封铆接不同于普通铆接的是在铆接夹层中涂敷密封剂，或者在铆钉处涂加密封剂，或者装密封元件，或者使钉孔过盈配合，这些方法堵塞渗漏路径，使结构具有密封性。

由于飞机经常处于高温、严寒、淋雨、日晒等恶劣环境中，密封要求比较高。一般情况下气密座舱在保证一定余压的条件下允许有轻微的泄漏发生，但整体油箱属绝对级密封，不允许有渗漏，这使得密封铆接成为铆装钳工的一项重要技术。而对于专门从事密封铆接的铆装钳工来说，它也是一项必须掌握的基本技能。

项目目标：了解密封铆接的重要性；熟练完成密封铆接操作；

评估标准：能熟练规范地配制密封剂；能规范标准地完成密封铆接施工。

【延伸学习】通过课外网络拓展学习，了解地球大气物理学知识和飞行原理，明确航空器增压的重要性和飞机密封铆接的安全性，同时进一步了解飞机密封的技术方法。

## 任务 7.1　结构密封和密封剂

飞机结构
密封铆接

### 7.1.1　飞机结构密封

飞机整体结构需要密封，但密封部位的等级有所不同。图 7.1 所示为飞机的密封区域分布，飞机的主体结构（客舱）和机翼油箱均为密封区。密封区域占据了飞机机体的大部分。

飞机的结构组成非常复杂，一般包括机身、机翼、尾翼和起落架等。飞机机身属于薄壁结构，由一些受力构件组成受力骨架，如支撑结构、隔框和桁条等，外面再蒙以蒙皮形成封闭结构，如图 7.2 所示为站位 12 到 24 区段的包含舱门、桁条和地板支撑结构的机身结构。

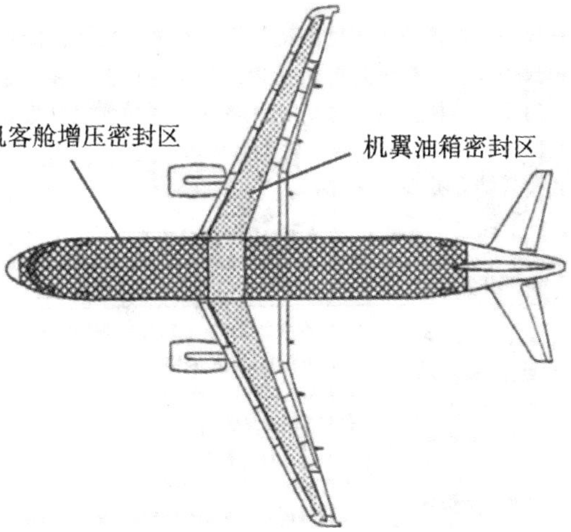


图 7.1　飞机的密封区域分布

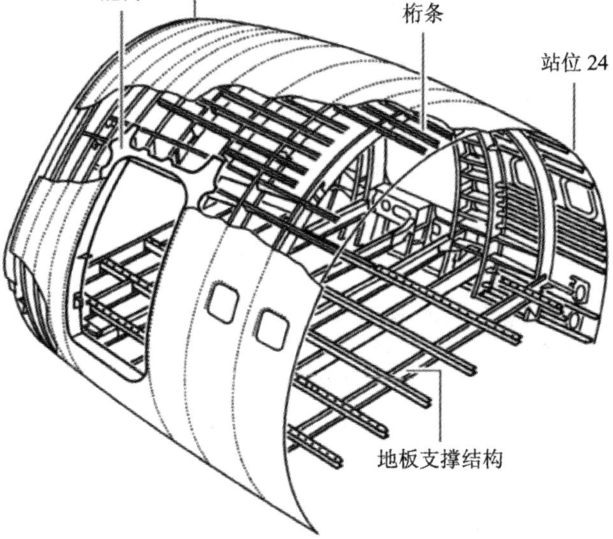


图 7.2　飞机的结构

飞机的机身不是静态的密封罐，而是动态变形的运动结构体。飞机在飞行过程中，会受到复杂的外部载荷，如装载和机身结构本身的重力；飞行中的气动载荷；飞行或起飞、滑跑、着陆等过程中，机翼、尾翼、起落架等传来的交变载荷；发动机推力 ( 拉力 ) 合力；飞机高度变化造成的内外压差、膨胀载荷等。

飞机密封的关键在气密增压舱，其主体是飞机蒙皮通过铆接覆盖在桁条上，密封连接处繁多，位置也复杂多变，各个密封连接处直接影响到整体密封性。

飞机机体结构连接方式基本是铆接，主要连接形式有搭接、对接和面接。普通的铆接无法保证密封性，一般需要借助密封材料。通过密封铆接保证无泄露。如图 7.3 所示。

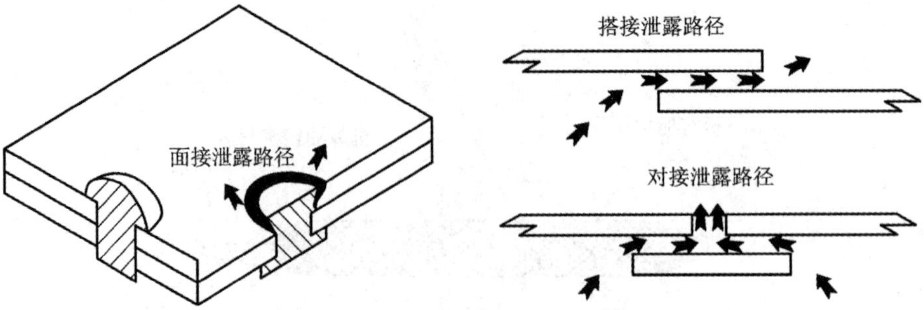


图 7.3　飞机结构连接形式及泄露

飞机结构密封目前主要通过软金属、密封圈和密封剂等技术手段实现，其中密封剂应用最为广泛。我国航空维修实施的结构密封全部参考国外标准，密封形式主要有密封材料密封和干涉配合紧固件密封两大类。按照密封区域和位置的不同，密封可分为缝内密封、缝外密封、表面密封、紧固件密封和混合密封。图 7.4 所示为国内外飞机常见的典型密封形式。

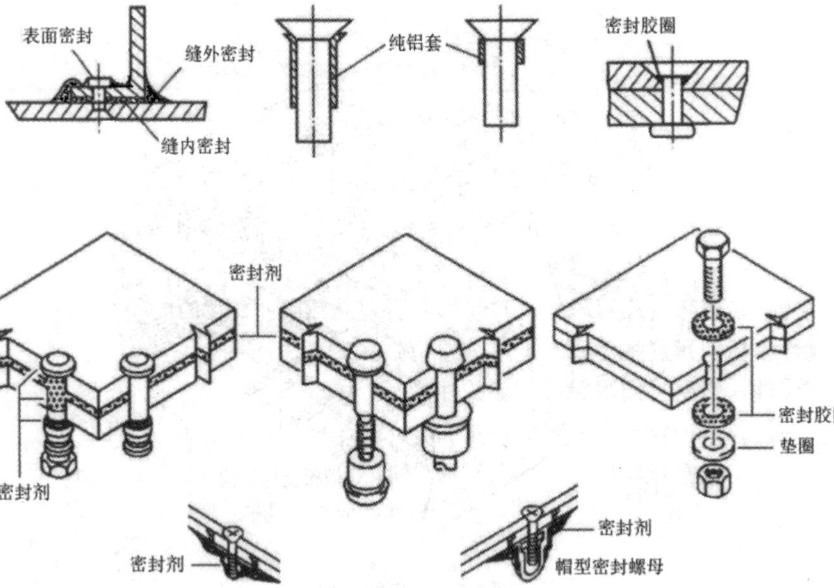


图 7.4　国内外飞机常见的密封形式

飞机结构密封性根据防止渗漏的物质种类和应用特性，一般可分为四类。

(1) 气密性。飞机驾驶舱、旅客座舱、辅助间 ( 服务间、卫生间、衣帽间、行李间等 ) 的结构一般要求具有防止漏气的性能，以使舱内始终保持一定的压力、温度和新鲜空气，因此飞机结构必须有足够的气密性。飞机座舱一般压力为 0.0295 MPa，温度维持在 20±5℃内。

(2) 油密性。现代飞机广泛应用整体油箱装燃油，因此，要求结构具有防止渗漏燃油的性能。整体油箱要求达到 100% 的密封，一般称为绝对密封，以保证油箱在不同气温和经受各种载荷的情况下，不漏油、不渗油。

(3) 水密性。水上飞机在水中起降和停放，机身下部为水密隔舱，其结构应具有防止渗漏水的性能。

(4) 防腐性。飞机结构的某些部分，由于接触油、水、气体等介质，会造成金属构件的腐蚀，如采用表面密封的方法，即在整个结构件表面涂敷密封剂，能起到防腐蚀的作用。

在密封结构装配和密封工作完成后，按设计要求须通过各种试验进行密封检查，即气密舱密封检查、整体油箱密封检查、水密结构密封检查。

## 7.1.2　密封剂

目前，飞机所使用的密封剂种类很多，一般分为硫化型和非硫化型两种，前者称密封胶，后者称腻子。密封剂的主要工艺特性如下。

(1) 流淌性：密封剂涂敷后保持自身形状、自动流淌、填充的能力。

(2) 堆砌性：密封剂施工后定型 ( 维持形状 ) 的能力。

(3) 可刮涂性：密封剂用刮板刮涂的性能。

(4) 可注射性：密封剂用注胶枪在 0.5 MPa 气压下的注射性能。

(5) 可喷涂性：密封剂经有机溶剂稀释后可喷涂的性能。

(6) 活性期：密封剂能保持适用于涂覆的时间，即密封剂混合后适于涂敷的时间范围。

(7) 施工期：密封剂自配制后算起，保持适用于铆接装配要求塑性的最长时间。

(8) 硫化期：密封剂自配制后算起，达到一定硬度所需要的时间。

(9) 贮存期：在规定环境条件下，密封剂各组分所能存放的期限。

密封铆接的施工首先要熟悉密封剂的工艺特性，按要求准备密封剂，按规范使用密封剂，按标准施工。除此之外，还要控制施工环境参数，其直接影响结构的密封性。一般应符合下列要求。

(1) 环境控制。施工的环境温度应控制在 15℃～30℃，空气相对湿度应保持在 40%～80%。工作间应清洁，通风良好。所用的压缩空气应经过过滤处理，不含油、水和其他杂质。施工人员的工作服、手套及工具等不准有油脂和纤维附着。

(2) 安全措施。施工现场特别是在狭小空间施工时，必须有通风、排气设施. 防止施工人员吸入有机溶剂蒸汽。施工现场附近应备有肥皂、去污粉及洗涤设施。

密封剂目前主要有硫化型和非硫化型两类。

硫化型密封剂大多数为黑色或黑褐色，具备活性期，对施工期有限制，密封性能比较好，硫化前工艺性良好，可涂抹、压注，大多数具备自流平特点，同时用有机溶剂稀释后可以刷除。硫化型密封剂典型的牌号有 XM15、XM16、XM18、XM21 系列，XM22 系列，XM23、XM28 系列，XM31 系列，XM33、XM40，XM41 系列和 XS 系列等。

非硫化型密封剂各自有不同的颜色，如 XM17 为绿色、XM30 为白色、XM34 为蓝灰色、XM48 为灰白色、1601 为绿色等。非硫化型密封剂大多数有可塑性和可拆除性，施工方便，随时修补，密封性良好。

密封施工使用的密封剂种类繁多，分类方式也复杂，组分形式 ( 单组分，双组分 )，黏稠程度也需要按照实际施工现场要求选择，具体应用需要参考施工工艺卡。

# 任务 7.2 密封施工

## 7.2.1 密封施工工艺

密封施工工艺要根据密封剂的种类和特性来设计，正确的工艺方法可以保证密封剂达到最佳的密封效果。

### 1. 密封面清洗

涂敷密封剂的表面要保证清洁，任何污垢都直接影响密封剂和密封面的致密性，因此密封施工前要清洗密封部位，一般使用汽油、丙酮、乙酸乙酯等清洗剂。在危险区须使用不燃性清洗剂，如三氯乙烷。铺设密封腻子且涂有 H06-2 或 XY-401 胶的表面，只允许用汽油擦拭。

通常清洗宽度应大于涂密封剂的宽度，在两侧各宽出 10 mm 以上。清洗干净的表面禁止与不干净的物品接触，不允许手接触或用笔作标识。周边环境也要洁净无污染。

除铺设密封腻子且涂有 H06-2 或 HY-401 胶的表面外，涂敷密封剂前要使用浸有丙酮或乙酸乙酯的抹布重复更换擦拭，直至最后一块白细布上无可见的污色 ( 允许有本色 )。最后一遍清洗距涂敷密封剂的时间应在 20 ～ 60 min 内。

### 2. 清洗方法

从溶液瓶内倒出清洗剂润湿抹布，必须顺一个方向擦拭表面，同时用干抹布沿一个方向擦去已溶解污物的清洗剂，不允许清洗剂在结构表面自然干涸，每擦洗一遍应更换一块新的抹布。不允许在结构表面喷洒、刷涂清洗剂，以免造成溢流，致使油污溶解后广为扩散并渗透到缝隙内。

对于油污过多的表面，应先用抹布擦拭，然后用汽油润湿的抹布清洗。

孔洞、下陷和小空间部位，应选用合适直径的去污布条清洗。铆钉、螺钉等小件的脱脂清洗应用清洗剂浸泡，并要求将清洗剂更换 1 ～ 2 次，浸泡的容器必须加盖。

### 3. 密封剂施工

密封剂的施工方法取决于密封剂的存在状态。膏体密封剂使用刮刀或注胶枪；液体密封剂使用刷子或喷枪；半固体密封剂使用胶膜或直接堆砌。

密封剂状态选择根据密封结构外形而确定。

(1) 一定面积平面的表面密封方法是将稀释的密封剂涂在密封区表面，液体密封剂最佳，适用于大面积涂胶。

(2) 缝内密封，又称贴合面涂胶，是在两个零件贴合面之间涂敷密封材料，膏体密封剂注入非常理想。

(3) 缝外密封，是在两个零件相连的接缝处涂敷密封材料，满足缝内密封的补充；有时还要求良好的气动外形，膏体和半固体密封剂方便快捷，如胶膜铺贴。

(4) 紧固件密封是在铆钉、螺栓等紧固件上附加密封材料或自身能起密封作用，以达到堵住零件之间缝隙的泄漏，半固体密封剂直接堆砌使用居多。

(5) 其他密封方法还有贴合面铺密封带，贴合面铺腻子等方法。

### 4. 注胶方法

密封施工中应用最广泛的方法是手工注胶法。除了自动化生产定制结构的标准密封，飞机装配和维修大多数需要人工操作密封。手工注胶对于沟槽、孔道、下陷、转角、空洞、嵌缝以及弧面均可以达到完美密封，但对操作者的技术也要求较高，如施工中不允许卷入气泡，密封表面要平整，边缘齐整无咬边，这需要工匠等级的操作者。

注胶的基本方法如图 7.5 所示，胶枪要与密封面呈一定角度，注胶顺序应沿一个方向向前推进，注胶时应始终保证挤出的密封剂超前于枪嘴移动方向，使密封剂向缝隙内有一定的挤压力，并使可能裹入的空气自动爆裂。枪嘴的移动速度应使挤出的密封剂的用量与缝外密封最后尺寸相适合。

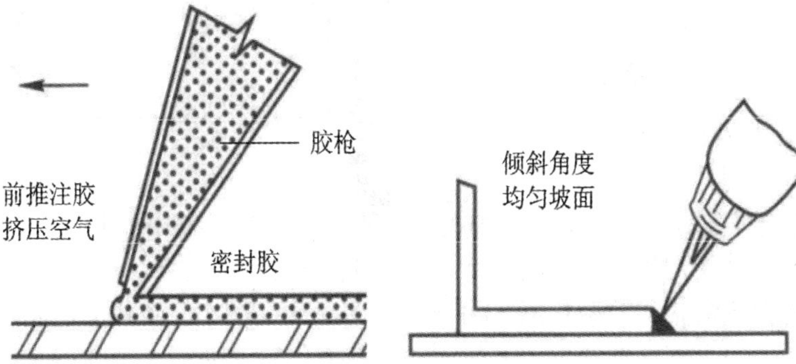


图 7.5 注胶方法

缝外涂敷的密封剂应在活性期内用整形工具剔除多余的密封胶并整形，整形时工具应紧压结构表面并沿缝隙均匀、平行地移动，使最终成形的缝外密封剂光滑、流线性好、尺寸正确。不允许使用任何润滑的方法整形，整形时应注意随时用蘸有清洗剂的纱布擦除粘在工具上的密封剂。

尺寸较大的缝外密封应分两次进行，待第一次缝外密封整形并达到不黏期 ( 施工期 ) 后再涂第二次。仰面涂胶或垂直面涂胶时，密封剂的涂敷量应适当，避免过量造成流淌或变形。

对接缝、气动整流缝、不易保证密封胶涂敷尺寸的密封缝，在规定的胶缝两侧边缘贴隔离保护胶纸。涂胶刮平后将胶纸揭掉，铲除多余的密封胶。如图 7.6 所示。

对可拆的缝外密封 ( 如地板座椅导轨缝等 ) 应在涂密封剂以前，在缝底部埋设细尼龙线，并将线头露在缝外密封剂的外面，以便拆除时撕开缝外密封剂。如图 7.6 所示。

缝外密封完成以后应在活性期内检查涂敷质量，对缺陷、气泡或有异物掺杂的部位，应及时补胶或排除，必要时允许部分铲除并重新涂敷。

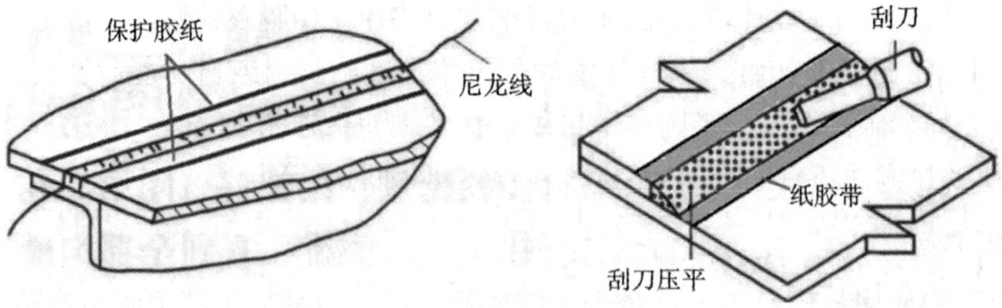


图 7.6 尼龙埋线和保护胶纸铺设

## 7.2.2 密封剂的硫化和保护

### 1. 密封剂的硫化

密封剂的硫化过程是从混合配制后开始的，除非由于工序衔接上的需要，一般应在室温条件下自然硫化，不需要采取加速措施。

加速硫化必须在密封剂不黏期后按照各密封剂硫化规范进行。未规定的加速硫化温度一般不应超过 50℃，处理时间为 25 h。加速硫化方法包括以下几种。

(1) 提高环境 ( 包括结构上 ) 温度。

(2) 用湿热空气在结构内部环流。

(3) 用红外线加热结构和涂胶表面。

(4) 综合使用以上方法。

由于工艺需要，涂敷密封剂的结构件必须在高于 50℃温度中处理时，可以提高处理温度，但不得超过密封剂的工作温度，例如，有机玻璃的回火。

结构上一部分密封剂加温硫化后，另一部分密封剂又需加温硫化的，允许重复加温硫化，重复次数以不超过密封剂使用工艺说明书规定的次数为限。

### 2. 密封剂涂敷后的保护

(1) 在未达到不黏期的密封剂上方，不准进行钻孔、铰孔等操作。当难以避免时，应用聚乙烯薄膜覆盖密封剂。该保护膜的拆除只能在密封剂不黏期以后进行。

(2) 严禁滥用溶剂和清洗剂，不准在未硫化的密封剂上使用溶剂。在硫化的密封剂上涂敷含溶剂的涂料时，必须确认所含溶剂对底层密封剂无损害后方可使用。

(3) 不准踩踏和重压已硫化的密封剂。受空间限制必须在涂敷密封剂的部位上操作时，应用海绵橡胶板或棉垫覆盖密封剂部位，工作人员应穿软底工作鞋和无扣衣服。来回踩踏区和停留区还应提前将金属屑、污物等用吸尘器清理干净。

## 项目训练

### 飞机结构密封铆接训练

飞机结构密封铆接是在普通铆接基础上更高级别的铆接，在专业的生产和维修中应用广泛，这些操作需要专业技术人员合作完成。

### 1. 学习目标

(1) 训练学生按照维修标准拆除飞机上损伤的钣金件。

(2) 训练学生合作完成钣金件在翼密封铆接。

### 2. 工作任务

如图 7.7 所示为飞机蒙皮和隔框的支撑板的位置图，需要拆除该钣金件并重新装配一个新的钣金件。钣金毛坯件使用图 3.14 完成的平面钣金件，要求现场测绘，确定折弯高度，适配安装后确定铆钉孔位置，钻孔后在蒙皮一侧实施密封铆接，其他为普通铆接。

该工作任务需要 2 人及以上操作人员合作协同完成。

图 7.7　支撑板位置图

### 3. 实训工具设备

钳工工作台 ( 配台虎钳 )，划线平台，划针，纸胶带，记号笔，方箱，高度游标尺，手锯，锉刀，毛刷，直角尺，整形锉刀，游标卡尺 ( 英制 )，钢直尺 ( 公英制 )，圆角规 ( 公英制 )，钻枪 ( 套装 )，铆枪 ( 含固定夹顶铁套装 )，塞尺，折弯机，密封剂。

### 4. 劳保用品

护目镜，手套，抹布等。

### 5. 实训步骤

(1) 备料。领取平面钣金件，参考图 3.14 图纸，检查尺寸和表面质量。

(2) 折弯。测量图 7.7 结构支撑板的折弯高度，划线确定折弯线，完成折弯。

(3) 装配铆接。将完成的折弯件适配安装，固定后钻孔，在蒙皮贴合面涂抹密封剂并完成铆接。

### 6. 评估标准

(1) 表面无划伤；整体无变形，贴合部分无间隙。

(2) 沉孔端无塌陷，凸出高度合格。

(3) 镦头均匀平整一致，高度 $0.5d$($d$ 为铆钉直径 )，铆钉头与平面间隙低于 0.01 mm；装配贴合密实。

# 项目 8　钣金结构经典竞赛实例

## 任务 8.1　全国职业院校技能大赛 (2022)

本项目是全国职业院校技能大赛“飞机发动机拆装调试与维修”竞赛模块 A 赛项，基于飞机翼肋肋板组合铆装设计 ( 图纸见图 8.2 ～ 8.10)，工作任务涉及钣金折弯、补片间隙修配、钣金制孔、铆接等组合件装配，重点考核参赛者阅读图纸，按要求完成钣金件折弯、补片制作和间隙修配、零部件制孔、铆装以及精准装配等结构件维修的能力。

飞机翼肋肋板组合效果图见图 8.1。

工作单如下 ( 可分项同步交叉施工 )。

### 1. 垂直肋板组合件铆装

此操作应注意以下事项：

(1) 操作过程中必须按规范使用工具、量具和设备；

(2) 操作折弯机时，警示杆区域不能站人；

(3) 开工前检查板料尺寸及纹路是否符合制作需求，若不符合应报告裁判更换板料；

(4) 使用气钻时，必须佩戴护目镜；

(5) 铆钉型号、铆接方向与图纸保持一致；

(6) 折弯件角度不允许二次折弯，折弯完成后零件不允许再修锉、剪切，折弯 $R$ 区不允许有裂纹。

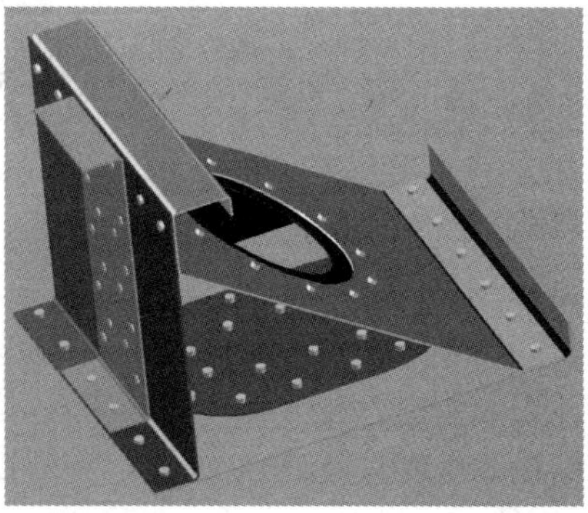

图 8.1　飞机翼肋肋板组合效果图

具体操作步骤是：

1.1 阅读图纸，依据零件图 ( 见图 8.7、图 8.8、图 8.9) 要求剪切下料；

1.2 依据图纸要求弯制钣弯件，角度允许偏差 ±30′，应无裂纹；

1.3 按照图纸和实际工艺要求定位制孔，完成间隙修配；

1.4 参考装配图 ( 见图 8.2) 完成组合铆装；

1.5 工件自检，不合格可拆除重铆。

### 2. 侧斜支撑板组合件铆装

此操作应注意以下事项：

(1) 操作过程中必须按规范使用工具、量具、设备；

(2) 操作折弯机时，警示杆区域不能站人；

(3) 使用气钻时，必须佩戴护目镜；

(4) 铆钉型号、铆接方向与图纸保持一致；

(5) 折弯件角度不允许二次弯折，弯折完成后零件不允许再修锉、剪切，弯折 $R$ 区不允许有裂纹。

具体操作步骤是：

2.1 阅读图纸，依据零件图 ( 见图 8.3、图 8.4) 要求剪切下料；

2.2 依据零件图 ( 见图 8.3) 要求弯制钣弯件，角度允许偏差 $\pm 30'$，应无裂纹；

2.3 按照图纸和实际工艺要求定位制孔；

2.4 依据零件图 ( 见图 8.4) 要求制作圆环加强衬板；

2.5 参考装配图 ( 见图 8.2) 进行组合铆装；

2.6 工件自检，不合格可拆除重铆。

### 3. 底板蒙皮组合件铆装

此操作应注意以下事项：

(1) 操作过程中必须按规范使用工具、量具、设备；

(2) 沉头铆钉允许凸出工件表面 0 ～ 0.1 mm，不能低于工件表面；

(3) 使用气钻时，必须佩戴护目镜；

(4) 铆钉型号、铆接方向与图纸保持一致；

(5) 铆装完成后，工件平面度应控制在 0.5 mm 范围内。

具体操作步骤是：

3.1 阅读图纸，依据零件图 ( 见图 8.5、图 8.6、图 8.10) 要求剪切下料；

3.2 依据图纸要求制作补片和衬板，参考装配图 ( 见图 8.2) 完成间隙修配；

3.3 按照图纸和实际工艺要求定位制孔；

3.4 依据装配图 ( 见图 8.2) 要求进行组合铆装；

3.5 工件自检，不合格可拆除重铆。

【工序交检】完成上述 3.1、3.2、3.3 步骤后，上交组合件至考官，检验获准后继续如下工作。

### 4. 飞机翼肋肋板组合铆装

此操作应注意以下事项：

(1) 整体外形不允许锉修；

(2) 使用气钻时，必须佩戴护目镜；

(3) 铆钉型号、铆接方向与图纸保持一致；

(4) 铆装完成后，工件平面度应控制在 0.5 mm 范围内。

具体操作步骤是：

4.1 依据装配图 ( 见图 8.2) 要求完成蒙皮肋板整体组合铆装；

4.2 依据图纸要求，进行质量检查；

4.3 确认完成装配件制作后，上交考官。

### 5. 收尾工作

5.1 清点工具，清洁量具，将工量具等回归原位；

5.2 整理工单和图纸资料，清理场地，打扫卫生；

5.3 报告裁判 ( 计时 )，结束全部工作。

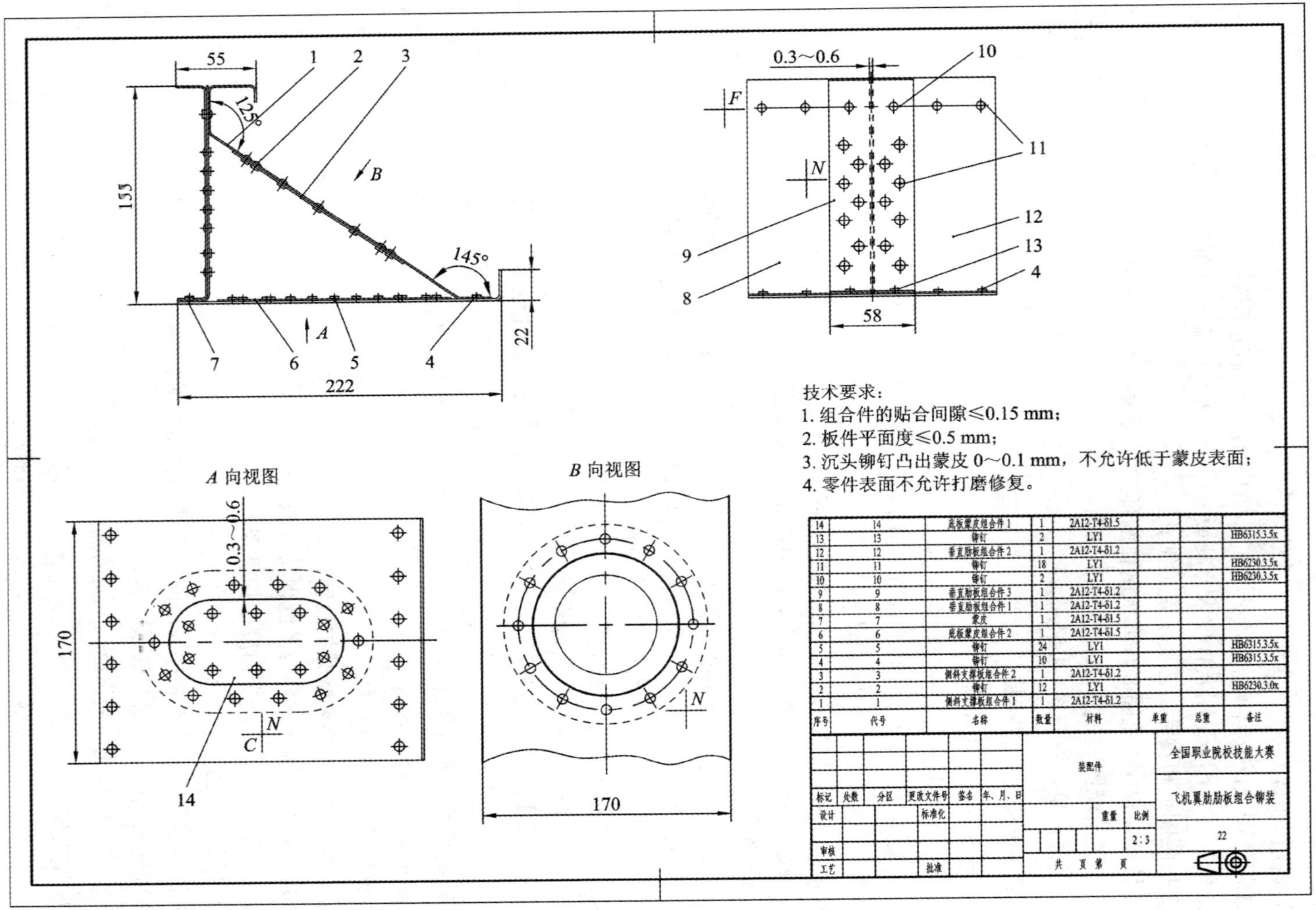


技术要求：
1. 组合件的贴合间隙≤0.15 mm；
2. 板件平面度≤0.5 mm；
3. 沉头铆钉凸出蒙皮 0~0.1 mm，不允许低于蒙皮表面；
4. 零件表面不允许打磨修复。

| 序号 | 代号 | 名称 | 数量 | 材料 | 单重 | 总重 | 备注 |
|---|---|---|---|---|---|---|---|
| 14 | 14 | 底板蒙皮组合件 1 | 1 | 2A12-T4-δ1.5 | | | |
| 13 | 13 | 铆钉 | 2 | LY1 | | | HB6315.3.5x |
| 12 | 12 | 垂直肋板组合件 2 | 1 | 2A12-T4-δ1.2 | | | |
| 11 | 11 | 铆钉 | 18 | LY1 | | | HB6230.3.5x |
| 10 | 10 | 铆钉 | 2 | LY1 | | | HB6230.3.5x |
| 9 | 9 | 垂直肋板组合件 3 | 1 | 2A12-T4-δ1.2 | | | |
| 8 | 8 | 垂直肋板组合件 1 | 1 | 2A12-T4-δ1.2 | | | |
| 7 | 7 | 蒙皮 | 1 | 2A12-T4-δ1.5 | | | |
| 6 | 6 | 底板蒙皮组合件 2 | 1 | 2A12-T4-δ1.5 | | | |
| 5 | 5 | 铆钉 | 24 | LY1 | | | HB6315.3.5x |
| 4 | 4 | 铆钉 | 10 | LY1 | | | HB6315.3.5x |
| 3 | 3 | 侧斜支撑板组合件 2 | 1 | 2A12-T4-δ1.2 | | | |
| 2 | 2 | 铆钉 | 12 | LY1 | | | HB6230.3.0x |
| 1 | 1 | 侧斜支撑板组合件 1 | 1 | 2A12-T4-δ1.2 | | | |

| | | | | | | | |
|---|---|---|---|---|---|---|---|
| 标记 | 处数 | 分区 | 更改文件号 | 签名 | 年、月、日 | 装配件 | 全国职业院校技能大赛 |
| 设计 | | 标准化 | | | | 重量 | 比例 | 飞机翼肋肋板组合铆装 |
| | | | | | | | 2:3 | 22 |
| 审核 | | | | | | | | |
| 工艺 | | 批准 | | | | 共 页 第 页 | | |

图 8.2 飞机翼肋肋板组合铆装装配图

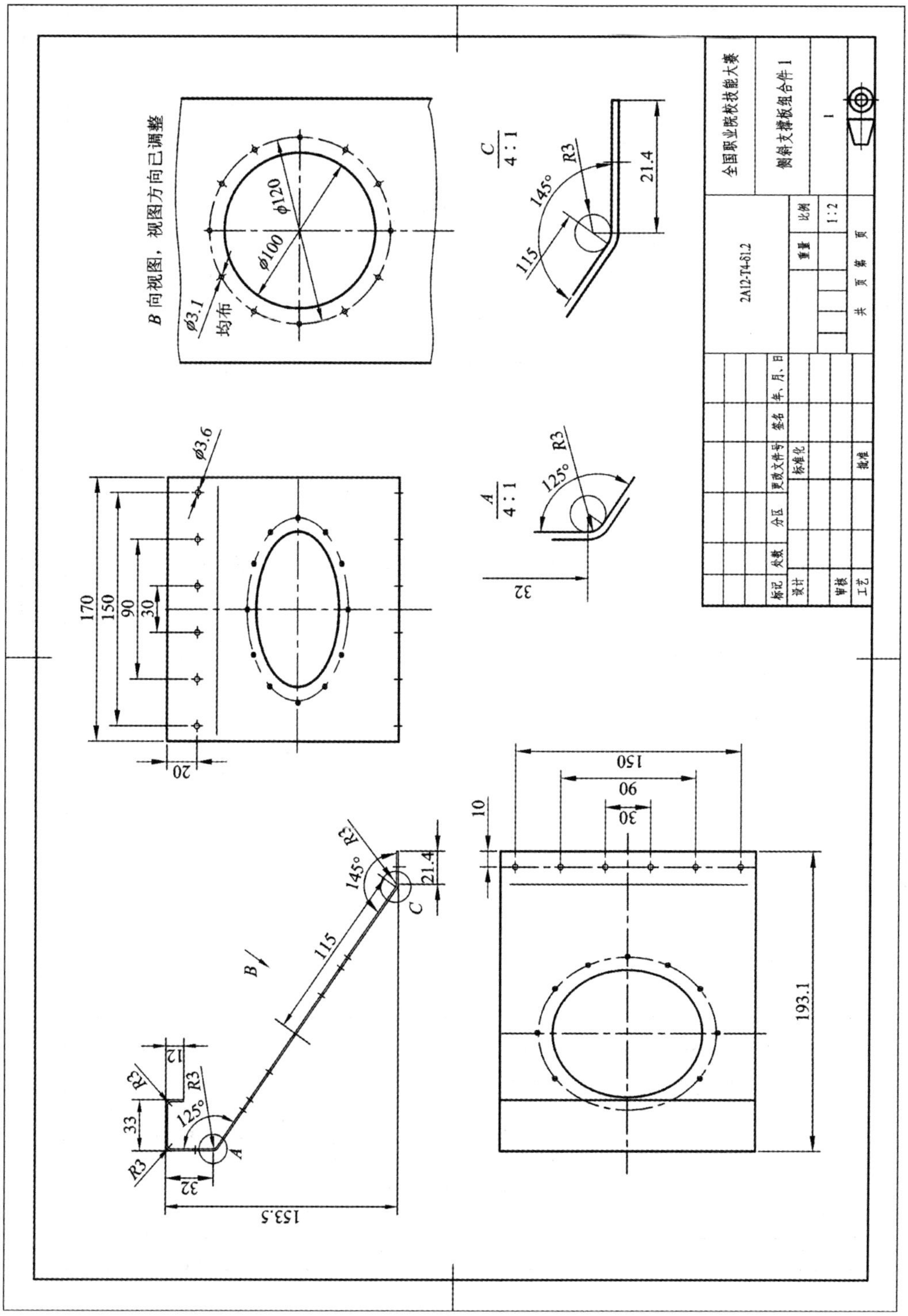


图 8.3　斜侧支撑板组合件 1 零件图

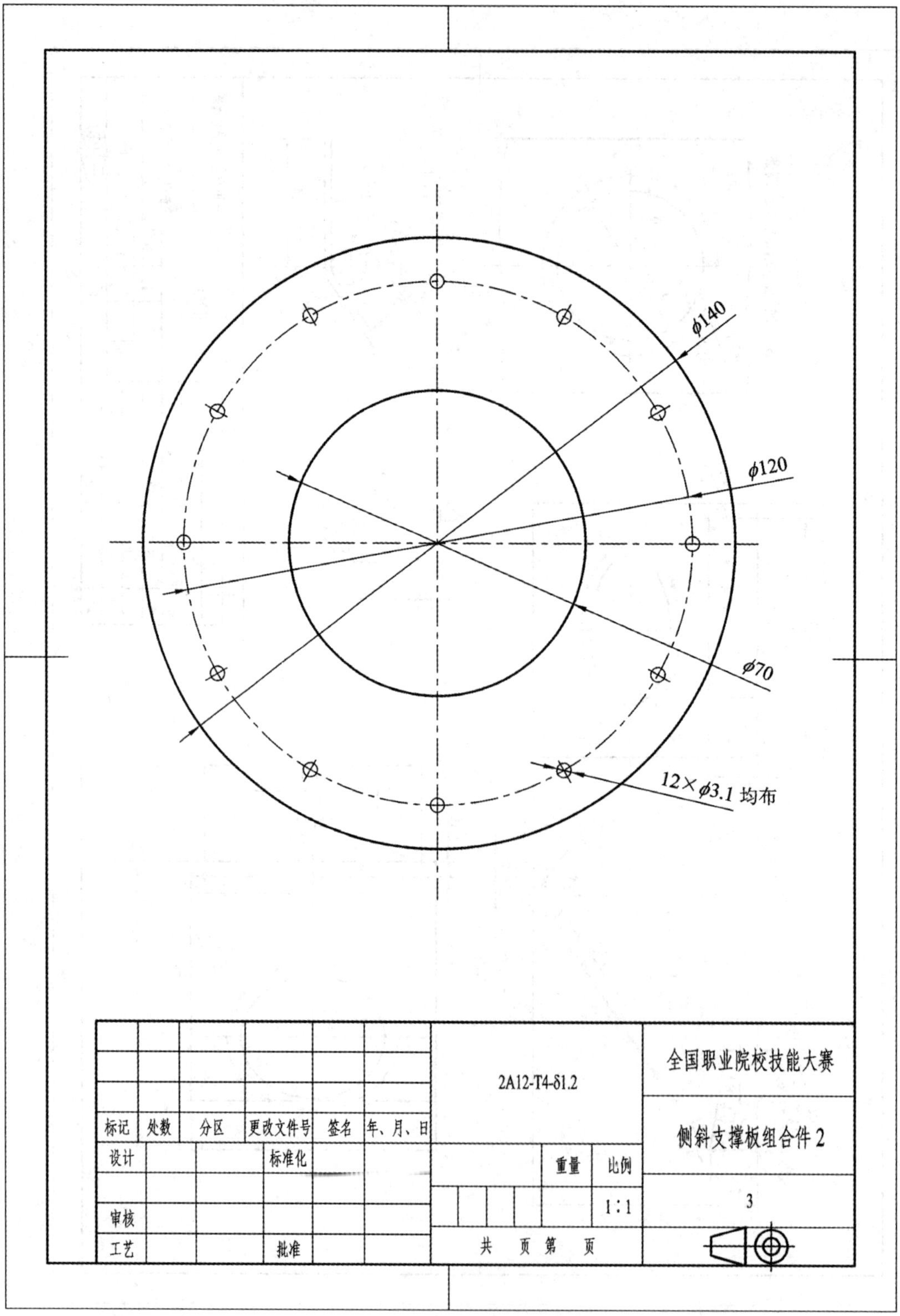


图 8.4　斜侧支撑板组合件 2 零件图

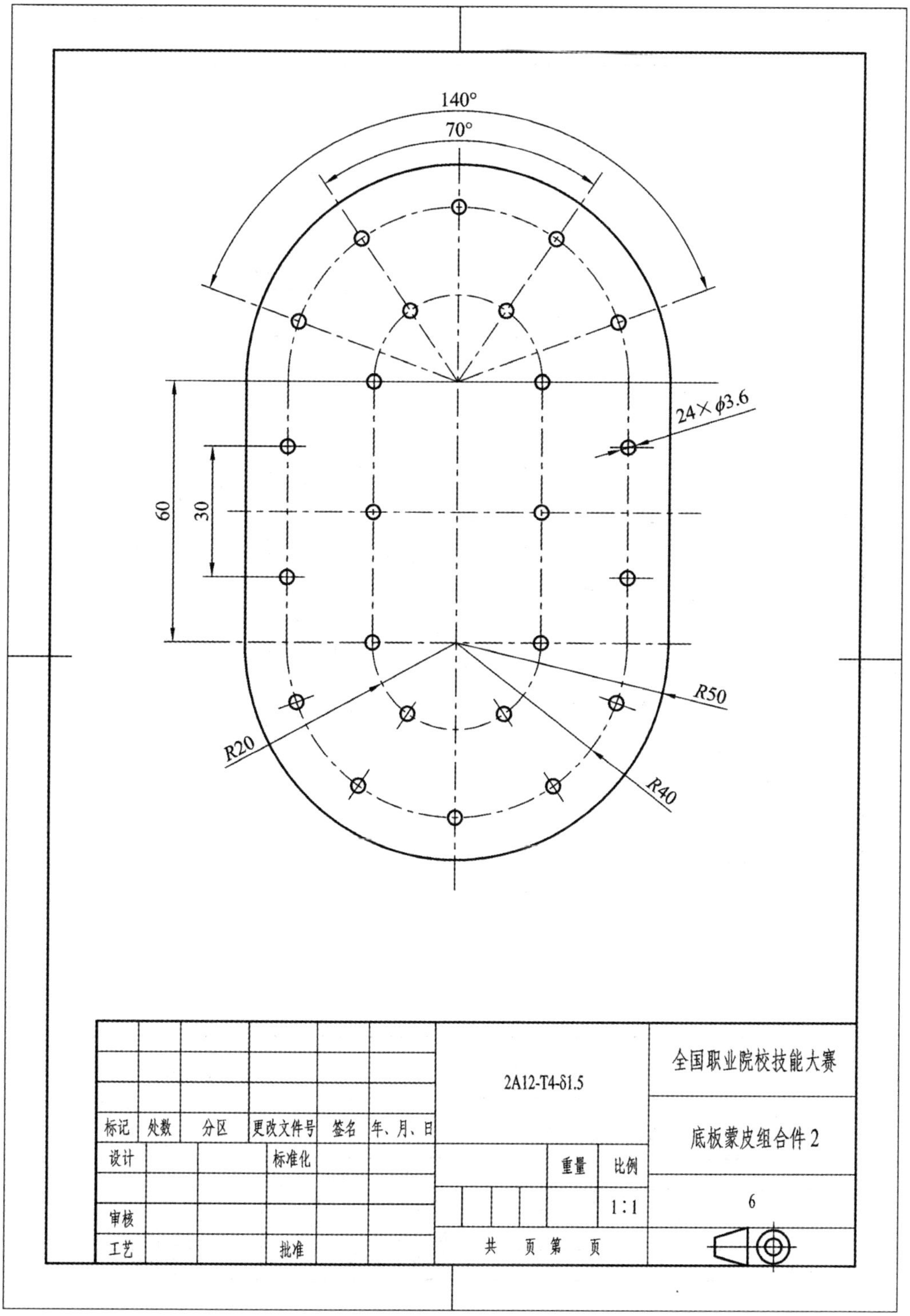


图 8.5　底板蒙皮组合件 2 零件图

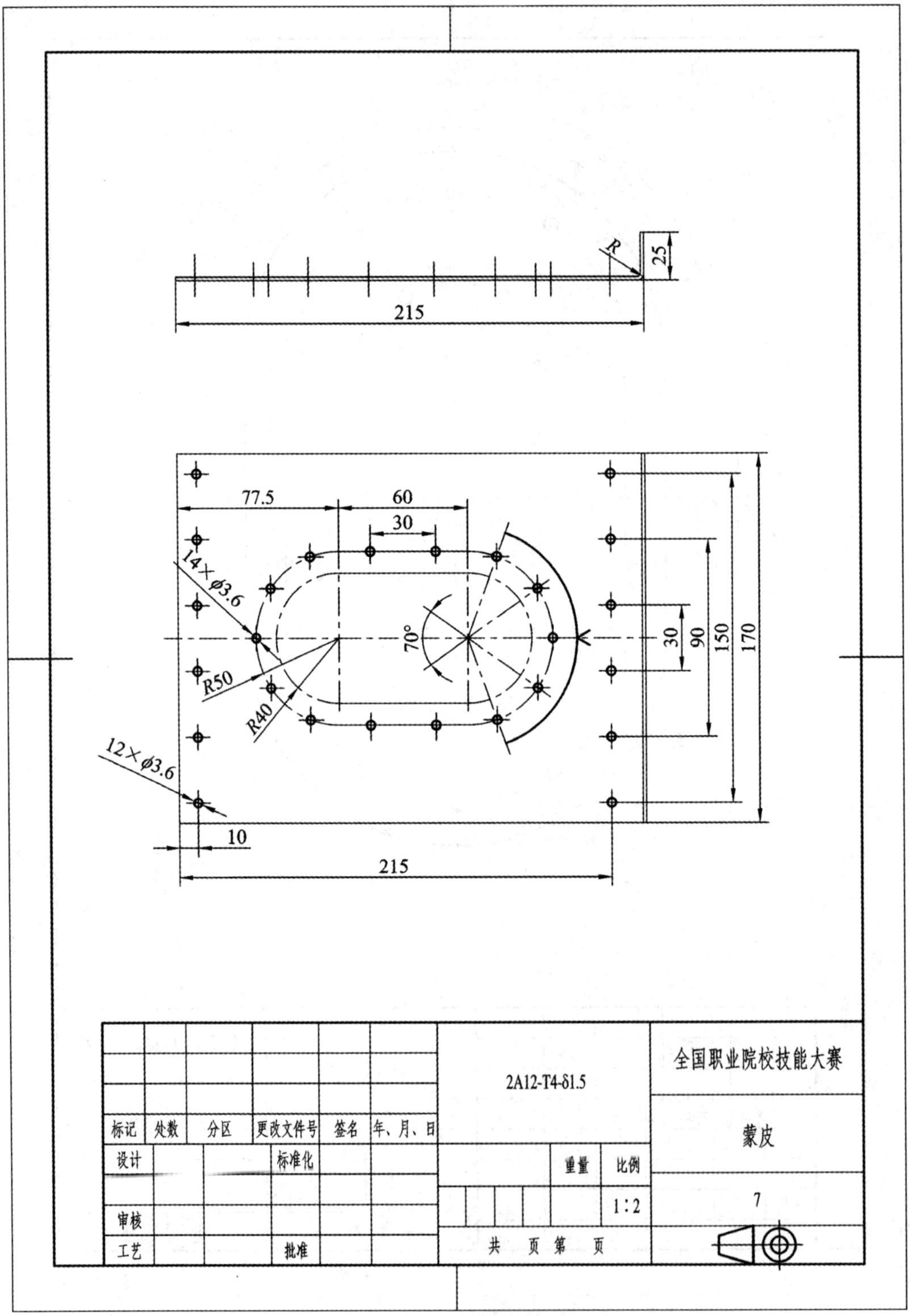
R
25
215
77.5
60
30
14×φ3.6
70°
R50
R40
30
90
150
170
12×φ3.6
10
215
2A12-T4-δ1.5
全国职业院校技能大赛
标记
处数
分区
更改文件号
签名
年、月、日
设计
标准化
重量
比例
蒙皮
1:2
7
审核
工艺
批准
共 页 第 页

图 8.6　蒙皮零件图

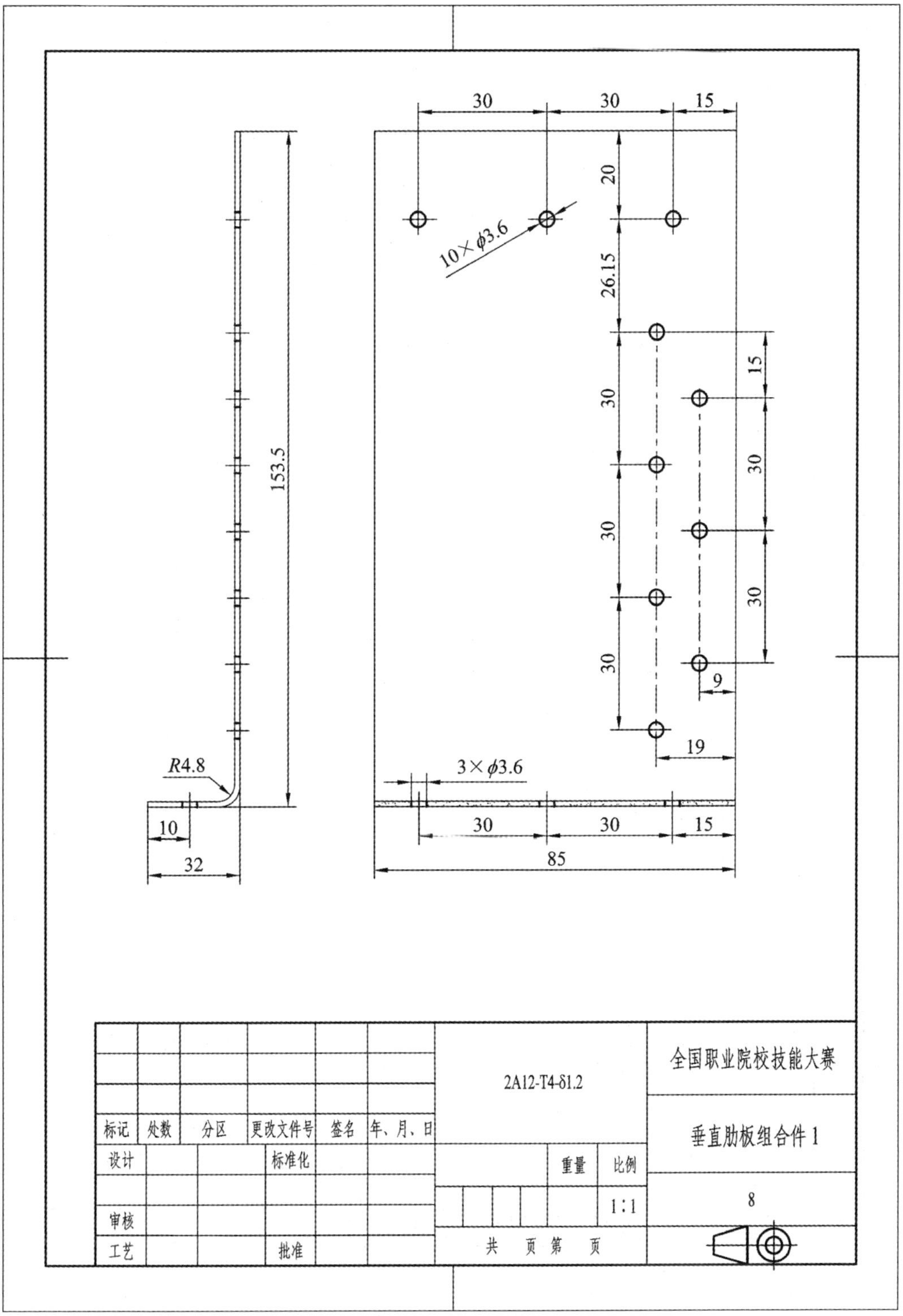


图 8.7　垂直肋板组合件 1 零件图

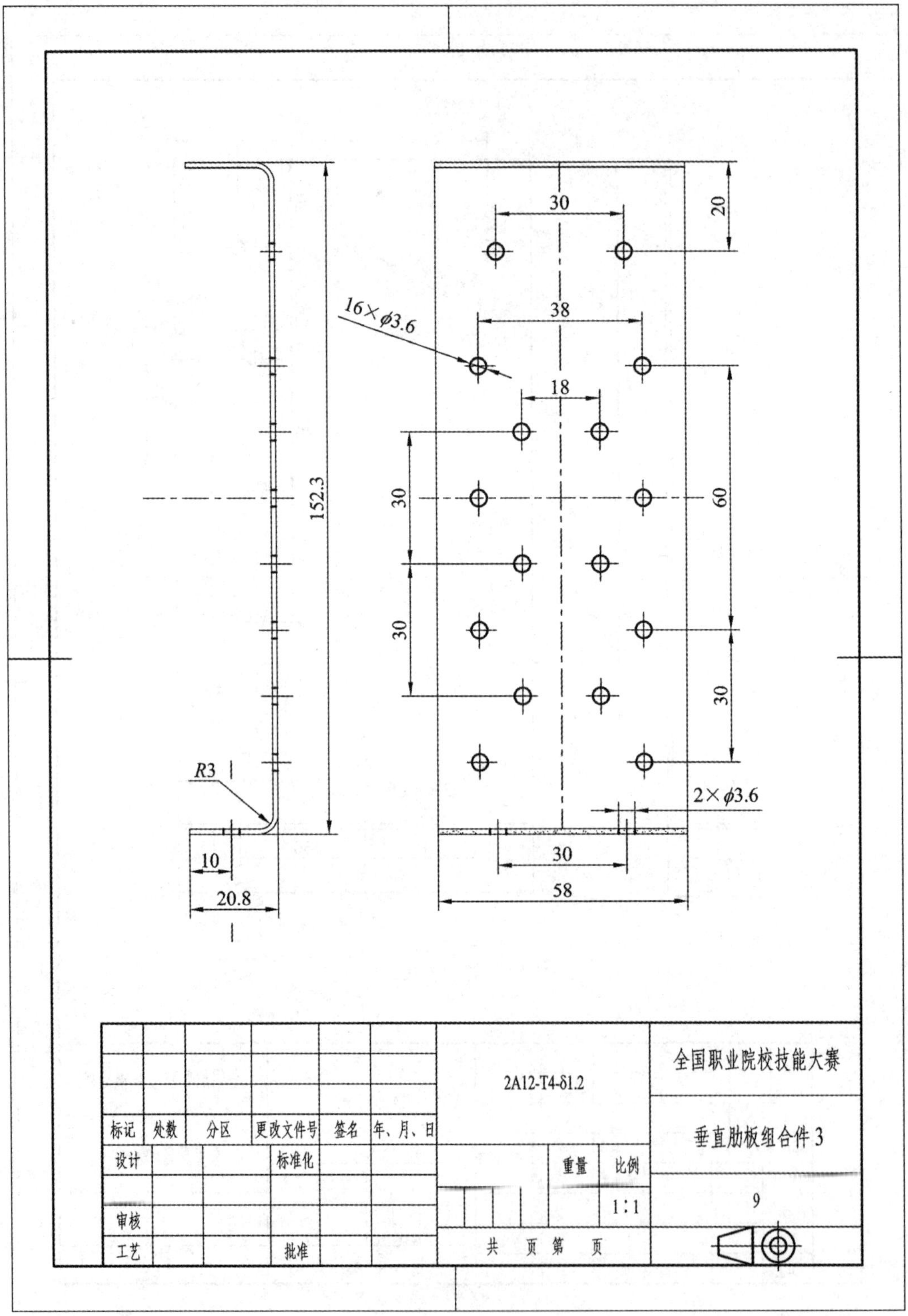


图 8.8 垂直肋板组合件 3 零件图

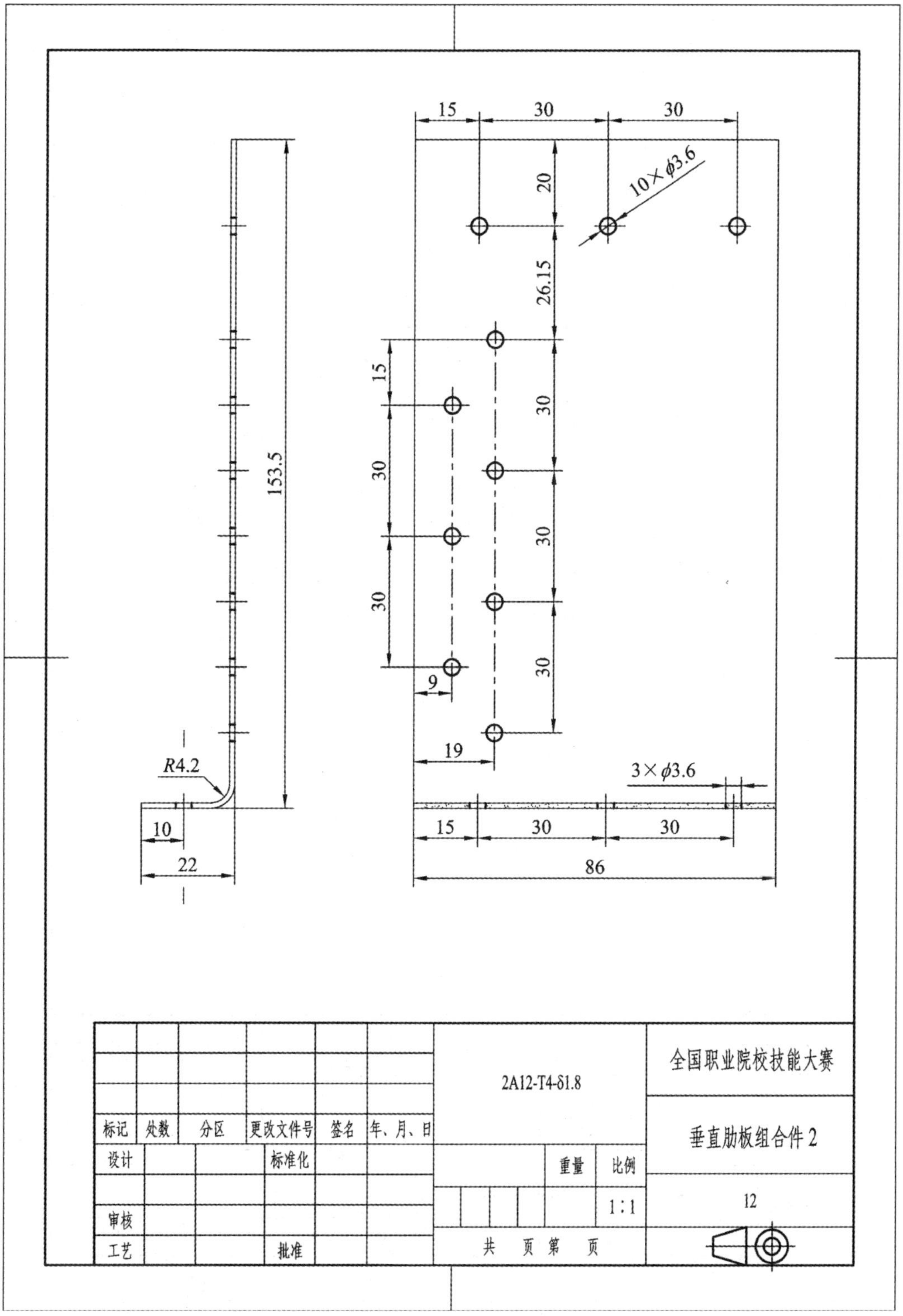


图 8.9 垂直肋板组合件 2 零件图

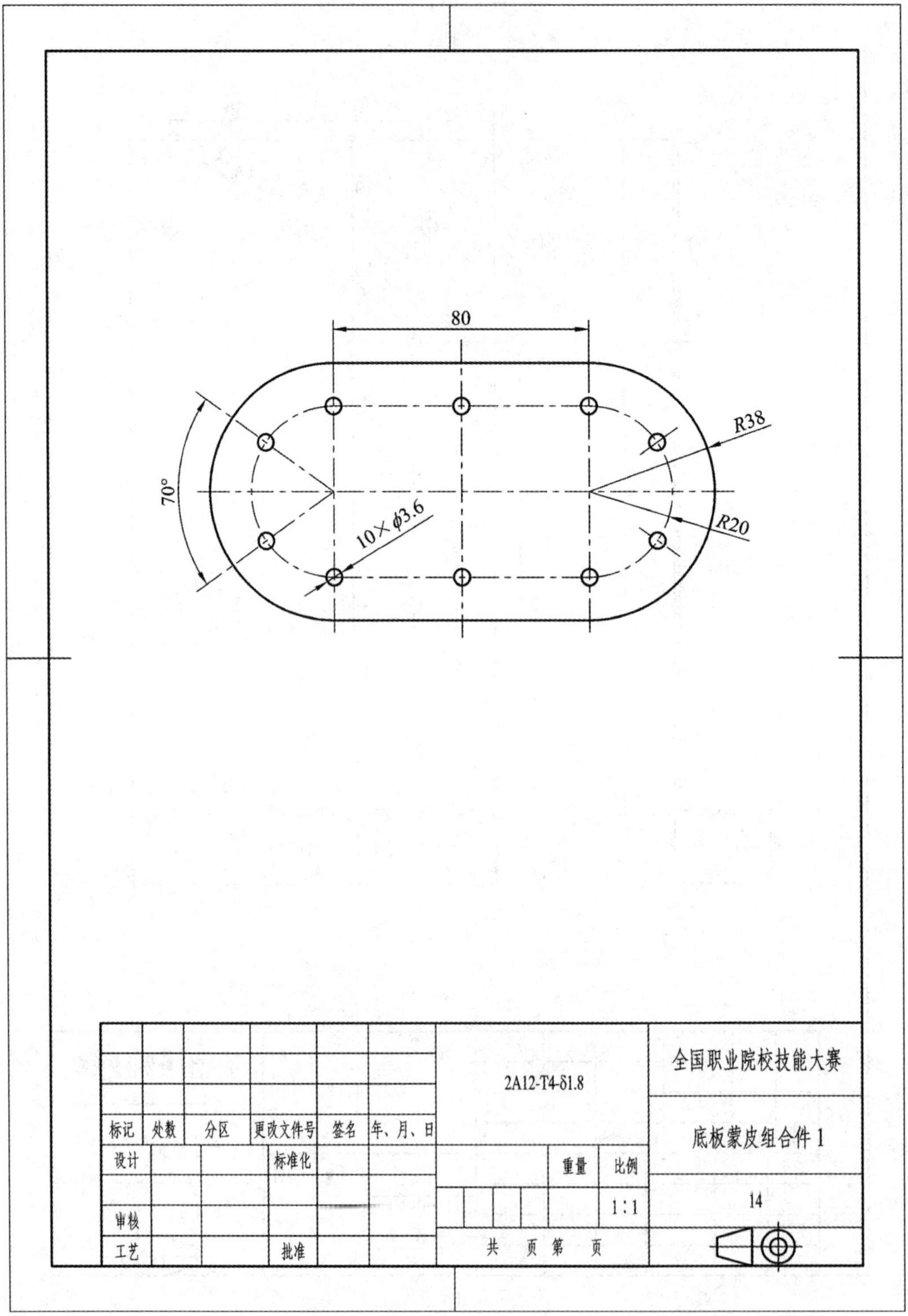


图 8.10 底板蒙皮组合件 1 零件图

## 2022 年全国职业院校技能大赛评分标准

<table>
<tr><td>赛区</td><td colspan="4">长 沙 赛 区</td></tr>
<tr><td>赛项名称</td><td>飞机发动机拆装调试与维修</td><td>竞赛模块</td><td colspan="2">A 赛项</td></tr>
<tr><td>场次</td><td></td><td>赛位号</td><td colspan="2"></td></tr>
<tr><th>一级指标</th><th colspan="2">二级指标及其分值</th><th>分值</th><th>得分</th></tr>
<tr><td rowspan="3">一、阅读工卡、签署和工具准备 (7 分 )</td><td colspan="2">阅读工卡，完成每项工作后在工卡上签字，得 1 分；对个人防护用品进行检查 ( 若佩戴眼镜可不戴护目镜 )，得 1 分</td><td>2</td><td></td></tr>
<tr><td colspan="2">按清单清点工具，将工具整齐摆放到工具车或工作台上，得 2 分；检查量具校验期在有效期内，得 1 分，未检查出超期量具，该项不得分</td><td>3</td><td></td></tr>
<tr><td colspan="2">检查气钻工作正常，得 1 分；检查铆枪工作正常，得 1 分；违反安全操作不得分 ( 试钻时未锁紧钻头、试铆枪时未锁紧弹簧等 )</td><td>2</td><td></td></tr>
<tr><td rowspan="6">二、安全操作规范 (15 分 )</td><td colspan="2">正确使用、穿戴防护用品，得 3 分。如未佩戴耳塞、护目镜，未穿工作服，未戴线手套等 ( 使用气钻除外 )，每位选手每项扣 1 分，扣完为止。使用气钻时，戴线手套本项不得分</td><td>3</td><td></td></tr>
<tr><td colspan="2">未遵守精密量具使用规范 ( 如随意乱放，使用时不注意清洁、不对零等 )，每次扣 1 分，扣完为止</td><td>3</td><td></td></tr>
<tr><td colspan="2">使用剪板机、折边机等设备时，操作不规范，每次扣 1 分，扣完为止</td><td>2</td><td></td></tr>
<tr><td colspan="2">清理铝屑动作不规范 ( 如用嘴吹、用手擦等 )，每次扣 1 分，扣完为止</td><td>2</td><td></td></tr>
<tr><td colspan="2">操作过程中，工量具摆放混乱，桌面不整洁，每次扣 1 分，扣完为止</td><td>2</td><td></td></tr>
<tr><td colspan="2">零件未去除毛刺，每处扣 0.5 分，扣完为止</td><td>3</td><td></td></tr>
<tr><td rowspan="4">三、肋板组合铆装 (31 分 )</td><td colspan="2">肋板宽度不在 170±0.5 mm 范围内 ( 测量两端 )，每处扣 0.5 分，扣完为止</td><td>1</td><td></td></tr>
<tr><td colspan="2">肋板加强板宽度不在 58±0.5 mm 范围内 ( 测量两端 )，每处扣 0.5 分，扣完为止</td><td>1</td><td></td></tr>
<tr><td colspan="2">支撑板直角边宽度不在 12±0.5 mm 范围内 ( 测量两端 )，每处扣 0.5 分，扣完为止</td><td>1</td><td></td></tr>
<tr><td colspan="2">支撑板直角边宽度不在 31±0.5 mm 范围内 ( 测量两端 )，每处扣 0.5 分，扣完为止</td><td>1</td><td></td></tr>
</table>

续表一

| 一级指标 | 二级指标及其分值 | 分值 | 得分 |
|---|---|---|---|
| 三、肋板组合铆装(31分) | 支撑板宽度不在170±0.5 mm范围内(测量两端)，每处扣0.5分，扣完为止 | 1 | |
| | 工艺孔尺寸不在100±0.5 mm范围内(测量两处)，每处扣0.5分，扣完为止 | 1 | |
| | 工艺孔加强板尺寸不在80±0.5 mm范围内(测量两处)，每处扣0.5分，扣完为止 | 1 | |
| | 工艺孔加强板尺寸不在140±0.5 mm范围内(测量两处)，每处扣0.5分，扣完为止 | 1 | |
| | 肋板对缝间隙为0.3～0.6 mm，间隙超差长度小于30 mm(含)扣1分，大于30 mm(不含)该项不得分 | 2 | |
| | 铆钉边距、排距容差 ±0.5 mm，每超差一处扣0.5分，扣完为止 | 2 | |
| | 铆钉间距容差 ±0.5 mm，每超差一处扣0.5分，扣完为止 | 2 | |
| | 铆钉头出现任意一种缺陷(变形、机械损伤或单面间隙超过0.05 mm等)，每颗扣0.5分，扣完为止。铆钉型号、铆钉铆接方向与图纸不符，该颗铆钉不得分 | 2 | |
| | 铆钉镦头出现任意一种缺陷(除鼓形以外的其他形状、镦头歪、磕伤或镦头尺寸不符合要求等)，每颗扣0.5分，扣完为止。铆钉型号、铆钉铆接方向与图纸不符，该颗铆钉不得分。标准镦头尺寸参考HB-Z223.3-2003 | 2 | |
| | 肋板折弯角度应符合图纸要求，角度90°±30′(测量两端)，超差每处扣1分，扣完为止。角度二次弯折、弯折完成后零件再锉修、剪切或折弯*R*区有裂纹，该项不得分。标准镦头尺寸参考HB-Z223.3-2003 | 2 | |
| | 肋板加强板折弯角度应符合图纸要求，角度90°±30′(测量两端)，超差每处扣1分，扣完为止。角度二次弯折、弯折完成后零件再锉修、剪切或折弯*R*区有裂纹，该项不得分 | 2 | |
| | 支撑板折弯角度应符合图纸要求，角度90°±30′(测量两端)，超差每处扣1分，扣完为止。角度二次弯折、弯折完成后零件再锉修、剪切或折弯*R*区有裂纹，该项不得分 | 4 | |
| | 支撑板折弯角度应符合图纸要求，角度125°±30′(测量两端)，超差每处扣1分，扣完为止。角度二次弯折、弯折完成后零件再锉修、剪切或折弯*R*区有裂纹，该项不得分 | 2 | |
| | 支撑板折弯角度应符合图纸要求，角度145°±30′(测量两端)，超差每处扣1分，扣完为止。角度二次弯折、弯折完成后零件再锉修、剪切或折弯*R*区有裂纹，该项不得分 | 2 | |
| | 折弯件纹路与折弯边不垂直，该项不得分 | 1 | |

续表二

| 一级指标 | 二级指标及其分值 | 分值 | 得分 |
|---|---|---|---|
| 四、下蒙皮铆装（21 分） | 长圆形口盖长度不在 120±0.5 mm，宽度不在 60±0.5 mm 范围内，每处扣 0.5 分，扣完为止 | 1 | |
| | 长圆形衬板长度不在 160±0.5 mm，宽度不在 100±0.5 mm 范围内，每处扣 0.5 分，扣完为止 | 1 | |
| | 长圆形口盖修配间隙为 0.3 ～ 0.6 mm，间隙超差长度小于 20 mm（含），每处扣 1 分，20（不含）～ 30 mm，每处扣 2 分，30 mm（不含）～ 40 mm（含），每处扣 4 分，40 mm（不含）～ 60 mm（含），每处扣 6 分，60 mm（不含）以上不得分 | 8 | |
| | 铆钉边距容差 ±0.5 mm，每超差一处扣 0.5 分，扣完为止 | 2 | |
| | 铆钉间距容差 ±0.5 mm，每超差一处扣 0.5 分，扣完为止 | 1 | |
| | 铆钉头出现任意一种缺陷（变形、机械损伤、低于零件表面或凸出零件表面 0.1 mm 以上等），每颗扣 0.5 分，扣完为止。铆钉型号、铆钉铆接方向与图纸不符，该颗铆钉不得分 | 4 | |
| | 铆钉镦头出现任意一种缺陷（除鼓形以外的其他形状、镦头歪、磕伤或镦头尺寸不符合要求等），每颗扣 0.5 分，扣完为止。铆钉型号、铆钉铆接方向与图纸不符，该颗铆钉不得分。标准镦头尺寸参考 HB-Z223.3-2003 | 4 | |
| 五、蒙皮肋板组合铆装（32 分） | 组合件边缘不齐，超差 0.5 mm 以上，每处扣 0.5 分，扣完为止。零件再锉修、剪切，此项不得分 | 3 | |
| | 肋板定位尺寸不在 17.4±0.5 mm（测量两端），每处扣 1 分，扣完为止 | 2 | |
| | 下蒙皮长度不在 240±0.5 mm 范围内（测量两端），每处扣 1 分，宽度不在 170±0.5 mm 范围内（测量两端），每处扣 1 分，扣完为止 | 4 | |
| | 翼肋肋板组合件高度不在 155±0.5 mm 范围内（测量四处），每处扣 1 分，扣完为止 | 4 | |
| | 零件表面变形量（平面度）大于 0.5 mm（每个平面测量两次），每处扣 1 分，扣完为止。零件再锉修、剪切，此项不得分 | 4 | |
| | 铆钉边距容差 ±0.5 mm，每超差一处扣 0.5 分，扣完为止 | 2 | |
| | 铆钉间距容差 ±0.5 mm，每超差一处扣 0.5 分，扣完为止 | 2 | |
| | 铆钉头出现任意一种缺陷（变形、机械损伤、低于零件表面或凸出零件表面 0.1 mm 以上等），每颗扣 0.5 分，扣完为止。铆钉型号、铆钉铆接方向与图纸不符，该颗铆钉不得分 | 2 | |
| | 铆钉镦头出现任意一种缺陷（除鼓形以外的其他形状、镦头歪、磕伤或镦头尺寸不符合要求等），每颗扣 0.5 分，扣完为止。铆钉型号、铆钉铆接方向与图纸不符，该颗铆钉不得分。标准镦头尺寸参考 HB-Z223.3-2003 | 2 | |
| | 铆接完成后，工件间局部间隙大于 0.15 mm，每处扣 0.5 分，扣完为止。工件之间有多余夹杂物，此项不得分 | 4 | |
| | 工件表面出现损伤（划伤、压伤等），每处扣 0.5 分，扣完为止 | 3 | |

续表三

| 一级指标 | 二级指标及其分值 | 分值 | 得分 |
|---|---|---|---|
| 六、收尾工作<br>(4 分) | 清点工具、清洁量具，正确将量具放置在量具盒内，得 2 分 | 2 | |
| | 整理场地、打扫卫生，得 2 分 | 2 | |
| 七、职业素养与工作效率<br>(10 分) | 发挥团队协作精神，分工合作，安全操作，无事故，得 1 分 | 1 | |
| | 工作过程中进行自检和互检，确保翼肋肋板组合件铆装质量，得 1 分 | 1 | |
| | 工作效率：保证质量的前提下完成速度快的队伍加分多。<br>评分说明：参赛队必须在规定时间内完成工卡中规定的全部工作内容，才能得到工作效率分。如果没有完成比赛，或主动放弃工卡中规定的任何一项工作内容，则此项不得分。在保证施工质量的前提下，100( 含 ) 分钟内完成比赛的，得 8 分；100( 不含 ) ～ 105( 含 ) 分钟完成比赛的，得 6 分；105( 不含 ) ～ 110( 含 ) 分钟内完成比赛的，得 4 分，110( 不含 ) ～ 115( 含 ) 分钟内完成比赛的，得 2 分；115( 不含 ) ～ 120( 含 ) 分钟内完成比赛的，得 1 分；超过 120 钟完成比赛的，此项不得分 | 8 | |
| 其他扣分项说明 | 1. 选手在比赛过程中违反了“三不落地”原则，并在上述评分项内未涉及的，在总分上每次扣 1 分，可累计扣分，最多不超过 5 分；<br>2. 任何操作失误导致板料报废的可申请补发材料一次，扣总分 15 分；<br>3. 不正确使用工具、量具、设备等，造成轻微受伤 ( 以出血量为参考 )，可以场外包扎伤口，时间不暂停，扣总分 5 分；<br>3. 选手将比赛设备、工具损坏及发现私带工具，裁判根据情况酌情在总分上扣 5 ～ 10 分；<br>4. 若比赛完成后归还工具过程中，发现工具、零件缺失，扣总分 8 分；比赛结束没有按照工具清单将工具放回对应的位置，扣总分 4 分 | | 扣分记录 |
| 总分 (120 分 ) | | | |
| 选手出现表格中所述情况，裁判组裁定后终止其竞赛 | 1. 选手操作不正确或遗漏某项操作可能对安全造成影响的；<br>2. 选手在操作过程中违反操作程序或操作步骤严重不合理的；<br>3. 选手出现重大安全问题，造成自身受伤的；<br>4. 选手缺乏必要的操作基本知识或不清楚操作中的安全防护的；<br>5. 不服从裁判、扰乱赛场秩序、干扰其他参赛队比赛，情节特别严重，造成竞赛中止的；<br>6. 裁判认为其他原因必须终止竞赛的 | | |
| 原因说明 | | | |

# 任务 8.2　第一届全国职业技能大赛赛题

第一届全国职业技能大赛飞机结构修理赛题重点考核参赛者理解技术文件的能力，要求能够按图纸制出钣金零件及准确装配零件及紧固件，按照提供的图纸安装实心铆钉，并达到相应技术要求。大赛技术规则按照相关要求命制，技能要求基本覆盖了第 45 届世界技能大赛飞机维修项目基本理论知识和操作技能要求。

主要考核要素包括：

(1) 理解图纸；

(2) 简单钣金件成形；

(3) 按照图纸进行布局；

(4) 按图纸修配零件角度、尺寸及形状，修配的二维尺寸参数、四角垂直度、零件对缝间隙须满足图纸规定；

(5) 按图纸确定紧固件位置并制孔，铆钉边距、铆钉间距、制孔质量须满足图纸规定；

(6) 安装实心铆钉，铆钉头变形与机械损伤、铆钉头单向间隙、铆钉镦头高度、铆钉镦头直径、铆接质量须满足图纸规定；

(7) 工件表面精整，工件表面机械损伤、工件表面变形量 ( 平面度 ) 须满足图纸规定；

(8) 遵守安全文明生产规定，不得损伤工件、工具；

(9) 现场清理。

全部工作指定时间：4 小时。

考核程序：

(1) 每个参赛者将收到：图纸、铝板和紧固件，详见零件标准件清单；

(2) 绘制各零件展开图及演算计算过程；参照民用航空器维修基础系列教材《维修基本技能》( 任仁良主编 )；

(3) 按图纸制作及修配零件形状；

(4) 按图纸确定紧固件位置并钻孔；

(5) 现场提交检查；

(6) 安装紧固件；

图纸资料如图 8.11 ～ 8.14 所示。

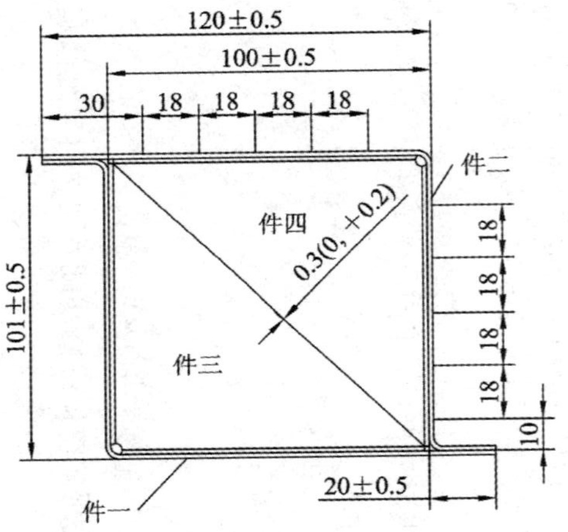


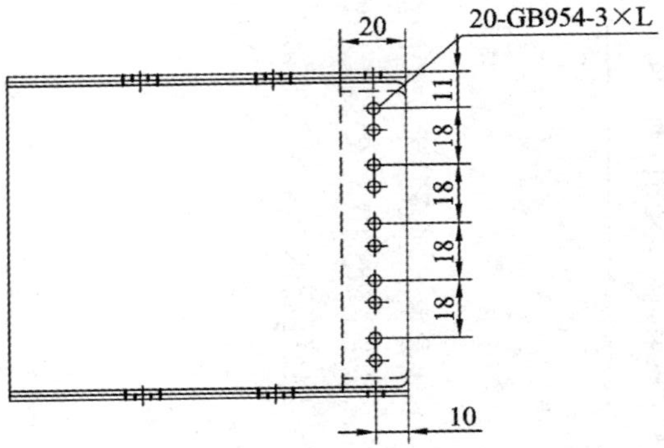


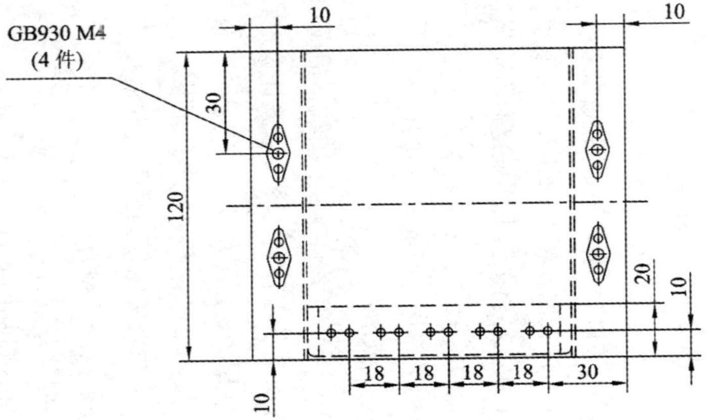


技术要求

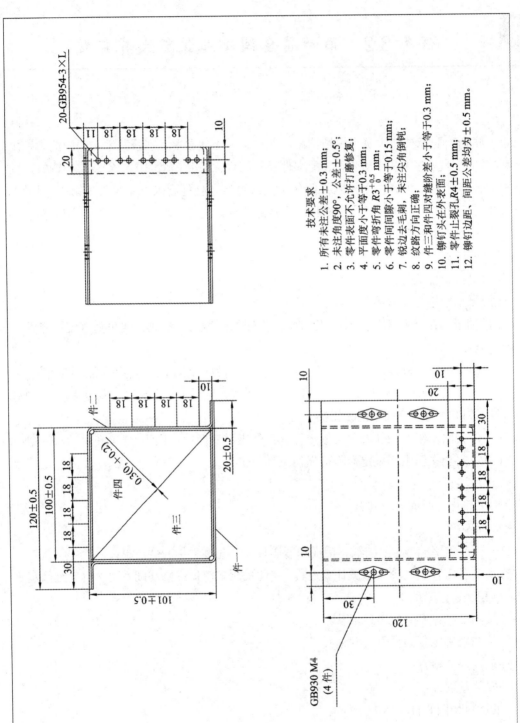

1. 所有未注公差±0.3 mm；
2. 未注角度90°，公差±0.5°；
3. 零件表面不允许打磨修复；
4. 平面度小于等于0.3 mm；
5. 零件弯折角 $R3^{+0.5}_{0}$ mm；
6. 零件间间隙小于等于0.15 mm；
7. 锐边去毛刺，未注尖角倒钝；
8. 纹路方向正确；
9. 件三和件四对缝阶差小于等于0.3 mm；
10. 铆钉头在外表面；
11. 零件止裂孔$R4\pm0.5$ mm；
12. 铆钉边距、间距公差均为±0.5 mm。

图 8.11　方盒装配图

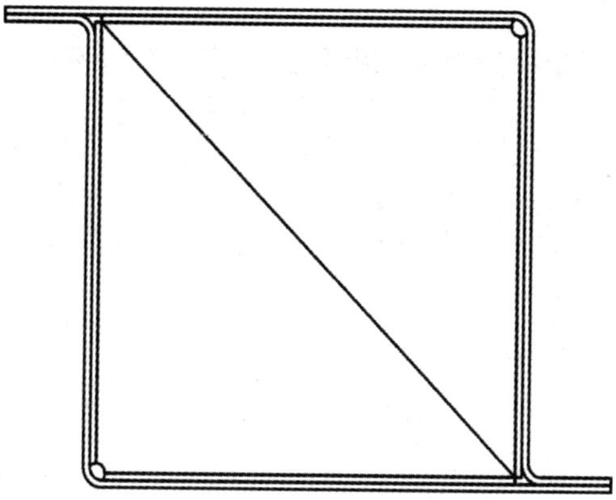

图 8.12　方盒装配图分析图 1

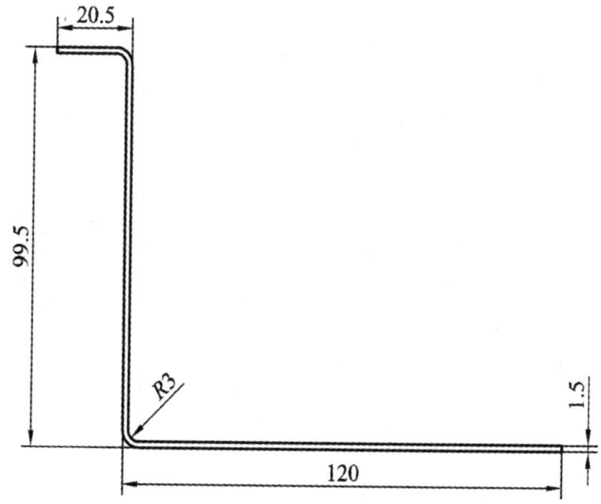


图 8.13　方盒装配图分析图 2

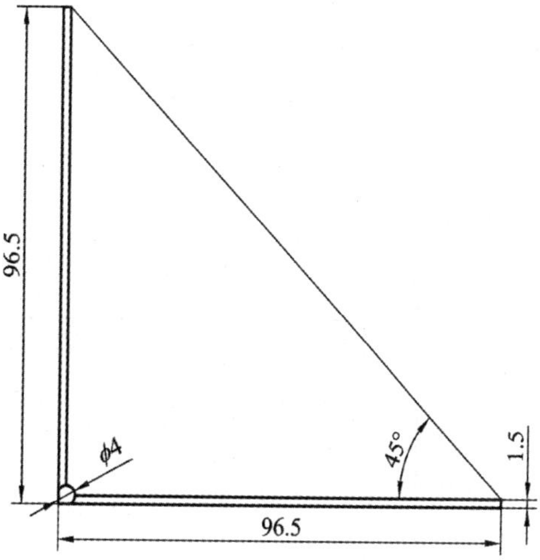


图 8.14　方盒装配图分析图 3

## 第一届全国职业技能大赛评分标准

| 序号 | 考核要求 | | 工量具 | 分值 | 评分标准 |
|---|---|---|---|---|---|
| | 项目 | 容差 | | | |
| 件一 | | | | | |
| 1 | 弯边高度 20 mm(至少测量 2 处) | ±0.5 mm | 卡尺 | 2 | 每超出 0.5 mm 容差扣除 0.5 分，超出 ±1 mm 扣除 1 分 |
| 件二 | | | | | |
| 2 | 弯边高度 20 mm(至少测量 2 处) | ±0.5 mm | 卡尺 | 2 | 每超出 0.5 mm 容差扣除 0.5 分，超出 ±1 mm 扣除 1 分 |
| 件三和件四 | | | | | |
| 3 | 弯边高度 20 mm，两处弯边(至少各测量 2 处) | ±0.5 mm | 卡尺 | 2 | 每超出 0.5 mm 容差扣除 0.5 分，超出 ±1 mm 扣除 1 分 |
| 4 | 外形 45°（至少测量 4 处) | ±30′ | 角度尺 | 2 | 每超出 30′ 扣除 0.5 分 |
| 5 | 止裂孔 *R*4 mm | ±0.5 mm | *R* 规 | 2 | 每超差 1 处扣除 1 分，扣完为止 |
| 装配测量 | | | | | |
| 6 | 阶差(对缝间隙处)(至少测量 4 处) | ≤ 0.3 mm | 塞尺 | 4 | 每超差 1 处扣除 0.5 分，扣完为止 |
| 7 | 所有板弯曲半径内 *R*3 mm | 0，+0.5 mm | *R* 规 | 1 | 每超差 1 处扣除 0.5 分，扣完为止 |
| 8 | 外形尺寸 101 mm，120 mm (有折弯方向)(至少测量 8 处) | ±0.5 mm | 卡尺 | 4 | 每超出 0.5 mm 容差扣除 0.5 分，超出 ±1 mm 扣除 1 分，扣完为止 |
| 9 | 外形尺寸 120 mm(无折弯方向)(至少测量 4 处) | ±0.3 mm | 卡尺 | 4 | 每超出 0.3 mm 容差扣除 0.5 分，超出 ±1 mm 扣除 1 分，扣完为止 |
| 10 | 对缝间隙 0.3 mm (至少测量 4 处) | 0，+0.2 mm | 塞尺 | 4 | 每超出 0.2 mm 容差扣除 0.5 分，超出 ±0.3 mm 扣除 1 分，扣完为止 |

续表一

| 序号 | 考核要求 | | 工量具 | 分值 | 评分标准 |
|---|---|---|---|---|---|
| | 项目 | 容差 | | | |
| 11 | 弯板平面度(组合件)(至少测量 4 处) | ≤ 0.3 mm | 塞尺 | 2 | 每超差 1 处扣除 0.5 分 |
| 12 | 板弯件弯边垂直度共 8 处(4 处组合时测量，另 4 处拆开测量) | ±30′ | 角度尺 | 6 | 每超出 30′ 扣除 0.5 分 |
| 13 | 零件无毛刺，尖角倒钝 | | 目视 | 2 | 每超差 1 处扣除 0.5 分，扣完为止 |
| 14 | 所有边缘光滑，无磕伤、无锐边 | | 目视 | 2 | 每磕伤 1 处扣除 0.5 分 |
| 15 | 折弯 *R* 区无裂纹、橘皮 | | 目视 | 1 | 每出现 1 处缺陷扣除 0.25 分 |
| 16 | 铆钉边距 10 mm | ±0.5 mm | 卡尺 | 2 | 每超出 0.5 mm 容差扣 0.5 分，超出 ±1 mm 扣除 1 分 |
| 17 | 铆钉端头 10 mm，30 mm | ±0.5 mm | 卡尺 | 2 | 每超出 0.5 mm 容差扣除 0.5 分，超出 ±1mm 扣除 1 分 |
| 18 | 铆钉间距 18 mm | ±0.5 mm | 卡尺 | 2 | 每超出 0.5 mm 容差扣除 0.5 分，超出 ±1mm 扣除 1 分 |
| 19 | 托板螺母相对位置 10 mm，30 mm | ±0.5 mm | 卡尺 | 3 | 每超出 0.5 mm 容差扣除 0.5 分，超出 ±1 mm 扣除 1 分 |
| 20 | 托板螺母直径 4.2 mm，2.5 mm | ±0.1 mm | 卡尺 | 2 | 每超出 0.3 mm 容差扣除 0.5 分，超出 ±1 mm 得 0 分 |
| 21 | 工件间局部间隙 | ≤ 0.15 mm | 塞尺 | 4 | 每超出一处扣除 0.5 分，扣完为止 |
| 22 | 钉头方向 | | 目测 | 19 | 每出现 1 处缺陷扣除 0.5 分，铆钉铆接质量缺陷累计扣除分不超过 2 分，扣完为止 |
| 23 | 沉头铆钉钉头允许凸出表面 0.1 mm，不允许凹陷 | 0，+0.1 mm | 卡尺 | | |
| 24 | 铆钉钉头的变形和机械损伤 | | 目测 | | |
| 25 | 铆钉镦头直径 | 4.2 ～ 4.8 mm | 卡尺 | | |
| 26 | 铆钉镦头高度 | ≥ 1.2 mm | 卡尺 | | |
| 27 | 铆钉头单向间隙 | 0.05 mm | 塞尺 | | |

续表二

| 序号 | 考核要求 | | 工量具 | 分值 | 评分标准 |
|---|---|---|---|---|---|
| | 项目 | 容差 | | | |
| 28 | 工件表面不允许有压伤、划伤 | | 目视 | 4 | 压伤或划伤每处扣0.5～2分 |
| 29 | 工件之间不能有多余夹杂物 | | 目视 | 2 | 工件之间有多余夹杂物，此项不得分 |
| 30 | 材料表面纹路正确 | | 目视 | 5 | 材料纹路与折弯边平行得0分 |
| 31 | 安全文明生产 | | 目视 | 5 | 1. 未正确佩戴安全防护眼镜，扣除1分；<br>2. 未正确佩戴耳塞，扣除 1分；<br>3. 未穿着安全鞋，扣除1分；<br>4. 工具、工件落地，每出现1次扣除1分，最多扣除5分；<br>5. 场地未清理，扣除5分。<br>全部扣分不超过5分 |
| 32 | 零件与图纸不符 | | 目视 | 6 | 工件与图纸不符或重大缺陷，每处扣除6分(如多钻孔、成形方向错误等) |
| 33 | 绘图及计算 | | | 4 | 公式错不得分；公式对过程错扣除2分；公式对过程对结果错扣除1分 |
| 合计 | | | | 100 | |

# 参考文献

[1] 国防科学技术工业委员会 . 中华人民共和国航天行业标准：QJ3141—2001 螺纹空心铆钉 . 2002.
[2] 文韬，周密乐 . 飞机结构铆接装配技术 [M]. 北京：航空工业出版社，2021.
[3] 王海宇 . 飞机装配工艺学 [M]. 西安：西北工业大学出版社，2018.
[4] 薛红前 . 飞机装配工艺学 [M]. 西安：西北工业大学出版社，2018.
[5] 李幼兰 . 空气动力学和维护技术基础 [M]. 北京：兵器工业出版社，2006.
[6] 任仁良 . 维修基本技能 [M]. 北京：清华大学出版社，2010.